大师谈人生书系

人为什么活着

——全球 139 位大师的答案

◎主　编：张采鑫　谢志强

九州出版社
JIUZHOUPRESS | 全国百佳图书出版单位

图书在版编目(CIP)数据

人为什么活着：全球139位大师的答案/张采鑫，谢志
强主编.—北京：九州出版社，2007.8（2021.8重印）

（大师谈人生书系）

ISBN 978-7-80195-704-7

Ⅰ.人… Ⅱ.①张…②谢… Ⅲ.人生哲学—通俗读物
Ⅳ.B821-49

中国版本图书馆CIP数据核字（2007 ）第 123453 号

人为什么活着：全球 139 位大师的答案

作　　者	张采鑫　谢志强　主编
出版发行	九州出版社
地　　址	北京市西城区阜外大街甲 35 号（100037）
发行电话	(010)68992190/2/3/5/6
网　　址	www.jiuzhoupress.com
电子信箱	jiuzhou@jiuzhoupress.com
印　　刷	北京一鑫印务有限责任公司
开　　本	720mm × 1020mm　1/16
印　　张	20.75
字　　数	380 千字
版　　次	2007 年 9 月第 1 版
印　　次	2021 年 8 月第 2 次印刷
书　　号	ISBN 978-7-80195-704-7
定　　价	78.00 元

第一辑　我为什么活着

　　人生在世，每一天都是在体验各种各样的苦和乐，在被幸与不幸的浪潮冲刷中，不屈不挠地努力活着。把这个过程本身当做"去污粉"，不断提高自己的人性，修炼灵魂，带着比初到人世时有更高层次的灵魂离开这个世界。我认为人生的目的除此以外别无他求。

第二辑　人生的真谛

人生如果没有爱，不能爱生身父母，不能为父母所爱；到了妙龄不爱谁，也不被人爱；自己当了父母亲而不爱孩子，也不为孩子所爱；不管看到什么，花也好，山也好，都没有爱慕之情，那人生该是多么枯燥乏味啊！

第三辑　人是什么

　　人只不过是一根苇草,是自然界最脆弱的东西,但他是一根能思想的苇草。能思想的苇草——我应该追求自己的尊严,绝不是求之于空间,而是求之于自己的思想的规定。

第四辑　生活的哲思

　　生活的艺术的第一步将在无知与天真之间,划出一条分界线,天真必须得到支持,必须受到保护,因为孩子拥有最伟大的宝藏,那是智者经过艰苦努力才发现的宝藏。智者们曾经说过,他们要再次成为孩子,他们要再度出生。

第五辑　我的人生信念

　　一个人能为别人所做的就是真诚地、友好地向他表明各种各样的选择，而不带有任何感情色彩或幻想。与真实的选择相冲突能激起一个人内含的一切能量，并使他选择生，而反对死。如果他不能选择生的话，那么，就没有人能向他注入生命。

第六辑 幸福、献身和意义

人不可能让自己沉湎于当代幸福观所暗示的那种单调枯燥的生活状态,这是一个简单的真理。虽然人们普遍认为满足、悠闲、舒适、娱乐和达到全部目的就意味着幸福,但事实恰恰相反,这一切并没有给人带来幸福。

第七辑　充满选择的人生

依然在人生的大门口徘徊逡巡，踌躇着不知该走哪条路的人们。记住吧，等到岁月流逝，你们在黔黑的山路上步履踉跄时，再来痛苦地叫喊："青春啊，回来！还我韶华！"那只能是徒劳的了。

第八辑　人生的思索

生命究竟是什么？我在某个时候来到这个世界，不久又要去另外的地方。不存在什么常住之世，常住之地，常住之家。我发现只有流转和无常才是生的明证。

第九辑　解开人生的悖论

"糊涂人的一生枯燥无味,躁动不安,却将全部希望寄托于来世。"

我想凭时间的有效利用去弥补匆匆流逝的光阴。剩下的生命愈是短暂,我愈要使之过得丰盈饱满。

第十辑　永恒的人生箴言

你们要通过那条窄门,因为通向地狱之门是宽的,路是平坦的,众多的人走的都是这条路。但是,那生命之门却是狭窄的,道路也是艰难坎坷的,只有少数人才能找到这条路。

我为什么活着

Wo Wei Shen Me Huo Zhe

人生在世,每一天都是在体验各种各样的苦和乐,在被幸与不幸的浪潮冲刷中,不屈不挠地努力活着。把这个过程本身当做"去污粉",不断提高自己的人性,修炼灵魂,带着比初到人世时有更高层次的灵魂离开这个世界。我认为人生的目的除此以外别无他求。

我为什么活着

○ [英] 伯特兰·罗素

伯特兰·罗素 (1872～1970) 英国著名哲学家、数学家、逻辑学家，分析学的主要创始人，世界和平运动的倡导者和组织者。出生在一个英国自由党贵族家庭，剑桥大学毕业。主要著作有《西方哲学史》、《对意义和真理的探究》等。获一九五〇年诺贝尔文学奖。

有三种简单却铺天盖地般强烈的激情，支配了我的整整一生：对爱的渴望、对知识的追求以及对人类苦难的难以承受的怜悯。这些激情如同狂风将我吹到此，吹到彼，沿着扑朔迷离的路径，越过痛苦的汪洋，抵达极度绝望的边缘。

我寻求爱，首先，是因为它带来狂喜——这狂喜如此巨大，以致使我常常宁愿牺牲余生所有的一切来换取几小时这样的快乐。我寻求爱，其次，是因为爱可以减轻孤独——在那可怕的孤独中，人们颤抖的清醒的眼神掠过世界的边缘进入到深不可测的没有生气的冰冷深渊。我寻求爱，最后，是因为在爱的结合中，我看见了，在神秘的缩影里，圣徒和诗人们构想的天堂的象征图景。这就是我的追求，尽管它对于人类生活来说似乎可能过于美好，这却是那些——我——终于找到了的目标。

以同样的激情，我追寻着知识。我希望理解人类的心灵。我希望了解星星闪闪发光的原因。我试图理解毕达哥拉斯的威力，它让数字支配潮涨。一点点，但不是很多地，我达到了这个目的。

爱和知识，只要它们存在，总是将我提升到天堂，而怜悯，却总是将我拽回地球。我的心汹涌着痛苦呼喊的回音。饥饿的孩子、受压迫者折磨的人儿、成为儿子包袱的无助的老人，以及满世界的孤独、贫困和痛苦，嘲弄着人类生活应有的面目。我渴望减少这种邪恶，但我不能，于是我也深受煎熬。

这就是我的一生。我觉得它值得体验，并且，如果有机会，我会很高兴再体验一次。

生命的意义

○ [奥地利] 阿尔弗雷德·阿德勒

　　阿尔弗雷德·阿德勒 (1870～1937)　　奥地利精神病学家,个体心理学的创始人,人本主义心理学的先驱,现代自我心理学之父。他的学说以"自卑感"与"创造性自我"为中心,并强调"社会意识",主要概念是创造性自我、生活风格、追求优越、自卑感和社会兴趣等。主要著作有《理解人类本性》、《生活的科学》、《生活对你应有的意义》等。

　　人类生活在"意义"的领域中,我们所经历的事物,并不是抽象的,而是从人的角度来体验的。即便是最原始的经历,也受限于我们人类的看法。"木头"指的是"与人类相关的木头",而"石头"指的是"作为人类生活中因素之一的石头"。一个人如果试图脱离意义考虑环境,那将十分不幸。他将因此与他人隔离开来,而他的行动于人于己也将毫无益处。无人能脱离意义。我们是通过我们赋予现实的意义来感受现实的。我们所感受到的,不是现实本身,而是经过阐释的现实。因此,我们可以顺理成章地下结论:这一意义或多或少总是未竟的、不完整的,甚至不会完全正确。所以,意义的领域就是充满错误的领域。

　　如果我们问某人:"生命的意义是什么?"很可能他会哑口无言。绝大多数人根本不会思考这个问题或试图寻求其答案。这个问题确实自有人类以来就存在了,而且在我们的年代,有时候年轻人——老人亦如此——会这样发问:"活着为什么?什么是生命的意义?"但是也可以说他们只有在遭遇挫折后才会想起这样的问题来。假若一切都一帆风顺,他们不经历逆境的考验,这些问题就绝不会提出来。人们在自己的行为中提出这些问题并找到答案,这不可避免。假若我们对一切言词都充耳不闻,而只专注地观察行为,我们会发现:任何人都有自己"生命的意义",而且他的所有观点、态度、行为、表情、礼貌、抱负、习惯及个性等都与这一意义吻合无疑。任何人的举止都表明他似乎只对生命

人为万物之尺度。

——[古希腊]普罗泰戈拉

的某种阐释深信无疑。他的一举一动都蕴藏着他对这个世界及自身的看法。这是他的断言："我就是这样，世界就是那样。"这便是他赋予自己的意义和赋予生命的意义。

仁者见仁，智者见智。生命的意义不可胜数，并且如我们所说，每种意义都可能有其不实之处。既然无人知晓生命的绝对意义，任何能为人所用的意义就不是完全错误的。所有意义都介于这两个极端之间，然而我们也知道：有些意义很有效，有些却较糟糕，有些错得小些，有些却错得大。我们还能发现什么是较好的阐释所共同具备的，什么是那些稍欠人意的阐释所缺少的。我们可以从中找到真理的一个公共尺度，一个公共的意义。该意义能帮助我们解释与人有关的现实社会。在此，我们必须牢牢记住："真"是针对人类而言的，针对人类的计划和意图而言。除此之外，别无真理。即使另有真理，也与我们无关。我们既无法知道这些真理，而这些真理也毫无意义。

人生的意义①

○ 梁漱溟

梁漱溟(1893～1988)　原名焕鼎，字寿铭，广西桂林人。哲学家、教育家，一生致力于研究儒家学说和中国传统文化，造诣颇深。著作有《人心与人生》和《中国文化要义》等，其中《东西文化及其哲学》一书，成为现代新儒学的先驱之作。

一

人们常常爱问：人生有没有目的？有没有意义？不知同学们对于这一类的问题想过没有？如果想过，其答案为何？要是大家曾用过一番心思，我来讲这问题就比较容易了，你们就可以比较容易地了解我的话。

―――――――――

① 本文系作者一九四二年十二月在广西兴安初中的一次讲话。

我以为人生不好说目的，因为目的是后来才有的事。我们先要晓得什么叫做目的。比如，我们这次来兴安，是想看灵渠，如果我们到了兴安，而没有看到灵渠，那便可以说没有达到目的。要是目的意思，是如此的话，人生便无目的。乘车来兴安是手段，看灵渠是目的，如此目的手段分别开来，是人生行事所恒有。但一事虽可如此说，而整个人生则不能如此说。

整个宇宙是逐渐发展起来的。天、地、山、水，各种生物，形形色色慢慢展开，最后才有人类，有我。人之有生，正如万物一样是自然而生的。天雨、水流、莺飞、草长，都顺其自然，并无目的。我未曾知道，而已经有了我。此时再追问"人生果为何来？"或"我为何来？"已是晚了。倘经过一番思考，决定一个目的，亦算不得了。

以上是讲人生不好说有目的，是第一段。

二

人生虽不好说有目的，但未尝不可说人生有其意义。人生的意义在哪里？人生的意义在创造！

人生的意义在创造，是于人在万物中比较出来的。

宇宙是一大生命，从古到今不断创造，花样翻新造成千奇百样的大世界。这是从生物进化史到人类文化史一直演下来没有停。但到现在代表宇宙大生命、表现其创造精神的却只有人类，其余动植物界已经成了刻板的文章，不能前进。例如稻谷一年一熟或两熟，生出来，熟落去，年年如是，代代如是。又如鸟雀，老鸟生小鸟，小鸟的生活还和老鸟一般无二，不像是创造的文章，而像是刻板文章了。亦正和推磨的牛马一天到晚行走不息，但转来转去，终归是原来的地方，没有前进。

到今天还能代表宇宙大生命，不断创造，花样翻新的是人类，人类的创造表现在其生活上、文化上不断的进步。文化是人工的、人造的，不是自然的、本来的。

总之，是人运用他的心思来改造自然供其应用。而人群之间关系组织亦随之迁进。前一代传于后一代，后一代却每有新发明，不必照旧。前后积累，遂有今天政治经济文物制度之盛。今后还有我们不及见不及知的新文化新生活。

以此我们说人生意义在创造，宇宙大生命创造无已的趋势在动植物方面业已不见，现在全靠人类文化来表现了。是第二段。

三

人类为何能创造，其他的生物为何不能创造？那就是因为人类会用心思，

人类精神之可贵，不在于好高骛远，而在于平实的进步。
——[法]蒙 田

而其他一切生物大都不会用心思。人生的意义就在他会用心思去创造；要是人类不用心思，便辜负了人生，不创造，便枉生了一世。所以我们要时时提醒自己，要用心思要创造。

什么是创造，什么是非创造，其间并无严整的界限。科学家一个新发明固然是创造，文学家一篇新作品固然是创造，其实一个小学生用心学习手工或造句作文，亦莫非创造，极而言之，人的一举一动一颦一笑亦莫不可有创造在内。不过创造有大有小，其价值有高有低。有的人富于创造性，有的则否。譬如灵渠是用了一番大的心思的结果，但小而言之，其间一念之动、一手之劳亦都是创造。是不是创造，要看是否用了心思；用了心思，便是创造。

四

创造有两方面，一是表现于外面的，如灵渠便是一种很显著的创造，它如写字作画、政治事功，种种也是同样的创造。这方面的创造，我们可借用古人的话来名之为"成物"。还有一种是外面不大容易看得出来的，在一个人生命上的创造，比如一个人的明白通达或一个人的德性，其创造不表现在外面事物，而在本身生命。这一面的创造，我们也可以用古人的话来名它，名之为"成己"。换言之，有的人是在外成就的多，有的人在内成就的多。在内的成就如通达、灵巧、正大、光明、勇敢，等等，说之不尽。但细讲起来，成物者，同时亦成己。如一本学术著作是成物，学问家的自身的智力学问即是成己；政治家的功业是成物，政治家的自身本领人格又是成己了。反之成己者同时亦成物。如一德性涵养好的人是成己，而其待人接物行事亦莫非成物。又一开明通达的人是成己，而其一句话说出来，无不明白透亮，正是成物了。

五

以下我们将结束这个讲演，顺带指出我们今日应当努力创造的方向。

首先要知道，我们生在一个什么时代。我们实生在一个特殊的时代，一个大变动的时代。就整个人类来说，是处在一个人类历史空前大转变的时代，也可以说是文化需要大改造的时代。而就中国一国来说，几千年的老文化，传到近百年来，因为西洋文化入侵，正叫我们几千年的老文化不得不改造。我们不能像其他时代的人那样，可以不用心思。因为我们这个时代，亟待改造；因为要改造，所以非用心思不可。也可以说非用心思去创造不可。我们要用心思替民族并替人类开出一个前途,创造一个新的文化。这一伟大的创造,是联合全国人共同来创造,不是各个人的小创造、小表现,乃至要联合全世界人共同来创造新世界,不是各自求一国的富强而止的那回旧事。

我们生在今日谁都推脱不了这责任。你们年轻的同学,责任更多。你们眼前的求学重在成己,末后却要重在成物。眼前不忙着有表现,却必要立志为民族为世界解决大问题,开辟新文化。这样方是合于宇宙大生命的创造精神,而实践了人生的意义。

生存的理由

○ 章乃器

章乃器(1897~1977)　又名章埏(shān),字金烽,浙江青田人。浙江甲种商业学校毕业。一九四五年参与发起中国民主建国会。建国后,历任粮食部长、中央财委委员、全国政协常委、全国工商联副主任委员等。著作有《章乃器论文选》、《章乃器文集》等。

犹子先生的来信:

乃器先生:

"人们为什么要求生存"? 这是我请求先生于《新评论》上解答的一个疑问。

我所以这样问,最简单地说,因为我觉得:随着"生存"就脱不了烦恼。那么与其在烦恼中求生存,何如不识不知地"死"了!

我也知道,对于这个问题,各人有各个不同的见解。但是,眼见世界上的人,不管是老的,少的,幸福的,苦恼的,都一致地在求生存——极少数自杀者遂被视为懦弱,痴呆……这其中一定有几个或者一个缘故。我就是不明是什么缘故!

心中认定一个目标,无论他人如何责骂,自己只管前进。
——[美]塞·罗杰斯

先生是极明晰而诚挚的人，我想一定能给我圆满解答。

请先接受我对先生的谢忱！

犹子先生这个问题，绝对不是他个人的问题，而是目下多数青年所共有的问题。不但是目下的问题，而且是一向认为很重要的哲学上的问题——人生观。

不学无术的我，肚皮里实在搬不出许多哲学家的学说：固然也晓得有书可抄，然而又觉得不屑。好在，凡是一个稍微具有理性的人，倘使生存着，他总有一个人生观。人生观是平民们也可能有的，并不一定是大学校里的贵族们的专有品。现在我就写出我所研究出来的一般人生观。

在消极的方面，人是为不愿死而生的。我们自从有了知识，自然就给我们一张彩票，这张彩票是天天开彩的，一直到人死为止。我们自从接受这张彩票以后，便今天希望明天得彩，明天希望后天得彩，……这样一天天希望下去了。你说没有得彩的希望呢，它——自然——也许偶然给你中一个小彩，而且使你明明白白地晓得，别人在中大彩。手里拿着了这么一张彩票，当然不肯放手去死：在等候大彩临头而不肯去死的时间内，当然只有设法维持自己的生活。

这种"等命运"的人生观，当然是太消极了，可是，大多数人，的确是这样等待地过了一生的。而且，不论什么人，多少总有一些这种消极的人生观做基础。不过不专诚在"等待"上做工夫罢了。

在积极的方面，人是为求人生的兴趣而生的。所谓"人生的兴趣"，范围实在太广泛了。然而归纳起来，不过两种：第一是个性的发展，第二是人类的同情。

当然，一个人有种种的本能，然而有些人富于某种本能，而有些人富于别种本能。这本能的成分的不同，构成人们不同的个性。所谓个性的发展，就是使自己所有的特富的本能，能够充分地施用出来的意义。个性的发展的兴趣，在艺术家最为显著。画家作画的时候，一笔一笔地添上去，成了一张得意的作品，自己就觉到有无限的兴趣，并不需要别人的赞美。弈棋的人，并不希望报酬，也能有很浓的兴趣。事业家经营事业，倘使目的只在捞钱聚财，便成了没有意义的笨事，要像弈棋者一样将其视为消遣斗智的活动，然后才能得到乐趣。史载范蠡聚财散财的故事，何等痛快？

人类的同情，当然也是一件有兴趣的事。我可以说：人们发展个性的时候，往往已经带着求人类的同情的愿望。

以上是概念，以下归到犹子先生的问题。

　　烦恼是快乐的来源。遇到一件难以解决的事，的确是令人烦恼的；可是，一旦想出一个巧妙的解决的方法，我们就感到得意而快乐了。所以，遇到烦恼的时候，我们万万不可垂头丧气，我们要鼓一鼓勇气去找躲在那烦恼的后面的快乐——我们要解决那个困难。

　　固然，有许多困难不是一朝一夕就能解决的。我们只认定那困难的后面有个快乐在，我们只是一步一步向解决的路上走过去，我们虽在走的时候耐点艰苦，然而心中已经存着无限的兴趣。

　　再说得实际点：目下青年们的困难问题，不外自身的生活问题，事业问题，和眼前的社会问题，这些都不是绝望的。说到生活问题，我要说：青年们绝不至于饿死。倘使一个受教育的青年都要饿死，那没受过教育的更当怎样？何况能受教育的青年多数还属于小资产阶级呢。

　　青年要感到生活问题的绝望，那就因为他还没有革命的精神。他还没有勇气脱下高贵的长衫或者西服，他还维持他在社会的偶像的地位。一面要革命，而一面自己先不能革命；这样矛盾的情绪，自然要感到极端的困难；有这样矛盾的方策，自然要失败。

　　青年要感到事业问题的绝望，是因为他的英雄思想的浓厚。"流芳百世"，"名垂青史"，是他们心目中的所谓"成功"。倘使一旦感觉到"名垂青史"的绝望，那么，那个人生就算没有意义了。而他们的事业的途径，只有政治一端，所以格外容易绝望。我可以说：他们的心中，都还满储着偶像的思想——要做大人物。倘使他们能把事业的意义，改做"个性的发展"，就自然会兴趣横生而不至于绝望了。

　　青年要对社会问题绝望，是因为他没有认识社会的情况。当然，青年们所痛恶的，是社会上腐旧的势力。然而那腐旧的势力，是多么脆弱呀！倘使加以有组织的攻击，真如摧枯拉朽，毫不费力。不过现在一般青年的对付的方法，实在太不聪明了。青年们只远远地立着，视旧社会如异类，一切不加研究，不加干涉。这样，旧社会自然不会崩溃。是要青年人只身冲锋进去，对于旧社会的一切，加以深刻的研究，然后存优汰劣，在旧社会的原址上建立新社会。我们试看：旧社会哪一件东西经得起科学的分析？这种脆弱的情形，连旧社会里面的人都明白了。只要有适宜的方法，就不致有很大的抵抗，而欢迎的人也多着呢！

　　所以，我劝青年们准备着脱下高贵的服装，抛弃英雄思想，到社会里去。"到民间去"，就是叫你到社会里去，叫你"入世"，而并不一定要到乡村里去。社会是到处有的呀！

　　生在中国的社会里，有点科学知识的青年实在是天之骄子呀！在一百个人

人天生是个纯洁而精致的生灵。

——[古罗马]塞涅卡

中间，受教育的只有六七个人，只要这六七个人肯在社会服务，到处都是服务的机会，到处可以发展自己的本能。在科学发达的国家，社会上人才如鲫，哪里有这般容易？所以我以为在中国能读几年书的青年，都是十分福气的，他已经是社会中数一数二的人才！只有读不起书的穷人，那才真苦呢！目下有知识的青年，还要自暴自弃，那真才是不会做人！科学万能，有科学的知识，便可以支配无科学知识的社会。倘使支配不了，那就得先求诸己。处在可以支配社会的地位，而不行使其支配权，那还不是不会做人？所以我高呼：

有知识的青年分子快起来！
去建造你们理想的新社会！

人生的意义及人生中的境界

○ 冯友兰

冯友兰(1895～1990) 著名哲学家、哲学史家。河南唐河人。曾就读于北京大学，一九一九年赴美留学，获哲学博士学位。曾任中国科学院哲学研究所研究员。他编著的《中国哲学史》两卷本，确定了其作为中国哲学史学科主要奠基人的地位。另著有《中国哲学史新编》等。

何谓"意义"？意义发生于自觉及了解；任何事物，如果我们对它能够了解，便有意义，否则便无意义；了解越多，越有意义，了解得少，便没有多大的意义。何谓"自觉"？我们知道自己在做一种事情，便是自觉。人类与禽兽所不同的地方，就是人类能够了解，能够自觉，而禽兽则否。譬如喝水吧，我们晓得自己在喝水，并且知道喝水是怎么一回事；可是兽类喝水的时候，它却不晓得它在喝水，而且不明白喝水是一回什么事，兽类的喝水，常常是出于一种冲动。

对于任何事物，每个人了解的程度不一定相同，然而兽类对于事物，却谈不到什么了解。例如我们在礼堂演讲，忽然跑进了一条狗，狗只看见一堆东西，坐在那里，它不了解这就是演讲，因为它不了解演讲，所以我们的演讲，对于它便毫无意义。又如逃警报的时候，街上的狗每每跟着人们乱跑，它们对于逃警报，根本就不懂得是一回什么事，不过跟着人们跑跑而已。可是逃警报的人却各有各的了解，有的懂得为什么会有警报，有的懂得为什么敌人会打我们，有的却不能完全了解这些道理。

同样的，假如我们能够了解人生，人生便有意义；倘使我们不能了解人生，人生便无意义。每个人对于人生的了解大不相同，因此，人生的境界，便有分别。境界的不同，是由于认识的互异；这，有如旅行游山一样，地质学家与诗人虽同往游山，可是地质学家的观感和诗人的观感却大不相同。

人生的境界，大体上可分为四类：(一) 自然境界——最低级的，了解的程度最少，这一类人，大半是"顺才"或"顺习"。(二)功利境界——较高级的，需要进一层的了解。(三) 道德境界——更高级的，需要更高深的理解。(四) 天地境界——最高的境界，需要最彻底的了解。在自然境界中的人，不论干什么事情，不是依照社会习惯，便是依照其本性去做，他们从来未曾了解做某种事情的意义。往好处说，这就是"天真烂漫"，往差处说便是"糊里糊涂"。他们既不懂得为什么要这样做，又不明白做某种事情有什么意义，所以他们可以说没有自觉。有时他们纵然是整天笑嘻嘻，可是却不自觉快乐。这，有如天真的婴孩，他虽然笑逐颜开，可是却一点都不觉得自己快乐，两种情况，完全相同。这一类人，对于"生""死"皆不了解，而且亦没有"我"的观念。功利境界中的人，对于人生的了解，比较进了一步，他们有"我"的观念，不论做什么事，都是为着功利，为着自己的利益打算。这一批人，大抵贪生怕死。有时他们亦会为社会服务，为国家做点事，可是他们做事的动机，是想换取更高的代价，表面上，他们虽在服务，但其最后的目的还是为着小我。在道德境界中的人，不论所做何事，皆以服务社会为目的。这一类人既不贪生，又不怕死；他们晓得除"我"以外，上面还有一个社会，一个全体。他们了解个人是社会的一部分，个人与社会是部分与全体的关系。就普通常识来说，部分的存在似乎先于全体，可是从哲学来说，应该先有全体，然后始有个体。例如房子中的支"柱"，是有了房子以后，始有所谓"柱"，假使没有房子，则柱不成为柱，它只是一件大木料而已。同样，人类在有了人伦的关系以后，始有所谓"人"，如没有人伦关系，则人便不成为人，只是一团血肉。不错，在没有社会组织以前，每个人确已先具有一团肉，可是我们之成为人，却因为是有了社会组织的缘故。道德境界中的人，很清楚地了解这一点。天地境界中的人，一切皆以服务宇宙为目的。他们对生死的见解，既无所谓生，

我的抱负就是我唯一的朋友。

——[美]朗费罗

又无所谓死；他们认为在社会之上，尚有一个更高的全体——宇宙。科学家的所谓宇宙，系指天体，太阳系及天河等，哲学家的所谓宇宙，系指一切，所以宇宙之外，不会有其他的东西，我们绝对不能离开宇宙而存在。天地境界的人们能够彻底了解这些道理，所以他们所做的事，便是为宇宙服务。

中国的所谓"圣贤"，应该有一个分别，"贤"是指道德境界的人，"圣"是指天地境界的人。至于一般的芸芸众生，不是属于自然境界，便是属于功利境界。要达到自然境界或功利境界非常容易，要想进入道德境界或天地境界却需要努力，只有努力，才能了解。究竟要怎样做，才算是为宇宙服务呢？为宇宙服务所做的事，绝对不是什么离奇特别的事，与为社会服务而做的事，并无二致。不过所做的事虽然一样，了解的程度不同，其境界就不同了。我曾经看见一个文字学的教授，在指责一个粗识文字的老百姓，说他写了一个别字。那一个别字，本来可以当做古字的假借，所以当时我便代那写字的人辩护。结果，那位文字学教授这样回答我："这一个字如果是我写的，就是假借，出自一个粗识文字的人的手笔，便是别字。"这一段话很值得寻味，这就是说，做同样的事情，因为了解程度互异，可以有不同的境界。再举一例：同样是大学教授，因为了解不同，亦有几种不同的境界：属于自然境界的，他们留学回来以后，有人请他教课，他便莫名其妙地当起教授来，什么叫做教育，他毫不理会；有些教授则属于功利境界，他们所以跑去当教授，是为着提高声望，以便将来做官，可以铨叙较高的职位；另外有些教授则属于道德境界，因为他们具有"得天下英才而教育之"的怀抱；有些教授则系天地境界，他们执教的目的，是为欲"得宇宙天才而教育之"。在客观上，这四种教授所做的事情是一样的，可是因为了解的程度不同，其境界自有差别。

《中庸》有两句话："圣人可以赞天地之化育，可以与天地参矣。"所谓"赞天地之化育"并不是帮助天地刮风或下雨，"化育"是什么？能够在天地间生长的都是化育，能够了解这一点，则我们的生活行动，都可以说是"赞天地之化育"；如果不明白这一点，那么我们的生活行动，只能说是"为天地所化育"。所谓圣人，他能够了解天地的化育，所以始能顶天立地，与天地参。草木无知（不懂化育的原理），所以草木只能为天地所化育。

由此看来，做圣人可以说很容易，亦可以说很难。圣人固然可以干出特别的事来，但并不是干出特别的事，始能成为圣人。所谓"迷则为凡，悟则为圣"，就是指做圣人的容易，人人可为圣贤，其原因亦在于此。

总而言之，所谓人生的意义，全凭我们对于人生的了解。

人生有何意义（节选）

——答某君书

○ 胡 适

    胡适（1891～1962）   原名洪骍(xīng)，字适之，安徽绩溪人。现代学者，历史学家、文学家、哲学家。1910年赴美留学，师从哲学家杜威。回国后，任北京大学教授，加入《新青年》编辑部，积极提倡"文学改良"和白话文学。著作有《胡适文存》、《中国哲学史大纲》（上卷）、《白话文学史》（上卷）等。

    ……我细读来书，终觉得你不免作茧自缚。你自己去寻出一个本不成问题的问题，"人生有何意义"其实这个问题是容易解答的。人生的意义全是各人自己寻出来、造出来的：高尚、卑劣、清贵、污浊、有用、无用……全靠自己的作为。生命本身不过是一件生物学的事实，有什么意义可说？一个人与一只猫、一只狗，有什么分别？人生的意义不在于何以有生，而在于自己怎样生活。你若情愿把这六尺之躯葬送在白昼做梦之上，那就是你这一生的意义。你若发奋振作起来，决心去寻求生命的意义，去创造自己的生命的意义，那么，你活一日便有一日的意义，做一事便添一事的意义，生命无穷，生命的意义也无穷了。

    总之，生命本没有意义，你要能给他什么意义，他就有什么意义。与其终日冥想人生有何意义，不如试用此生做点有意义的事。

        知世如梦无所求，无所求心普空寂。

        还似梦中随梦境，成就河沙梦功德。

    王荆公小诗一首，真是有得于佛法的话。认得人生如梦，故无所求。但无所求不是无为。人生固然不过一梦，但一生只有这一场做梦的机会，岂可不努力做一个轰轰烈烈像个样子的梦？岂可糊糊涂涂槽槽懂懂地混过这几十年？

人，以其本性而言，是政治、社会动物。

——[古希腊]亚里士多德

人生的意义

○ [日] 汤川秀树　译/庞春兰

汤川秀树(1907~1981)　日本物理学家。大阪大学哲学博士。历任京都帝国大学、东京帝国大学教授。一九四九年获诺贝尔物理学奖。著有《量子力学导论》、《基本粒子理论导论》等。他的成就促成了日本物理学的发展。

同学们都很年轻,你们面前有着广阔的前途。平均起来你们今后将有六十年左右的寿命,也就是说,你们将跨过二十世纪进入二十一世纪。在这个时期里,世界将会发生什么变化呢? 回忆一下二十世纪前半叶的六十年中期,世界上发生了显著的变化, 由此可以想象到未来的五六十年中也将产生难以估量的巨大飞跃。

究竟人世间演变的起因何在? 当然,不难想象有地震、台风、洪水等自然因素造成的变迁。不过,这种自然因素的影响只是暂时的,尽管是重大事件也绝不会产生永久性的影响。从长远来看,可以说主要的还是人类的所作所为带来了世界的变化。

以交通的发达为例,现在汽车、飞机的数量大增,速度加快,再加上通讯事业的迅速发展,电话、广播、电视也已经普及,这些都为世界带来不少变化。诸如此类的变化今后还会应时而生、层出不穷。

若考究一下发生这些变化的原因,就会发现:最大的因素是人类知识、技术的进步。简而言之,即科学的进步引起了世界的变化。众所周知,科学是人类创造、思维的结晶,是人们在有生之年辛勤工作的点滴积累。不光科学,人类还有许多其他活动也推动了社会的发展。关键问题是今后的世界还将由活着的人们奋斗不息地发展下去。

因此,我希望同学们深刻认识到,你们自己也是这活着的人群中的一员。如果有人认为:我的力量微不足道,根本不可能去改变一个世界,所以自己除了顺应社会趋势,随波逐流,别无所能。这种想法是极端错误的。因为尽管每个人的力量是十分微薄的,但是不能否认正是这些个人不懈努力的结果,才使社会得以发展、变化。

但是变化本身也有多种多样,究竟朝什么方向演变才好,这又是一个问题。我们应当努力设法使世界朝着光明的道路发展,而不要走向相反的方向。要下定决心为把世界逐步引向光明的道路,而贡献自己微薄的力量——不光有决心,更要采取实际行动。我们应当认识到这样生活才是真正有意义的。

为了建设好这个世界,应当采取什么方法来贡献自己的力量呢?不用说,那是因人而异的吧。即使定下了今后努力的目标,选择出适当的道路,并已开始在这条道路上前进,也未必能够获得成功,或许会以失败而告终。究竟成功与否,谁也无法预测,不可能先知先觉。我相信只要努力就有成功的希望,从而竭尽全力去干,这便体现了人生在世的真正价值。

人们常说,现在的年轻人比起前人现实多了。也就是说他们开始关心将来,想方设法使自己的晚年过得更加舒适。这种考虑也许是人之常情,未必是坏事。但是如果青年人一味考虑个人生活的安逸,未免令人失望。而且,如果他们以为未来和现实不会有多大的差异,因而只是考虑在眼前这个圈子里,如何生活得更好,那就不仅令人失望,而且是幼稚可笑的。

有人认为:"别人都考某某大学,所以我也要进某某大学。""要是能进某某公司工作,将来生活就有保障。为了能进某某公司,大概先进某某大学比较合适。"这类消极的想法如果充斥青年人的头脑,前景会是什么样子呢?

如果日本全国都是这样的青年集合在一起,会有什么结果呢?到那时日本人在这个地球上将变得十分渺小,失去影响。不仅如此,在日益激烈的国际竞争中——特别是创造文化价值的竞争中,日本将成为十足的落伍者。这样下去,日本人的个人生活也会在精神和物质方面双双遭到破产。

本来,在现实或将来的社会上,每一个个人的问题与社会全体的问题,推而广之和全世界的问题,是绝对不能分割的。由此可以懂得前面所说的"现实主义态度",或者用个贬义词,叫做利己主义的生活态度,它乍看起来似乎稳妥可靠,实际并非如此。青年中至少应有一部分人能够立志摆脱个人打算,怀着崇高的理想向前迈进。如果连这一点也做不到,那么日本也好,世界也好,便不会朝着进步的方向发展。这种结局所带来的恶果又将会反过来影响到每一个人,给人们带来巨大的不幸。前面我已讲过,抱着崇高理想前进的人,即便不能获得完全成功,那种生活也具有重大意义。我认为觉悟到生活的意义而活在世上才是真正的现实主义的生活方式。

让自己的内心藏着一条巨龙,既是一种苦刑,也是一种乐趣。
——[法]雨 果

谈人生价值

○ 朱光潜

朱光潜 (1897～1986) 　著名美学家。安徽桐城人。一九二五年先后赴英国、法国研习心理学、哲学和艺术史,获博士学位,回国后曾任北京大学教授、全国美学学会会长等职。主要著作有《文艺心理学》、《悲剧心理学》和《给青年的十二封信》等。

每个人都不免有一个理想,或为温饱,或为名位,或为学问,或为德行,或为事功,或为醇酒妇人,或为斗鸡走狗,所谓"从其大体者为大人,从其小体者为小人"。这种分别究竟以什么为标准呢?哲学家们都承认:人生最高目的是幸福。什么才是真正的幸福?对于这问题也各有各的见解。积学修德可被看成幸福,饱食暖衣也可被看成幸福。究竟谁是谁非呢?我们从人的观点来说,人之所以高贵于禽兽者在他的心灵。

人如果要充分地表现他的人性,必须充实他的心灵生活。幸福是一种享受。享受者或为肉体,或为心灵。人既有肉体,便不能没有肉体的享受。我们不必像持禁欲主义的清教徒之不近人情,但是我们也需明白:肉体的享受不是人类最上的享受,而是人类与姬豚狗彘所共有的。人类最上的享受是心灵的享受。哪些才是心灵的享受呢?就是真善美三种价值。学问、艺术、道德几无一不是心灵的活动,人如果在这三方面达到最高的境界,同时也就达到最幸福的境界。一个人的生活是否丰富,这就是说,有无价值,就看他对于心灵或精神生活的努力和成就的大小。如果只顾衣食饱暖而对于真善美不感兴趣,他就成为一种行尸走肉了。这番道理本无深文奥义,但是说起来好像很迂阔。灵与肉的冲突本来是一个古老而不易化除的冲突。许多人因顾到肉遂忘记灵,相习成风,心灵生活便被视为怪诞无稽的事。尤其是近代人被"物质的舒适"一个观念所迷惑,大家争着去拜财神,财神也就笼罩了一切。

漫谈人生的意义与价值

○ 季羡林

季羡林 (1911～2009) 著名语言学家,文学翻译家,作家,梵文、巴利文研究专家。曾任北京大学副校长。其一生致力于东方学,特别是印度学的研究工作,被誉为东方学大师。著述主要有《中印文化关系史论丛》、《印度简史》、《印度古代语言论集》、《原始佛教的语言问题》等,散文作品有《季羡林谈人生》、《牛棚杂忆》、《病榻杂记》等。

当我还是一个青年大学生的时候,报刊杂志上曾刮起一阵讨论人生的意义与价值的微风,文章写了一些,议论也发表了一通。我看过一些文章,但自己并没有参加进去。原因是,有的文章不知所云,我看不懂。更重要的是,我认为这种讨论本身就无意义、无价值,不如实实在在地干几件事好。

时光流逝,一转眼,自己已经到了望九之年,活得远远超过了我的预算。有人认为长寿是福,我看也不尽然,人活得太久了,对人生的种种相,众生的种种相,看得透透彻彻,反而鼓舞时少,叹息时多。远不如早一点离开人世这个是非之地,落一个耳根清净。

那么,长寿就一点好处都没有吗?也不是的。这对了解人生的意义与价值,会有一些好处的。

根据我个人的观察,对世界上绝大多数人来说,人生一无意义,二无价值。他们也从来不考虑这样的哲学问题。走运时,手里攥满了钞票,白天两顿美食城,晚上一趟卡拉 OK,玩一点小权术,耍一点小聪明,甚至恣睢骄横,飞扬跋扈,昏昏沉沉,浑浑噩噩,等到钻入了骨灰盒,也不明白自己为什么活这一生。

其中不走运的则穷困潦倒,终日为衣食奔波,愁眉苦脸,长吁短叹。即使日子还能过得去的,不愁衣食,能够温饱,然也终日忙忙碌碌,被困于名缰,被缚于利锁。同样是昏昏沉沉,浑浑噩噩,不知道为什么活这一生。

我的目标是重建对人的崇拜。

——[俄]达奴西欧

对这样的芸芸众生，人生的意义与价值从何处谈起呢？我自己也属于芸芸众生之列，也难免浑浑噩噩，并不比任何人高一丝一毫。如果想勉强找一点区别的话，那也是有的：我，当然还有一些别的人，对人生有一些想法，动过一点脑筋，而且自认这些想法是有点道理的。

我有些什么想法呢？话要说得远一点。当今世界上战火纷飞，物欲横流，"黄钟毁弃，瓦釜雷鸣"，是一个十分不安定的时代。但是，对于人类的前途，我始终是一个乐观主义者。我相信，不管还要经过多少艰难曲折，不管还要经历多少时间，人类总会越变越好的，人类大同之域绝不会仅仅是一个空洞的理想。但是，想要达到这个目的，必须经过无数代人的共同努力。有如接力赛，每一代人都有自己的一段路程要跑。又如一条链子，是由许多环组成的，每一环从本身来看，只不过是微不足道的一点东西；但是没有这一点东西，链子就组不成。在人类社会发展的长河中，我们每一代人都有自己的任务，而且是绝非可有可无的。如果说人生有意义与价值的话，其意义与价值就在这里。

但是，这个道理在人类社会中只有少数有识之士才能理解。鲁迅先生所称之"中国的脊梁"，指的就是这种人。对于那些肚子里吃满了肯德基、麦当劳、比萨饼，到头来终不过是浑浑噩噩的人来说，有如夏虫不足以语冰，这些道理是没法谈的。他们无法理解自己对人类发展所应当承担的责任。

话说到这里，我想把上面说的意思简短扼要地归纳一下：如果人生真有意义与价值的话，其意义与价值就在于对人类发展的承上启下、承先启后的责任感。

人生的意义在于修炼灵魂

○ [日] 稻盛和夫

稻盛和夫　一九三二年生于日本鹿儿岛。日本知名企业家。他与松下创办人松下幸之助、本田创办人本田宗一郎、新力创办人盛田昭夫被称为日本工商界的"经营四圣"。他创立并成就了两家名列全球五百强的大企业——京瓷集团和日本的第二大电信公司"KDDI"。

人类活着的意义、人生的目的到底是什么？对于这个最根本的疑问，我仍然想直接回答，那就是提高心地，修炼灵魂。

在生活中为欲望所迷失、困惑，这是人类这种动物的本性。如果放任自流的话，我们就会无止境地追求财产、地位、名誉，甚至乐此不疲。

的确如此，人只要活着，就必须衣食充足，而且，需要有保证能自由自在生活的金钱。此外，盼望出人头地，也是人生的动力之一，这也不应该一律加以否定。

但是，这些只限于今生，即使积攒再多也不能带到来世去。今生之物只限于今世。

如果说今生之物中有一样永不灭绝的东西，那不就是"灵魂"吗？在迎接死神的时候，人不得不舍弃今生建立起来的全部的地位、名誉、财产，只能带上灵魂开始新的旅程。

所以，当有人问"人为什么来到这个世上"时，我毫不犹豫地、毫不夸耀地回答："是为了比出生时有一点点的进步，或者说是为了带着更美一点、更崇高一点的灵魂死去。"

人生在世，直到临终要咽气的那一天为止，都是在体验各种各样的苦和乐，在被幸与不幸的浪潮冲刷中，不屈不挠地努力活着。把这个过程本身当做"去污粉"，不断提高自己的人性，修炼灵魂，带着比初到人世时有更高层次的灵魂离开这个

人是自己所做工作的孩子。

——[西班牙]塞万提斯

世界。我认为人生的目的除此以外别无他求。

今天比昨天更好，明天比今天更好，为此，不屈不挠地工作、勤勤恳恳地经营、孜孜不倦地修炼，我们人生的目的和价值就是这样确确实实地存在着。

人生在世苦难多！人有时候可能会憎恨神佛，为什么只有我要吃这样的苦头？但是，正因为人生苦短，我们有必要认为正是这样的苦难，才是对修炼灵魂的一种考验。所谓劳苦，正是锻炼自我人性的绝好机会。

能够把考验当做"机遇"对待的人——也只有这样的人才能把有限的人生真正地当做自己的人生活下去。

所谓今生，是一个为了提高身心修养而得到的期限，是为了修炼灵魂而得到的场所。我认为可以这样说："人类活着的意义和人生的价值就是提高身心修养，磨炼灵魂。"

我们为什么活在这个世上

○ [日] 大林宣彦

大林宣彦（1938～2020）　日本著名导演、编剧。东京成城大学文艺部肄业。导演《转校生》、《穿越时光的少女》、《寂寞的人》、《和幽灵在一起的夏日》、《青春摇滚》、《她不结婚的理由》等名作。他有"影像魔术师"的美誉，是日本电影界和广告界的先驱人物。

我们并不是请求谁而出生的。首先在出生之前，我们还没有来到这个世上，因此我们也就不可能请求谁生下我们。总之，当我们意识到自我时，我们已经出生了，这就是我们的人生。

既然我们不是由自我意志而来到这个世上的，那么"人为什么活着呢？"要寻找它的意义就难了。首先我们并不是因为有意义而出生的，生存的意义只能在出生后去寻找。

不能因为我们并不是因为有意义而出生的，就可以说我们活着是毫无意义的。对于双亲来讲，我们的出生是他们相遇、相爱的结晶，从这方面讲，我们的出生也还是有意义的吧。但是,同样是出生,有的却是因某种错误而降生的。即使是这种情况也不能断言人生是毫无意义的。那么,因某种错误而降生和因为爱、作为爱的结晶而降生,这两种情况,有什么不同呢?

我们可以这样考虑,无论我们是因为爱而降生,还是因某种错误而降生,都是因双亲的关系而降生到这个世上来的。当然,因为爱而降生比因某种错误而降生肯定要好,但也绝不能因此就可以左右我们的一生。总之,一个人活着是幸福还是不幸,是自己的人生问题。因此,对于"人为什么活着"这个问题我们必须从自身去思考。

我们的出生不仅仅由双亲的关系所决定,有时还与时代的情况、社会的情况有很大的关系。比如,五十多年前,日本举国与美国、英国等国进行战争,当时日本的国策是"多生多育",整个日本的双亲拼命生孩子。由于日本小,资源又少,要与大国为敌进行战争,进行战争的武器不足,于是多生孩子,把人作为武器进行战争。对于双亲来讲,生下来的孩子无疑是爱的结晶,同时也是"为了国家"。把自己的孩子送上战场,作为武器战斗而死,在当时被认为是荣誉。如果不上战场打仗,或是生下来就体弱多病,不能上战场,这样的孩子就被认为是对双亲不孝,被认为是非国民。作为一个人的自我自身活着的意义,在当时没有人给予重视。

后来,时代变了,随之又产生了提倡"限制生育"的国策。和平了,人的死亡率降低,人口不断增加,粮食和居住的土地不足,于是提出了限制生育的国策。人的出生是爱的结晶,但它同时在很多时候要根据国家的情况和时代的情况而定。

如果在明明不希望我们出生时,我们却错误地降生了,那么就如同一开始就是为了死而出生似的。这样来到这个世上活着的人,其存在的本身就是一个很大的矛盾。这种时候,我们就会去思考"人为什么活着呢?"其实,正如有一句话说的那样:"人,正因为有思维,所以才有人的存在。"这种自我思考的本身,至少是我们作为一个人之所以存在的证明。只有在人生充满矛盾,并进行思考的时候,才能体现哲学对于人所具有的意义。

这里,我们还有另外一个问题,就是究竟我们什么时候才有自我意识,意识到自己已经出生到了这个世上。

当一个人降生到这个世上的瞬间,无论谁都是一个婴儿,是不会自我意识和思考自己已作为一个人来到了这个世上的。当他成长了,觉悟到"自我"后,才逐渐地开始了"哲学"的思考。那是因为他确立了思考的"主体"是"自我"。

但是,糟糕的是这个思考的"主体"还不能作为一个主体被社会所承认。现

　　　　　　　　　　　　　　　　人是一切的中心,是世界的轴。

　　　　　　　　　　　　　　　　　　　　——[英]弗兰西斯·培根

代的日本社会，一个人到二十岁后，作为自我的"主体"才能独立，他的独立存在才被承认。在此之前，只能被认为是一个处在双亲和社会保护之下的孩子，换句话讲，他的存在只有在双亲和社会的关系中才被承认。

于是，"青少年哲学"就有一个很大的问题。因为进行"哲学"思考的自我，并不被作为一个独立的人予以承认，所以这个"哲学"也往往被认为不过是孩子的肤浅的、不成熟的想法，而不被成年人所理会。

那么，是不是就可以说"青少年哲学"是毫无意义的呢？绝不是这样的。相反，正因为它是"青少年哲学"，才更应该说它是有意义的，重要的。"哲学"这门学问，本来就是一门充满矛盾的学问。

在我还是个孩子的时候，曾有一位这样的朋友，他对自我存在意义的哲学想法，就是"自己是一头猪"。如前所述，那个时代是一个为国家战死就是最好的生活方式的时代。那时，他家里养了很多猪，猪从一开始便是为了被人们吃而降生到这个世上的。他想，那些猪的生存意义和自己生存的意义不是完全一样吗！

当然他的那个"哲学"是幼稚的想法，但是对于他来讲是认真的，是通过对自己生存的意义进行了充分的思考而得到的"哲学"。因此，有一天在学校的课堂上，当老师问学生："同学们，你们将来想做一个什么样的人为国家作出贡献呢？"他挺着胸回答说："我要做一个像我家养的猪那样的人。"当然，他被狠狠地斥责了一顿。事情并不仅仅如此，由于教育出了这样的"非国民"的学生，老师和校长被监视，甚至发展到这位学生不得不停学的地步。因为，作为日本国的"臣民"，把自己说成是猪，这是侮辱这个神国的言论。有这样的学生是学校的耻辱。没想到，他为了要做一个对国家有用的人而认真思考哲学竟带来了这么多的不幸。

当然，他受到了很大的伤害，而且发展到使他不得不退学的地步。但是，所幸的是不久战争结束了，人们也好，日本国也好，还没发展到"猪骚动"的地步。因此，这个事件被人们遗忘了，他也并没去战场为国而死，只有他家的猪仍旧继续被人们吃掉。而且，在战争结束后的混乱和粮食困乏的世道中，猪作为粮食常常在还没有养成猪之前，还是小猪的时候就被盗，被吃了。

因而，他的那个"自己是猪"的"哲学"也破灭了，取而代之，他又产生了另一个重要的"哲学的主题"，就是"为什么自己要吃猪？"他想，老师也说过世界和平来临了，从今以后，人与人之间再也不互相伤害、互相残杀了，人们将友好共存下去。现在已进入了那种人们不再互相残杀的和平时代，但是人们仍继续杀猪而生存。那么不是说人和猪之间仍旧继续着战争，没有和平吗？如果世界真正的和平了,为什么自己还继续吃猪呢?

这对于曾经一度认为"自己就是猪"的他来讲,确实是一个很大的矛盾,是必须认真思考的问题。

而且,他还碰到了更高层的、更难的问题。那就是他知道了,具有生命的东西,不管是谁,不吃其他有生命的东西就不能生存。因此,所谓的共存就是靠互相地吃而共同生存。

因此,作为生存在这个地球上的有生命的东西,大家只能在真正饿了的时候,才能去吃其他的生命。要不浪费,好好地、爱惜地去吃,把它完全地作为营养来吃,让吃掉的东西能使自己更好地生存。而且,自己也说不定哪一天被谁、被其他的生命吃掉,被消化,成为谁的食物而死。假使命运好,没有被吃掉,保全了自己的生命,他的尸体也会返回自然的土地里,成为我们一切活着的东西的生命的源泉,成为我们地球母亲的营养而终结自己的生命。这种合乎自然法则的生存方式,才是"共存"的法则。

但是,为什么只有我们人类在并没饿肚子的时候却杀害其他的生命?只有人类可以随便地吃掉其他生命,相反,人类自己却不想被其他生命吃掉。他想,是不是在这个地球上,只有人类不想和其他生命共存,难道人是一个只顾自己,自私的生物吗?于是,他决意"我还是成为猪吧",用猪的感情重新审视作为人的这个生命。这就是他作为人的生活方式,成为他思考"人为什么活着?"的基本出发点。

他就是这样成长起来的,成人后,成了一名自然科学者。孩童时期的幼稚的"哲学"决定了他的一生。他的"哲学"是幼稚的,但却是纯真的。这个"哲学",如果不是一个孩子的"哲学",如果他当时已是一个够格的成人的话,他就不会有"自己是猪"等这种愚蠢的思考了,他可能会思考怎样才能更高效率、大量地饲养猪,使人赚钱了吧,或者是怎样才能把作为人类食物的猪更好地分给世界上的人们,让他们吃等等。这种成人的思考,一定会促进经济、政治的发展,会对人类社会的和平作出更大的贡献吧。

人到二十不秀,则永不再秀;三十不壮,则永不再壮;四十不富,则永不再富;五十不慧,则永不再慧。

——[英]赫伯特

但是，猪终究只是作为人类的食物才被给予了生命。这与自然界的共存法则是不同的。他的思想是幼稚的，充满孩子的天真，但正因为如此，他的幼稚思想超越了人类的由成年人的观念所形成的，只考虑人类自己的生存方式。它是更纯真的，是带有自然界意志的宝贵思想的萌芽。

只顾人类自己的利益所形成的成熟的政治、经济，现在正在怎样威胁着我们地球母亲的生命，正在怎样使自然界遭到毁灭呀！当这种危机来临的时候，重新面对地球和自然界的生命，思考我们人类应做些什么，应怎样地生存，这时，我们就会切实地感到这个"哲学"的宝贵。正因为如此，让这个"哲学"在作为人类的更单纯的十几岁的青少年中间牢固地扎下根，培育它的基础是非常必要的。所谓的"青少年哲学"就是这样一种宝贵的"哲学"。

只有学习的一生，才是唯一意义深远的一生

○ [美] 崔　琦　译/郑艳秋

崔琦 著名物理学家。美籍华人，一九三九年生于河南。美国国家科学院院士。美国芝加哥大学物理学博士，后到著名的贝尔实验室工作。一九九八年诺贝尔物理奖获得者，是登上诺贝尔殿堂的第六位华人。二〇〇五年被聘为中国科学院荣誉教授。

我认为我的生活可以分为三个阶段：在中国中部河南省一个遥远的村庄度过的孩提时期，在香港的学习时期，以及我到美国上学后的时期，联结这三个阶段生活的唯一线索，是在我过去的岁月中生活在我周围的人们的善良、大度和友善。

在我的孩提记忆中，印象最深的是乡亲们不时挂在嘴边的旱灾、水灾和战争，还有父母给予我的无私的爱以及他们给予我的快乐时光。像大多数农民一样，父母从未有机会学习怎样阅读和书写，他们深受目不识丁的苦楚，他们的遭遇使他们痛下决心：无论如何也不能让他们的孩子重蹈覆辙，不管花多大代

人为什么活着——全球 139 位大师的答案

价。一九五一年初,父母抓住了第一个也许是唯一一个让我离开他们及他们的村庄,到一个无论是他们还是我都不知道究竟有多远的地方接受教育的机会。

在香港,我怀揣着恐惧和颤抖,夹杂着些许自豪和得意,进入六年级开始接受正规的学校教育。我记得我最初遭遇的困难是不懂广东话,然而,我更清楚地记得同学们的友善,他们用他们的真诚和友谊帮助我走出了困境,他们带我走进他们的圈子,带我参加他们的课外活动。我到香港的第二年,进入培正中学读书,该校以其杰出的教育质量而闻名,尤其是在自然科学科目方面。那儿的许多老师都非常棒,他们是中国最优秀大学的最优秀的毕业生。在正常情况下,他们应该成为卓越的学者和科学家,然而,中国正处于战争的动乱时期,这迫使他们在香港教书躲避战乱。在教学上,他们也许并不是最好的老师,但是他们的智慧和见识却使我们深受鼓舞,甚至即使是他们回忆在北京大学度过的光荣日子时提到的一些不起眼的小事,也能给我们留下难忘的记忆。我想,是他们用那种不经意的方式,使我们这些生活在最商业化城市中的学生,把目光从金钱上移开,放眼人类前沿领域的新进展,这是智慧的积累和接受机遇挑战的资本。

一九五七年我从培正毕业后,被允许进入在台湾的台湾国立大学医学院。因为我当时不知道父母怎么样了,而且也不知道自己是否还能回到在中国大陆的父母身边,所以我留在了香港,加入一个由政府组织的为香港大学准备中文高中毕业生的两年制特别项目。第二年春末,我惊喜地得到了来自美国的好消息,我获得了伊利诺伊州罗克岛的奥古斯塔纳学院的奖学金,去当马丁路德教派的牧师。

我刚好在一九五八年的劳动节后抵达学校,在那儿度过了我有生当中的最好的三年。在那儿,我第一次有了空闲的时间为我的路德教信仰奋斗,第一次有时间回顾并思考一下自己所经历的事。在香港,作为一个受奖学金资助的学生,我成天忙于教堂的活动和职责,并且被每天长距离的往返弄得疲惫不堪。在这儿,我可以按我自己的速度自由地阅读、学习和思考。我从一开始就知道自己要进大学的研究院,项目和学校的选择永远不会是一个问题。杨振宁和李政道一九五七年获得了诺贝尔物理学奖,他们两个到了芝加哥大学,他们是我们那一代华裔学生的偶像,我以为,到芝加哥大学接受研究生教育是最理想的人生。

芝加哥大学是热情的、充满智慧的,我喜欢它在这个重要城市中的位置,喜欢它的氛围,甚至喜欢它的旧建筑以及他们在通知书中流露出来的严谨。在那儿,我幸运地遇上了琳达·瓦兰,并坠入了爱河,她是学院大学本部的学生,

人,只有两种类型:一、自认为罪人的义人;二、自认为义人的罪人。

——[法]帕斯卡尔

她毕业后我们俩结婚了。我还幸运地遇上了罗亚尔·史达克,他作为一个固体实验家刚加入物理学系,他把我作为他的研究助理带我走进了他的实验室。我很早就意识到自己想从事实验物理研究,我缺乏做庞大的实验计划的能力,而且也缺乏对伟大项目的鉴别力。我想做桌上实验,做一个笨拙的研究者。罗亚尔·史达克信任我,让我用自己的双手尝试他实验室中的任何东西。我得到了从基层通往理想境界的最好的机会:从工程制图、焊接、机械修理和设计到组装、建造我们实验室的仪器。那时,我获得了博士学位,我相信自己能利用在那儿学到的技能谋生。

从相信靠我的技能总能找到一份工作起,我就想:为什么不选择一份带有冒险性的工作,尝试一下做研究或一些完全新奇的事,同时也考验一下自己的能力呢?

一九六八年春我离开芝加哥,接受了新泽西默里山贝尔实验室的一个职位,从事固体物理学研究。我在半导体研究领域为自己发现了一个恰当的处所,尽管我从未进入半导体物理的主流,但我漫游进了一个新领域。一九八二年二月,在做出新的流体量子霍尔效应发现之后不久,我便前往普林斯顿大学,开始了教学工作。

很多朋友和尊敬的同事问我:"为什么你要离开贝尔实验室去普林斯顿大学呢?"即使是在今天,我也不知道答案。或许是因为我在童年时期没能上学的缘故吧,也许是的。或许是因为孔子在我心中的地位吧,在我独处时,经常听到一个微弱的声音在对我说:"只有学习的一生才是唯一意义深远的一生。"那么,有什么样的方式能比通过教学来学习更好呢!

人为什么活着

——致李银河

○ 王小波

王小波(1952～1997)　当代作家、学者。生于北京,先后做过知青、民办教师、工人等。中国人民大学毕业,后赴美留学。获美国匹兹堡大学文学硕士。曾在北京大学、中国人民大学任教,后辞职专事写作。代表作品有《青铜时代》、《白银时代》、《黄金时代》、《我的精神家园》等。

银河,你好!

我在家里给你写信。你问我人为什么活着,我哪能知道啊?我又不是牧师。释迦牟尼为了解决这个问题出了家,结果得到的结论是人活着为了涅槃,就是死。这简直近乎开玩笑了。

不过活着总得死,这一点是不错的,我有时对这一点也很不满意呢。还有人活着有时候有点闷,这也是很不愉快的。过去我想,人活着都得为别人,为别人才能使自己得到超生。那时大家都这么想吧?结果大家都不近人情的残酷,都走上宗教的道路。我们经过了那个时代,把生活都变成一个连绵不断的宗教仪式。后来我见过活着全然为自己的人,他们是真正的唯物主义者,把自己当成物质,需要的东西也是物质,所以就分不出有什么区别。比方说,物质生活就是生活本身吗?有人分不出来。

总之,我认为人不应当忽视自己,生活就是自己啊。总要无愧于自己才好。比方说我要无愧于自己就要好好地爱你才对。也不能让人家来造自己,谁要来造我我都不干。有人要我们这样要我们那样,我们就不知道什么是生活本身了。过去我们在顶礼膜拜中度过光阴的时候,我们知道什么是生活吗?现在我们在一片拜物声中过的是什么日子啊。我自己过去和现在都很不好。不过我现在要爱你,我觉得我很对,你也觉得我很对,别人与此有何相干。

我这么说你恐怕要怕我了。我一点也不可怕。不管你是谁,是神仙也好,是

由真理统治事实,这就是我们的目的。

——[法]雨　果

伟人也好，请你来共享我们的爱情。这不屈辱谁，不屈辱你。

我不喜欢稀里糊涂地过日子。我妈妈有时说："真奇怪啊，我们稀里糊涂地就过来了。"他们真的是这样。我们的生活就是我们本身。我们本身不傻，也不斤斤计较大衣柜一头沉。干吗要求我们有什么外在的样子，比方说，规规矩矩，和某些人一样等等。有时候我真想叉着腰骂："滚你的，什么样子！"真的，我们的生活是一些给人看的仪式吗？或者叫人安分守己。不知什么叫"分"，假如人活到世上之前"分"都叫人安排好了，不如再死回去的好。

我有时对自己挺没信心的，尤其是你来问我。我生怕你发现我是个白痴呢。不过你也该知道，我也肯为别人牺牲，也接受一切人们的共同行动，也尽义务，只要是为大家好，却不肯为了仪式去牺牲、共同行动、尽义务，顶多敷衍一下。别人也许就为这个说我坏吧？我很爱开发智力，我怪吗？不怪吧。我还爱一个美的世界，美是为人的幸福才存在的。我也不肯因为什么仪式性的东西去写什么，唱什么，画什么，顶多敷衍它一下。

总之，我是这样。为了大家好，还为了我自己好，才能正经做事。为了什么仪式，为了看起来挺对路，我就混它。我绝不为了仪式爱你，我是正经爱你呢。我一正经起来，就觉得自己不坏，生活也真不坏。真的，也许不坏？我觉得信心就在这里。

我对自己有点信心。我爱你，爱你！

生命的意义①

奥斯特洛夫斯基(1904～1936)　苏联作家。生于工人家庭。十六岁参加红军，二十岁加入俄共(布)。在国内战争中受重伤，最后双目失明，全身瘫痪，在病榻上写成长篇小说《钢铁是怎样炼成的》，获得巨大成功。

保尔不知不觉地走到松树跟前了，他在岔路口站了一会儿。在他右面是阴

---

① 节选自《钢铁是怎样炼成的》。

森森的老监狱,监狱用高高的尖头木板栅栏跟松树林隔开,监狱后面是医院的白色房子。

娃莲和她的同志们就是在这地方,在这空旷的广场上的绞架下被绞死的。保尔在从前竖绞架的那个地方默默地站了一会儿,随后就走下陡坡,到了同志们的公墓那儿。

不知道是哪个关心的人,用枞树枝编成的花圈把那一列坟墓装饰起来,又给这小小的墓地围上一圈绿色的栅栏。笔直的松树在陡坡上高耸着,绿茵似的嫩草铺遍了峡谷的斜坡。

这儿是小镇的近郊,又幽静,又凄凉,只有松树林轻轻的低语和春天的大地散发的土味。保尔的同志们就在这地方英勇地牺牲了,他们是为了使那些生于贫贱的、一出世就做奴隶的人们能有美好的生活而献出了自己的生命的。

保尔缓缓地摘下帽子来。悲愤,极度的悲愤充满了他的心。

人最宝贵的东西是生命。这生命,人只能得到一次。人的一生应当这样度过:当回忆往事的时候,他不至于因为虚度年华而痛悔,也不至于因为过去的碌碌无为而羞愧;在临死的时候,他能够说:"我的整个生命和全部精力,都已经献给世界上最壮丽的事业——为人类的解放而斗争。"

保尔怀着这样的思想离开了他的同志们的公墓。

生命的烙印

○ （台湾）陈幸蕙

陈幸蕙　女,当代作家。一九五三年生于台中清水。代表作品有《春雷》、《交会时互放的光亮》、《与你深情相遇》、《甜蜜告白》、《现代女性四个大梦》、《青少年四个大梦》等。余光中曾评价其为散文作家的佼佼者。

那天深夜,为了究应肯定抑或否定人生的问题,我们讨论了许多。由于第二天大家都必须上课,必须接受另一天的挑战,所以,我们的讨论,在没有结论

人是一切动物中最能够获得最丰富多彩技艺的动物。

——[古希腊]亚里士多德

的结果下匆匆结束了。虽然有声的探讨暂时平息，可是，躺在一个有檐滴的初春夜里，蓬勃庄严的生命之感，在四壁之间奔放、撞击着；我的内心依然铿锵不已，久久都不能把自己从思维中驱赶出来，鞭策自己进入梦乡。

其实，人生的问题，人为何而活，这类极形而上而也极其实际的问题，古往今来，已经有无数的哲学家去思索、去探寻过。但是，直至今天，我们从他们的智慧中，依然找不到一个绝对的、放诸四海而皆准的最后答案（我们只能得到某些启示）。回顾历史、展望未来，在望不见两极的大洪荒之中，我们孤立于现世的一点，念天地悠悠，究应怀抱着一种如何的心情、如何的态度、如何的原则，来创造这短暂一瞬的生命呢？你们说不知道，你们说你们很想肯定人生，但是，太多的沉痛、悲哀与无可奈何沉淀在你们的内心，你们无以肯定，而你们也不想做自欺欺人的肯定。

是的，人性的弱点，人类历史中不断上演的错误、荒谬与悲剧，以及茫不可知的未来，确令我们很难肯定人生的真义与价值；生活在今日，我们的内心，常负荷着超载的痛苦。

——但是，就在你们感到黯然、倾向怀疑的时候，我也忍不住想严肃地问你们一句："人生，难道就真的如此不能被我们接受和肯定吗？难道人类过去的奋斗、历史进化的正面意义，以及当今多少人默默耕耘的努力，都不能让我们肯定一点点什么吗？"

所谓肯定，并不是借着这个理由，而让我们可以更容易生存在这个世界上。不！那种自欺欺人的肯定，是懒惰而无积极意义的，与其持着这种苟且偷安、自我麻痹的肯定，倒不如在光荣地追求失败之后，沉痛地否定。沉痛（而非轻率地）地否定与真诚地肯定，同样都需要有追求真理的勇气与一颗炽热的心。但是，在这里，我愿意怀着一种近乎宗教家殉道奉献的绝对虔诚和信念来说："肯定比否定的层次要高，肯定有它积极的意义存在；对这个世界来说，肯定是太匮乏，也太被需要了。"

因为，在今天，我们所立足的星球，已经是一个破碎、扰攘、充满种种苦难的地方，太多的人已经失去肯定而否定了一切，我们岂能、又岂忍再像他们一样，陷入悲观、虚无之中，投入更多的否定？这世界本不需以完美取悦我们，完美也不需要我们去肯定，不完美才需我们切切地加以肯定它还有充满远景的未来。因此，唯有重拾肯定的精神，接受生命的烙印，从否定的废墟之中，坚强诚恳地站立起来，世界才会在我们的心里再生，才会在我们的手中被改善，而我们信念的肯定，也终将获得具体事实的肯定。

十九世纪之初，当史怀哲医生毅然走向原始森林的时候，正是多少人唾弃、遗忘、否定了非洲的时候，然而史怀哲以他无边无际的关爱和一颗悲天悯人之心，肯定了他所从事的艰巨危险的工作，并且执著于那分肯定，终于在原始森林的世界里，造就了奇迹；他永恒不朽的爱，化育了蛮荒，也润泽了多少枯涩的心灵，为我们遗留下完美的典范。我们能不能也坚守那一分肯定的精神，去尽我们身而为人的本分，去为这个社会、国家，为这个渐渐失去信心、渐渐被覆以否定阴影的人间世，做些什么呢？

如果，这个世界，原是那么容易、那么可以轻率地被肯定的话，我们的肯定，并无价值。正因为它太不能让人去肯定，所以，我们才亟须主动地去付出肯定、坚持肯定，并进而完成那一分肯定。

也许，你们会说，在否定之中，人同样可以卖力地工作，同样可以正常地生活。然而，否定，毕竟是一种耗人心血、消磨生命锐气的情绪；它容易使人疲倦，也容易使人在一种无望的状态里，渐渐贫血、窒息。因此，即使在否定之中，我们也依然必需学习肯定、仰望肯定，依然要企图建立肯定，来维系我们对这个宇宙、这个世界源源不尽的爱，而在无限的时空中，把有限生命的意义，提升至最高、最巅峰。

说这些话，我并不是站在一个较超然的地位发言；在现实生活里，我同样也是个软弱、粗糙、需要随时惕励自己、超越自己，和失败的自己做不断挣扎的人；其中最大的挣扎，便是从随时都可能存在的否定的流沙中，奋力昂起头来，辛苦地护持那一分成长不易的肯定（毕竟，肯定并不是一种本能）。希腊神话里的西西佛斯，推他的石头上山，石头复又滚落下来，如此永无止境地轮回下去……这样一则悲剧，之所以令人感动，并不是石头是否终于不会落下来的结局，重要的是，他怀着悲壮的精神，敢于坚持，而从不考虑放弃。尽管维持肯定，有时就像日复一日，推石上山一般，是那么的令人汗水淋漓，但，我仍愿接受生命的烙印，执著于那分锥心刺骨的抉择，去做一些什么，或说一些什么。而现在，我愿意开口说的第一句话便是："肯定，是我们身而为人的一个最基本义务和责任。"如果我们愿意付出，愿意为这个世界付出我们的爱，肯定便是最大的付出，也是最基础的付出。尽管在这样少有回报的生命之爱里，含着忧伤、失望和痛苦，但同样，也含着光荣、骄傲与庄严。如果我们流泪，哦，请听我说，那是因为我们选择肯定、忠于世界、尽瘁人生、拥抱苦难；那是因为我们爱得太深的缘故。

人类智慧还从未完成自己规定的义务，而如果它能完成的话，它又会为自己制定别的更高的目标去不断追求和要求。

——[法]蒙　田

人生的意义

○ [日] 松下幸之助

松下幸之助(1894~1989)　日本著名企业家,"松下电器"创始人,被人称为"经营之神"。"事业部"、"终身雇佣制"、"年功序列"等日本企业的管理制度都由他首创。他为人谦和,他用一句话概括自己的经营哲学:要细心倾听他人的意见。其著作《松下幸之助经营管理全集》在工商业界影响深远。

人生只是生产与消费

人生是什么? 数千年以来,先哲圣贤以及许多好学深思的人,不断地从各种不同的形态及角度提出他们的见解。有人说,随着神创造天地的目的去过着欣喜的日子,便是人生。历来论述人生的学说及理论,百家争鸣,各有各的立场及意义。让我们将这些纷纭的说法暂且搁在一旁,直截了当地站在"PHP"①的立场来研究人生到底是什么。人生只是生产、消费和度日而已。

这里所谓的生产和消费,并非仅指物质,而是包括物与心两方面。例如,住在一起的亲人,彼此表示思慕及相爱,就是一种心的生产。别出心裁的构想是好的生产,邪恶的念头是坏的生产。由感觉器官接收到外界的刺激,而为之劳心是一种消费。听到优美的音乐而感到欣喜,看到美丽的图画而感到快乐,是好的消费;至于感到不快和痛苦,则是坏的消费。所以,读好的书和努力用功,是同时进行好的消费和好的生产,因为他虽然耗费了时间、头脑和劳力,同时也能获得有益的知识。

至于什么是好的生产? 好的消费? 由于每个人的观念与标准不同,因此很难划出一条清楚的界限。总之,是要与人类和平、繁荣、幸福的需求和努力一致。

---

① "PHP"是松下幸之助创办的一家月刊的名称。它是 Peace and Happiness Through Prosperity 的简称,意思是"经由繁荣达到和平与幸福"。

如上所述,唯有包括物、心两方面的生产及消费,才能把百分之九十五的人生表现得清清楚楚。

今天社会上的一般人,对人生有没有作过深刻的考虑,才去行动呢?我认为多半只是随着社会上的通俗观念,无意识地付诸行动而已。

比方说,大部分的人都认为,做生意只要能薄利销售,安安稳稳地过日子,也就是人生。但是对于为什么只得到一点利益就满足,做生意到底具有什么使命等问题却不深加思考,只想过一天算一天。如果真是这样的话,那么人类空有五千年历史,还没有领悟到很明确的人生意义;物质文明尽管进步,精神文明却停滞,对人生缺乏有系统的理论。

一旦将人生简单地视为生产与消费的生活,为了要做到好的生产及好的消费,在追求物质文明之余,同时也要讲求精神文明的提升,如此才能使人类的生活愈臻完善。

有好的生产与消费,才有可能产生好的生活。以这种想法为基础,不论是工商人士、政治家、学者、宗教家、艺术家、教育家,所有的人都在各自的工作岗位上,为提高物质文明及精神文明,发挥创意,努力思考并且付诸行动,才能将人类的生活推向繁荣之途。

创造美好人生是每一个人的理想。为了实现理想,前述的论点或许能够提供一种启示,使取舍之际有所依循。

智、情、意融洽共处

肚子饿了就想吃,口渴就想喝,倦了想休息,这是人的本能之一;但是口渴而不喝盗泉之水,也是人性的另一种表现。

像这样,一方面具有动物性的欲望,另一方面也具备了善恶正邪等智性的表现。这就是人的本质,是与生俱来,而且永远不变的。人虽然和动物一样,具有种种兽性的欲念,但是能够顶天立地,超越兽性,仰望整个宇宙,也只有人类。

基于人的本质而表现出来的人的行动,也就是"人性"。有时兽性较强,有时却是理智战胜欲念;有时沉溺于声色犬马,有时却忘情于诗词书画。可见人性是会因境况而变化,但是其为人的本质则无二致。人类不像动物那样,始终只能有本能的活动,但也不像神那样,以圆满的理智贯彻到底。人到底不是神,但也不与猪狗为伍。

环顾今日世界,竟然有一些受过高等教育,并且在社会上有着崇高地位的

人生的目的是行动而不是思想。
——[英]卡莱尔

人，妄想改变人类天赋的本质。他们忽视人性的尊严，强迫用社会、经济手段，将人变为毫无意识的物体，因而造成极可怕的浪费。这种改变，如果出自于站在领导地位之人，则其所造成的影响势必十分巨大。

不论外在的影响力如何转变，人的本质是永远不会变的。必须同时深究人性的变化和兽性的特质，才能加强修养，发扬人的理性。

"衣食足而知荣辱"。因此从政者莫不以使国民生活富足为首要大事。但是，即使衣食不足也不忘礼节的教育，也是很重要的。徒然追求欲望的满足，也是不智的，应当同时注重人文教育的提升。

人性之中，包含有智、情、意三方面的活动，随时随地都有千差万别，并非如本质那样不变。我们的境遇、努力，更会促使其变化。智会忽高忽低，情会忽厚忽薄，意也会忽强忽弱的。此一智、情、意，在一个人提高活动时，就成为一种重要的枢纽。也就是要谋求智、情、意三者的调和，才能提高人性。

在日常生活中，由于智、情、意的运用失当，往往会引起很多烦恼、损失，于是在个人及公司的人际之间，对于智、情、意的调和，就更需深省。

常常有人说你太薄情；或者说你徒具聪明才智，却意志薄弱。这些话正意味着自己的智、情、意的方面，尚未尽到最大努力，应当自我反省。

人的本质是天生、永不改变的。然而，人性却会因时因地而变化。我认为由人性发展出来的民族性、国民性，也应加以考虑。忽视国民性的经济、政治、教育措施，会导致国民的不幸。今日日本在政治、经济、教育各方面，到底有没有考虑到国民性？对于兼顾群众人性，究竟做到了何种程度？这真是令人感到十分渺茫的一件事。

人的生活中，永远脱离不了情，尤其是日本人，特别重情，对情非常脆弱。为政者，与其搬出法律条文，倒不如试着去了解民众。如果只知玩弄理论，不能使国民心里服气，还谈什么引导人民走上幸福之路呢？

总之，了解彼此的心意，互相调和智、情、意，并进而反映到日常生活之中，那么繁荣、和平与幸福的远景，就可拭目以待了。

每一刹那都是新的

我们好像每天都做同样的事情。今天是昨天的重复，明天又是今天的翻版，真是单调又平凡。

但如果每天只是翻来覆去的连续，人生就毫无希望，毫无意义了。倘若希望繁荣、和平与幸福，生活不应是单调的反复。今天应该比昨天进一步，明天则比今天进一步；也就是每天要有生存发展。生存发展到底是什么？对人生的意义又在何处？

所谓"生存发展"，就是日新又新，每一刹那都是新的人生，每一刹那都有新的生命在跃动。换言之，旧的东西灭亡，新的东西诞生取代；一切事物没有一刻是静止的，它不断在动、不断在变。这是随着自然法则进行的，是不可动摇的宇宙哲理。

如此想来就能了解由生至死也是生存发展。死就是消灭，一个接着一个地死去，又一个个诞生出来。

人都本能地害怕死亡，讨厌死亡，对死亡有难言的恐惧心。同时许多宗教和先贤也都说明了死的恐怖，这在人情上实在是难怪的。

生存发展的原理告诉我们：死，并不可怕，也不可悲，也不必难过。因为这是生存发展的过程之一，也是万物要生存的现象。死亡就合乎这个大的天地法则，在那里可以说包含着喜悦和耐心。

对死亡观念清楚的话，自然会明白如何面对我们每天的现实生活。假定生存发展是自然法则，那么每天的生活就必须经常保持日日新的创意和发明。

至于说"十年如一日"，这是说十年要像一天那样天天努力去干。这里强调的是勤劳、努力与毅力这种精神，并不是说在这过程中不要有任何进步。这种十年如一日的努力，一定会产生非常新颖的创意和进步。但假如大家的工作十年来没有任何变化，千篇一律，那么就真是违反了生存发展的原理。

就像"明治维新"时，功臣之一坂本龙马常常和西乡隆盛谈论。坂本的意见每一次都有一点改变，使西乡隆盛每次的感受也都不一样。于是西乡先生就对他说："前天我遇到你的时候，你所讲的内容和今天的又不一样，所以你所说的话，我无法相信。你既然是天下驰名的志士，受到大家的尊敬，那么你就应该有不变的信念才行。"坂本龙马被西乡先生责备了一番之后就说："不，绝对不是这样。孔子说过，'君子从时'。时间是时时刻刻变化的，社会情势也天天在变化，因此昨天的'是'，今天成为'非'，乃是理所当然，而我们去从'时'，便是君子之道。"接着又说："西乡先生，你对于一个事物一旦认为是这样，就要去遵守到底，这样的话，将来你一定会变成时代的落伍者。"

像西乡先生这样一个伟大人物，随便去批评他是不应该的。但如果要说哪一位比较对，从生存发展的原理看，我宁愿赞成坂本龙马。

一切都会转变更新。但在这千变万化的转变中，有一种永远不变的，就是真理，也就是宇宙力量发出来的。

因此，转变以及日日新，便是把这真理因时因地去活用的结果。若以为真

为人类的幸福而劳动，这是多么壮丽的事业，这个目的又多么伟大！

——[法]圣西门

理是永远不变的，就不再活用变通，真理就等于死的一样。

就生意来说，店铺是愈老愈好。但如果说是愈老愈好，就让产品及经营方法维持老样子，那么这家老店铺也会被时代淘汰。

无悔的人生

人之将老，其一生所挣来的财富、地位与名誉，也渐渐失去价值。我们是否应该在临死之前，必须充实精神生活，创造无悔的人生？

当然这问题很难回答。很少有人能穷究人生的精髓和奥义。我也无法确切回答，而只能略述我的感想而已。

在死之前，对自己的人生，作一番回顾是有必要的。人生过程中，有失败、有成功，层层重复之下，唯有自己才能掌握结论。

我认为每个人的人生，都不尽相同；各种不同的人，有的是大成功，有的是小成就。即使是平凡的人，回想一生，也会有令人满意的小成就感。但是成大功、立大业的人，说不定天天要担忧、操心，反而不得安宁。

假若在死之前，回顾一生是成功的，也就可以无悔而去了。但是为了以此心情来面临死亡，我们必须针对人生的个个阶段，逐一加以反省，才能总括地下一个好或坏的结论。

好比回顾十年之间，或者是一年之间，我们不可能完全没有后悔的事。任何人都不能奢望好一辈子。所以人生中，必然有成功也有失败，有好也有坏。如果把人生中所有的一切加起来，而得到的却是负数，那就是失败了。十年也好，一年也好，甚至回想一天内所做过的事也好，统统综合在一起，就是我们的人生。如果人生是负数，就不太好了。

如此说来，逐日反省自身而毫不懈怠，就是很重要的事了。

没有宗教信仰的人，更应该每天反省。有宗教信仰的人，心灵有所依归，所以比较能平静而无悔地过日子，这便是非常幸福的事。

人生的真谛

人生如果没有爱,不能爱生身父母,不能为父母所爱;到了妙龄不爱谁,也不被人爱;自己当了父母亲而不爱孩子,也不为孩子所爱;不管看到什么,花也好,山也好,都没有爱慕之情,那人生该是多么枯燥乏味啊!

人　生

○ [丹麦] 勃兰兑斯　译/罗　洛

　　勃兰兑斯(1842～1927)　　丹麦文学评论家、文学史家。生于犹太商人家庭。曾任丹麦哥本哈根大学教授和报刊编辑。主要著作有《十九世纪文学主潮》六卷,论述欧洲浪漫主义文学,对西方文学批评有过影响。还写有评述普希金、高尔基等作家的专论或传记。

　　这里有一座高塔,是所有的人都必须去攀登的。它至多不过有一百级。这座高塔是中空的。如果一个人一旦达到它的顶端,就会掉下来摔得粉身碎骨。但是任何人都很难从那样的高度摔下来。这是每一个人的命运:如果他达到注定的某一级,预先他并不知道是哪一级,阶梯就从他的脚下消失,好像它是陷阱的盖板,而他也就消失了。只是他并不知道那是第二十级或是六十三级,或是哪一级;他所确实知道的是,阶梯中的某一级一定会从他的脚下消失。

　　最初的攀登是容易的,不过很慢,攀登本身没有任何困难,而在每一级上从塔上的　望孔望见的景致是足够赏心悦目的,每一件事物都是新的。无论近处或远处的事物都会使你目光依恋流连,而且瞻望前景还有那么多的事物,越往上走,攀登越困难了,目光不大能区别事物,它们看起来都是相同的,同时,在每一级上似乎难以有任何值得留恋的东西,也许应该走得更快一些,或者一次连续登上几级,然而这是不可能做到的。

　　通常是一个人一年登上一级,他的旅伴祝愿他快乐,因为他还没有摔下去。当他走完十级登上一个新的平台后,对他的祝贺也就更热烈些。每一次人们都希望他能长久地攀登下去,这希望也就显露出更多的矛盾,这个攀登的人一般是深受感动,但却忘记了留在他身后的很少有值得自满的东西,并且忘记了什么样的灾难正隐藏在前面。

　　这样,大多数被称做正常的人的一生就如此过去了,从精神上来说,他们

人
为
什
么
活
着
——
全
球
139
位
大
师
的
答
案

停留在同一个地方。

然而这里还有一个地洞,那些走进去的人都渴望自己挖掘坑道,以便深入到地下。而且,还有一些人的渴望是去探索许多世纪以来前人所挖掘的坑道。年复一年,这些人越来越深入地下,走到那些埋藏金属矿物的地方。他们使自己熟悉那地下的世界,在迷宫般的坑道中探索道路,指导或是了解或是参与到地下深处的工作,并乐此不疲,甚至忘记了岁月是怎样逝去的。

这就是他们的一生,他们从事向思想深处发掘的劳动和探索,忘记了现时的各种事件。他们为他们所选择的安静的职业而忙碌,经受着岁月带来的损失和忧伤,和岁月悄悄带走的欢愉。当死神临近时,他们会像阿基米德在临死前那样提出请求:"不要弄乱我画的圆圈。"

在人们眼前,还有一个无穷无尽地延伸开去的广阔领域,就像撒旦在高山上向救世主显示的所有那些世上的王国。对于那些在一生中永远感到饥渴的人,渴望着征服的人,人生就是这样,专注于攫取更多的领地,得到更宽阔的视野,更充分的经验,更多地控制人和事物。军事远征诱惑着他们,而权力就是他们的乐趣。他们永恒的愿望就是使他们能更多地占据男人的头脑和女人的心。他们是不知足的,不可测的,强有力的。他们利用岁月,因而岁月并不使他们厌倦。他们保持着青年的全部特征:爱冒险,爱生活,爱争斗,精力充沛,头脑活跃,无论他们多么年老,到死也是年轻的。好像鲑鱼迎着激流,他们天赋的本性就是迎向岁月之激流。

然而还有这样一种工场——劳动者在这个工场中是如此自在,终其一生,他们就在那里工作,每天都能得到增益。在不知不觉中他们变得年老了。的确,对于他们,只需要不多的知识和试验就够了。然而还是有许多他们做得最好的事情,是他们了解最深,见得最多的。在这个工场里生活变了形,变得美好,过得舒适。因而那开始工作的人知道他们是否能成为熟练的大师只能依靠自己。

一个大师知道,经过若干年之后,在钻研和精通技艺上停滞不前是最愚蠢的,他们告诉自己:一种经验(无论那可能是多么痛苦的经验),一个微不足道的观察,一次彻底的调查,欢乐和忧伤,失败和胜利,以及梦想、臆测、幻想、人类的兴致,无不以这种或另一种方式给他们的工作带来益处,因而随着年事渐长,他们的工作也更必需更丰富。他们依靠天赋的才能,用冷静的头脑信任自己的才能,相信它会使他们走上正路,因为天赋的才能是属于他们自己的。他们相信在工场中,他们能够做出有益的事情。在岁月的流逝中,他们不希望获得幸福,因为幸福可能不会到来。他们不害怕邪恶,而邪恶可能就潜伏在他们自身之内。他们不害怕失去力量。

不是事业为了思想,而是思想为了事业。

——[法]伏尔泰

如果他们的工场不大,但对他们来说已够大了。它的空间已足以使他们在其中创造形象和表达思想。他们是够忙碌的,因而没有时间去察看放在角落里的计时沙漏计,沙子总是在那儿下漏着。当一些亲切的思想给他以馈赠,他是知道的,那像是一只可爱的手在转动沙漏计,从而延缓了它的停止。

人　生　论

○ [日] 武者小路实笃

武者小路实笃(1885～1976)　日本作家、画家。生于东京贵族家庭。早年受托尔斯泰影响,提倡人道主义。主要作品有《没见过面的人》、《幸福者》、《真理先生》、《友情》等,作品文体平易。后期从事美术工作。

一减一等于零。

人生减去爱情还剩下什么?

土地失去水分,便成了沙漠。

人生如果没有爱,不能爱生身父母,不能为父母所爱;到了妙龄不爱谁,也不被人爱;自己当了父母亲而不爱孩子,也不为孩子所爱;不管看到什么,花也好,山也好,都没有爱慕之情,那人生该是多么枯燥乏味啊!

假如这个世界没有一样值得爱,生存在世间的只有毛虫、蜈蚣、蛇、蛐蜒、跳蚤、蚊子、苍蝇之类,那人生该是多么可怕,人生降临的这个世界又是多么该诅咒啊!

这个世界上美的东西太多了,值得爱的东西太多了,值得爱的人也不少,温柔亲切的人到处都有。

我们活着不是为了我们个人,而应当是为了人类的发展。说到人类,读者们可能会出现数字概念,还是说"人生"吧!

我们每个人的工作内容是提高人的价值,也就是有益于自己和他人的生活、生命的工作。譬如铁路道口扳道员的工作,以尊重人命为天职,所以是很好的工作。但是,这个工作毕竟比较简单,机械也能胜任,并且对自己才能的发挥、技术进步的帮助不大,对提高身体素质和人格也关系不大,所以不能说是一个了不起的工作。有的人以忠实于这种工作为满足,虽然是无可非议,但我总认为,从事这种工作的人在忠实于自己岗位的同时,应该利用空余时间来学习一点东西。

光凭职业来简单地划分人的贵贱、善恶是不行的,可职业的选择还是应当重视的。在现代社会中能赚大钱的工作,并不一定是理想的工作。

理想的职业应该是:越干越有利于他人和自己,越干越能使体魄健壮,精神也愈益得到健全和满足。

用自己的价值进行竞争不是坏事,因为它不必去贬低对手的价值。这种竞争是有助于人类的进步的。

人是由于劳动而生成,而被造就的。人生是为了充实自己和他人的生命,而不是为了金钱。

甲活着,乙活着,丙活着,大家都生活着,而且大家能够互相尊敬、互相爱护、互相帮助。这是自然期望我们人类的生活方式,因而只有以此为方向不断地努力劳动,我们才会领受生存的意义,才会生机勃勃。

人生中最没趣的是暮气沉沉的人。

疲乏了可以休息。

生机勃勃的肉体,生机勃勃的精神,这是人类生长的原动力、发电所。

现在有些青年人有青春活力早衰的倾向。只是为挣钱而工作的生活,使人老气横秋。正常的劳动使人感到疲惫是可以理解的,但是萎靡不振,失去人的自豪感的生活是错误的。

生活的意义在于美好,在于向往目标的力量。应当使生活的每一个瞬间都具有崇高的目的。

——[苏联]高尔基

人生真义

○ 陈独秀

陈独秀(1879~1942)　字仲甫,号实庵。中国共产党的创始人和早期领导人。安徽怀宁(今属安庆)人。早年留学日本。曾主编《新青年》,和李大钊、胡适创办《每周评论》。一九二〇年在上海成立第一个共产主义小组。有《独秀文存》、《陈独秀书信集》行世。

人生在世,究竟为的什么?究竟应该怎样?这两句话实在难回答得很,我们若是不能回答这两句话,糊糊涂涂过了一生,岂不是太无意识吗?自古以来,说明这个道理的人也算不少,大概约有数种:第一是宗教家,像那佛教家说:世界本来是个幻想,人生本来无生;"真如"本性为"无明"所迷,才现出一切生灭幻象;一旦"无明"灭,一切生灭幻象都没有了,还有什么世界,还有什么人生呢?又像那耶稣教说:人类本是上帝用土造成的,死后仍旧变为泥土;那生在世上信从上帝的,灵魂升天;不信上帝的,便魂归地狱,永无超生的希望。第二是哲学家,像那孔、孟一流人物,专以正心、**修身**、齐家、治国、平天下,做一大道德家、大政治家,为人生最大的目的。又像那老、庄的意见,以为万事万物都应当顺应自然;人生知足,便可常乐,万万不可强求。又像那墨翟主张牺牲自己,利益他人为人生义务。又像那杨朱主张尊重自己的意志,不必对他人讲什么道德。又像那德国人尼采也是主张尊重个人的意志,发挥个人的天才,成为一个大艺术家、大事业家,叫做寻常人以上的"超人",才算是人生目的,什么仁义道德,都是骗人的说话。第三是科学家。科学家说人类也是自然界一种物质,没有什么灵魂;生存的时候,一切苦乐善恶,都为物质界自然法则所支配;死后物质分散,另变一种作用,没有连续的记忆和知觉。

这些人所说的道理,各个不同。人生在世,究竟为的什么,应该怎样呢?我想佛教家所说的话,未免太迂阔。个人的生灭,虽然是幻象,世界人生之全体,能说不是真实存在吗？人生"真如"性中，何以忽然有"无明"呢？既然有了"无明"，众生的"无明"，何以忽然能都灭尽呢？"无明"既然为灭，一切生灭现象，何以能免呢？一切生灭现象既不能免，吾人人生在世，便要想想究竟为的什么，应该怎样才是。耶教所说，更是凭空捏造，不能证实的了。上帝能造人类，上帝是何物所造呢？上帝有无，既不能证实；那耶教的人生观，便完全不足相信了。孔、孟所说的正心、修身、齐家、治国、平天下，只算是人生一种行为和事业，不能包括人生全体的真义。吾人若是专门牺牲自己，利益他人，乃是为他人而生，不是为自己而生，决非个人生存的根本理由，墨子思想，也未免太偏了。杨朱和尼采的主张，虽然说破了人生的真相，但照此极端做去，这组织复杂的文明社会，又如何行得过去呢？人生一世，安命知足，事事听其自然，不去强求，自然是快活得很。但是这种快活的幸福，高等动物反不如下等动物，文明社会反不如野蛮社会；我们中国人受了老、庄的教训，所以退化到这等地步。科学家说人死没有灵魂，生时一切苦乐善恶，都为物质界自然法则所支配，这几句话倒难以驳他。但是我们个人虽是必死的，全民族是不容易死的，全人类更是不容易死的了。全民族全人类所创的文明事业，留在世界上，写在历史上，传到后代，这不是我们死后连续的记忆和知觉吗？

照这样看起来，我们现在时代的人所见人生真义，可以明白了。今略举如下：

（一）人生在世，个人是生灭无常的，社会是真实存在的。

（二）社会的文明幸福，是个人造成的，也是个人应该享受的。

（三）社会是个人集成的，除去个人，便没有社会；所以个人的意志和快乐，是应该尊重的。

（四）社会是个人的总寿命，社会解散，个人死后便没有联续的记忆和知觉；所以社会的组织和秩序，是应该尊重的。

（五）执行意志，满足欲望（自食色以至道德的名誉，都是欲望），是个人生存的根本理由，始终不变的（此处可以说"天不变，道亦不变"）。

（六）一切宗教、法律、道德、政治，不过是维持社会不得已的方法，非个人所以乐生的原意，是可以随着时势变更的。

（七）人生幸福，是人生自身出力造成的，非是上帝所赐，也不是听其自然所能成就的。若是上帝所赐，何以厚于今人而薄于古人？若是听其自然所能成就，何以世界各民族的幸福不能够一样呢？

（八）个人之在社会，好像细胞之在人身，生灭无常，新陈代谢，本是理所当然，丝毫不足恐怖。

人就像藤萝，他的生存靠别的东西支持，他拥抱别人，就从拥抱中得到力量。

——[英]萧　伯

(九) 要享幸福,莫怕痛苦。现在个人的痛苦,有时可以造成未来个人的幸福。譬如为主义的战争所流的血,往往洗去人类或民族的污点。极大的瘟疫,往往促成科学的发达。

总而言之,人生在世,究竟为什么? 究竟应该怎样? 我敢说道:个人生存的时候,当努力造就幸福,享受幸福,并且留在社会上,后来的个人也能够享受。递相授受,以至无穷。

人生就是战斗

◎ 李公朴

李公朴 (1902~1946)　字仆如,原名永祥。爱国民主人士,中国民主同盟早期领导人,杰出的社会教育家。江苏武进人。曾创办读书生活出版社,出版进步通俗读物。一九三六年他与沈钧儒等六人被逮捕入狱,史称"七君子事件"。一九四六年七月十一日在昆明被国民党特务杀害。

今天,我们可以骄傲地宣称:生于这时代的人是幸福的。从阴云密布的慕尼黑会议(一九三八年)到天朗气爽的莫斯科—开罗—德黑兰会议,从暗淡无光的绥靖政策到光明齐放的四强宣言,短短的五年间,人类走了较之欧战后二十年间远为漫长的道路。不仅如此,有史以来,从没有一个时期像今天这般,在这么短的时期,有了这么丰富的经验与教训。我们有了斯大林格勒歼灭战,北非大捷,西欧、南法和菲律宾的登陆,有了中美英印联军在缅北、滇西的胜利,学会了在战场上战胜人类的死敌。我们有了中国游击队在敌人残酷扫荡下以及南斯拉夫解放军在国内外敌人"钳形攻势"下成长的历史。它告诉我们人民的力量是向来无敌的。我们有了苏波的纠纷,希腊的问题,它告诉我们并不是同盟国每一成员都忠实于同盟国的胜利事业,它教训我们不但要在战场上击退法西斯的军事攻势,而且要在同盟国内部粉碎法西斯的政治攻势。最后,我们有了莫斯科—开罗—德黑兰—克里米亚会议,懂得团结就是战胜法西斯最好的政治武器。有史以来,从不会像今天这般,我们为了人类的解放事业,付出这么高的代价。

现在,我们是处在这样的一个时代,一个空前启后的时代。以往的人不如我们,他们也许曾为人类的解放事业播过种子,也许还灌溉过。然而,他们看不到开花,更看不到结实。后一代的人能看到开花,但他们看不到这朵花、这枚果实是如何长成的,如何在天然的痛苦、人为的迫害下发芽壮大起来。从二十世纪二十年代起,我们看到了"人类的一大希望",如今,这"一大希望"已在某些地方开了花,结了果,有些地方正开着花,而在有些地方却还全属荒野。我们庆幸,我们都眼见这人类解放过程的每一阶段,而且我们可能亲自参加这人类解放的全部过程。因而,我们更能体会这朵花,这果实得来之不易,更能感到这朵花的美丽,这果实的可贵。

认识时代,认识这时代的伟大之处,不是因此让我们自满自足,坐待新世界的到来,相反的,它使我们千百倍地警惕起来,认清我们的重大责任,加紧努力,以加速全人类的解放。

总的说来,虽然人类的前途已经了如观火,虽然新世界将必然地到来,然而,我们的努力与否无疑起着决定的作用。说这是决定的,并不是说,我们可决定或改变人类的发展方向,而是说我们的努力是将加速或延迟人类发展的决定力量。假如大家全不努力,那么新世界的理想将绝不能实现。

从个人说,人生就是战斗;人生没有战斗就等于没有生命。尽管活到一百岁,假如毕生无所事事,也就跟没有活过差不多。相反的,寿命虽短,但如能努力奋斗,较之前者不晓得要好得多少。耶稣出来传教,只有三年,寿命也不过三十三岁,但他的影响却是最为久远的。直到今天,多少人还在敬仰他那伟大的人格!我们不是传教,我们提起耶稣,敬仰耶稣,是因为在那统治者万能的时代,在那阶级壁垒分明的时代,他敢于正面诅咒统治者,鄙视统治者(法利赛人),袒护老百姓,敢于提出在上帝之前,人人平等,而他自己,还因此而"从容就义"!就是这种崇高的解放人类的理想,就是这种视死如归的战斗精神,值得我们效法,值得我们敬仰,也就说明奋斗对人生的重大意义。

再说,古往今来,多少科学家在辛勤地探索宇宙的秘密,多少战士为了人类文化而献出他们的生命。今天,千千万万个中国的以及盟国的将士为了打退法西斯绝灭人类文化的企图而苦战,而牺牲生命。据苏联官方统计,苏德战争爆发以来,苏联损失士兵达五百三十万人(中国虽无正确统计,数目当更大于此)。眼见这悲壮的史诗,扪心自问,谁还能忍心袖手旁观,坐待胜利!

不能说,只要努力,只要不怕牺牲,或者,只要自认为自己在为人类解放而努力、而牺牲,就有助于人类的解放事业。汉奸、奸商何尝不在努力?何尝不在冒着牺牲生命财产的危险？千百万法西斯将士何尝不自以为在进行"解放战争"——所谓把全人类从"布尔什维克恐怖"威胁下"拯救"出来的解放战争，何尝不在为所谓"新世界"，所谓"欧洲新秩序"而努力，而牺牲？

可见，牺牲与努力不等于有意义有价值的事情。只有为正确的方向、正确的目标而努力，而牺牲，才有意义，才有价值。正因为如此，我们一方面鄙视法西斯及其帮凶者的死，另一方面却对八百壮士、斯大林格勒保卫战、马德里保卫战、衡阳保卫战、西欧敌前登陆，以及其他为反法西斯保卫民生而努力而牺牲的英雄们深表无限的敬仰。"死有重于泰山，有轻于鸿毛"，同样是死，却有不同的评价，原因即在于此。

那么，什么是我们的方向，正确的方向？

我们的方向很简单：让新世界快点建立，让旧世界快点死亡。具体点说，在全世界一切角落里肃清法西斯细菌，扫清一切阻碍进步势力发展的障碍，消灭战争的根源，实现民生的四大自由，让和平、自由、幸福的光明日子早日到来。

人生的真理

○ ［俄］ 列夫·舍斯托夫

列夫·舍斯托夫(1866～1938)　二十世纪俄国著名思想家、宗教哲学家。生于乌克兰基辅一个犹太人家庭，莫斯科大学毕业。曾与著名哲学家海德格尔、马克斯·舍勒等，著名文学家纪德等交往，并在这种高层次的思想交流中充实和发展了自己的哲学。著作有《雅典与耶路撒冷》、《思辨与启示》等。

要看到真理，不仅要有敏锐的眼光、灵活性、警觉性等等，而且需要有舍得一身剐的胆量和能力。这绝非一般意义上的胆量和能力。让人同意在啼饥号寒中生活，经受凌辱、咒骂，烤成法拉里斯公牛，这不够，还需要唱赞美诗者的预言：在我里面熔化、粉碎和打坏自己灵魂的骨架，即被视为我们人的基础的东西,我们习惯上看做永恒真理观念的全部规定性和明确性。感到我们里面的一切都被倒出来。永恒规律中的形式也不是事先就有,需要人们每时每刻去创造它们。

几千年来,人类思想不知疲倦地在研究,在规定和确定永恒的、永远和自己相等而又不变的东西。苏格拉底向手工匠人,向有技术的人学习这种艺术。铁匠、木匠、厨师、医生,他们知道做什么,他们有"善"的概念,他们有规定自己任务的现成的、切实的动因。我们也可以知道他们的"善"是什么,因为善时时处处是同一个。但是,苏格拉底需要的是神的"善",这和铁匠、木匠、医生的善根本不同,只是名词相同。神不懂"技术",也不需要技术。神不寻求稳定性、永久性和规律性。神有的是桌子和马掌的概念,但没有善的概念。铁匠和木匠要做自己的事,仅仅限于自己的事。他们的工具——斧子、锤子、锯等等——为哲学家所不需,也不适用,同样,他们的思想和方法,对于响应为科学献身号召的人,也毫无帮助。苏格拉底把"规格"和"一般概念"这样一些观念,从日常生活实践搬到科学中来,因而给科学带来不少东西,但是他指责形而上学是缓慢的和必然的死亡。"纯粹理性批判"出现在苏格拉底决定从木匠那里寻求"善"的时候,形而上学变成了手工。

现在,我们的任务也许尚未完成——从自己灵魂中将一切"规律东西"和一切"观念东西"连根拔掉。以唱赞美诗的人为榜样,粉碎旧我赖以存在的骨架,熔化在"我里面"。规律和稳定性只是地球上才有,为的是暂时生存。"观念东西"是不是产生原因或最终原因,也只有在地球上才存在。在世俗生存以外,人势必要为自己创造目的和原因。为了学会这一点,人必须体验圣经第三十二诗篇开头所讲的可怕的情感:"上帝啊,上帝,你为什么要离弃我!"上帝是不存在的,人要自己管理自己,也只有自己管理自己。

每个人生下来都要从事某项事业,每一个活在地球上的人都有自己生活中的业务。
——[美]海明威

人生是一首诗

○ 林语堂

林语堂(1895～1976) 著名作家。福建龙溪人。曾先后就读于上海圣约翰大学、美国哈佛大学、德国莱比锡大学,专攻语言学。曾为《语丝》主要撰稿人之一,主编《论语》,创办《人间世》、《宇宙风》。作品有《吾国与吾民》、《京华烟云》、《风声鹤唳》等文化著作和长篇小说。

　　我认为从生物学的观点看起来,人生念起来几乎像一首诗。它有它自己的韵律和节拍,也有它生长和腐坏的内在周期。它开始是天真的童年时期,其后便是笨拙的青春时期,带着青年的热情和愚蠢理想和野心,笨拙地要想去适应成熟的社会。后来达到一个极为活动的成年时期,由经验上得到利益,对于社会及人类的天性有更深的了解,到了中年的时候才能稍稍减轻活动的紧张,性格也成熟了,像水果的成熟或美酒的醇熟一样,对于人生渐渐抱了一种较宽恕、较玩世,同时也较温和的态度;跟着到了老年时期,内分泌腺减少了它们的活动,如果我们对于老年能有一种真正的哲学观念,依照这种观念调和我们的生活形式,那么这个时期便是我们的和平、稳定、闲逸和满足的时期;最后,生命的火花熄灭了,一个人便永远长眠不醒了。我们应当能够意识到这种人生的韵律之美,像欣赏大交响曲那样,欣赏它的主题,欣赏它急缓的旋律,以及最后的和音。这些周期的活动,在正常的人物上大概相同,不过音乐必须由个人自己去供给。在某些人的灵魂中,不调和的音键变得渐渐厉害,结果竟把正式的旋律淹没了,如果不调和音键太强,以致音乐不能继续演奏下去,于是那个人便开枪自杀,或投河自尽了。这是因为他缺乏良好的自我教育,弄得原来的主导旋律遭掩蔽了。反之,正常的人是会保持着严肃的动作和行列,向着正常的目标前进。在我们许多人中,有时震音或激越之音太多,因为速度错误了,所以听起来很觉刺耳;我们也许要多有些像恒河般伟大的音律和雄壮的速度缓慢地、永远地向着大海流去。

　　谁也不能说，一个人有童年、壮年和老年，不是一种美满的安排；一天有上午、中午和日落，一年有四季，这样子是很好的。人生没有什么好和坏，只有在哪一季里什么是好的这个问题。如果我们抱着这种生物学的人生观念，按照季节去生活，那么除了自大的呆子和无法可施的理想主义者之外，没有人会否认人生可以像一首诗那样地过了。莎士比亚曾在他人生七阶段的那节文章里，把这个观念更明显地表达出来，许多中国作家也曾说过类此的话，莎士比亚没有变成富于宗教观念的人，也不曾对宗教表示很大的关怀，这是可怪的。我想这便是他所以伟大的地方。他把人生大致当做一首诗看待，也不侵犯一般事物的配置方法，正如他并不侵犯他的戏剧中的人物一样。莎士比亚正和大自然本身相似，这是我们对一位作家或思想家最大的称颂。他只是活在世界上，观察人生，然后跑开了。

人生是一个过程

○ 傅东华

　　傅东华(1893~1971)　作家、翻译家。浙江金华人。毕业于南洋公学，后考入中华书局任翻译员，并开始文学创作。译作有《飘》、《红字》、《琥珀》等，另有散文集《山胡桃集》，评论集《诗歌与批评》、《创作与模仿》等。

　　人生是一个过程，不是一个目的。

　　唯其不懂得这个原则，所以多数人为着妄想去达到他们所假定的目的，以致他们的一生大部分成了空白。我想这是大大犯不着的事。

　　从前的读书人牺牲了"窗下十年"，为的要一旦"飞黄腾达"。我并非说这"窗下十年"犯不着牺牲，是说这十年辛苦有它本身的价值，不单是一旦"飞黄腾达"的手段而已。如果单单认为一种手段而不认识它本身的价值，那么这十年生活真是一张空白了。

　　未来将属于两种人：思想的人和劳动的人。实际上，这两种人是一种人，因为思想也是劳动。

　　　　　　　　　　　　　　　　　　　——[法]雨 果

已经飞黄腾达之后，再去回味窗下的十年，犹之结婚之后再去回味恋爱的生活。因有这回味，便足以证明当初的生活有它本身的价值，也因有这回味，便足以证明你当初未曾充分认识那价值。

在动荡的现代，这个原则的应用似乎尤其重要了。因为在安定的社会里，人的一生还多少可由自己操纵。你所努力奔赴的所谓目的，一旦达到之后，也至少可以暂时的稳定。如今在剧变的潮流中，你能拿着罗盘指定你一生的方向始终不变吗？即使已经达到你的"彼岸"，你能保得住不再冲击到别处去吗？唯其不能，所以愈加要了解这个原则。

你倘若曾和中年以上的人做朋友，你总曾听见下列的典型的对话：

"多年不见了，听说你近来混得很好。"

"那里那里！还不是连年亏空。听说××很不错。"

"是的，他至少生活是解决了。"

这所谓"生活解决"，无非就是不用做事也可生活的意思。这个"生活解决"在青年时代或者不是迫切的要求，在中年以上的人，却正是他们所谓"人生的目的"。你说这目的太平凡吗？然而一个社会里究有几人能免俗！而事实上，就是这样平凡的目的也已经是现代生活的一种迷梦了。因为这种"生活解决"和"身后萧条"的比例，你总可以想象得到的。

因生活不解决而苦闷到死，虽属很普遍的现象，实则都由不解人生的本质所致。

人生本是一个过程，它的"解决"就是死。

人生的意义就在这个过程上。你要细细体会和玩味这过程中的每节，无论它是一节黄金或一节铁，你要认识每节的充分价值。人生的丰富就是经验的丰富，而所谓经验，就是人生过程中每个细节之严肃的认识。

宗教家认为整个人生都是另一生活的手段，原是害人不浅。一般人认前半世生活是后半世生活的手段，也同样害人不浅。

雕塑家和画家的最后目的在于具体的雕像和画图吧？然而倘没有雕塑和绘画过程中所感觉到的趣味，肯做雕塑家和画家的人恐怕不多吧。

但是音乐和人生尤其相似。当音乐家演奏时，每个声音发出时必都伴着他自己的情绪反应。及待曲终，情绪的反应也就终止。音乐只是一个过程，人生也只是一个过程。哪里有过一个完全机械的音乐家呢？

但是体会过程和"委命"、"随他"完全不是一件事。所以过程论的人生观绝不是消极的——相反，却是积极的。

落 花 生

○ 许地山

许地山 (1893～1941) 名赞堃 (kūn)，号地山，笔名落花生。原籍台湾，寄籍福建龙溪 (今龙海)。著名学者、教授，文学运动时期的主要作家，文学研究会发起人之一。主要著作有《空山灵雨》、《缀网劳蛛》、《危巢坠简》、《解放者》、《道学史》、《达衷集》、《玉官》等。

我们屋后有半亩隙地。母亲说："让它荒芜着怪可惜，既然你们那么爱吃花生，就辟来做花生园罢。"我们几姐弟和几个小丫头都很喜欢——买种的买种，动土的动土，灌园的灌园，过不了几个月，居然收获了！

母亲说："今晚我们可以做一个收获节，也请你们的爹爹来尝尝我们的新花生，如何？"我们都答应了。母亲把花生做成好几样的食品，还吩咐这节气要在园里的茅亭举行。

那晚上的天色不太好，可是爹爹也来到了，实在很难得！爹爹说："你们爱吃花生么？"

我们都争着答应："爱！"

"谁能把花生的好处说出来？"

姐姐说："花生的气味很美。"

哥哥说："花生可以制油。"

我说："无论何等人都可以用贱价买它来吃；都喜欢吃它。这就是它的好处。"

爹爹说："花生的用处固然很多，但有一样是很可贵的。这小小的豆不像那好看的苹果、桃子、石榴，把它们的果实悬挂在枝上，鲜红嫩绿的颜色，令人一望而发生羡慕之心。它只把果子埋在地底，等到成熟，才容人把它挖出来。你们偶然看见一棵花生瑟缩地长在地上，不能立刻辨出它有没有果实，非得等到你

人既不仅仅是物质，也不仅仅是精神。

——[德]席 勒

接触它才能知道。"

我们都说："是的。"母亲也点点头。爹爹接下去说："所以你们要像花生，因为它是有用的，不是伟大、好看的东西。"我说："那么，人要做有用的人，不要做伟大、体面的人了？"爹爹说："这是我对于你们的希望。"

我们谈到夜阑才散，所有花生食品虽然没有了，然而父亲的话现在还印在我的心版上。

病 榻 呓 语

○冰 心

冰心(1900～1999) 女，原名谢婉莹。现当代著名散文家、诗人、小说家、儿童文学作家。生于福建福州一个开明的家庭，后迁居北京。在五四新思潮的激荡下开始发表作品。其主要作品有诗集《繁星》、《春水》，小说集《超人》、《去国》，小说散文集《往事》、《南归》等。另有《冰心全集》、《冰心著译选集》等。

忽然一觉醒来，窗外还是沉黑的，只有一盏高悬的路灯，在远处爆发着无数刺眼的光线！

我的飞扬的心灵，又落进了痛楚的躯壳。

我忽然想起老子的几句话：

"吾有大患，及吾有身；及吾无身，吾有何患。"

这时我感觉到了躯壳给人类的痛苦，而且人类也有精神上的痛苦！大之如国忧家难、生离死别……小之如伤春悲秋……

宇宙内的万物，都是无情的：日月经天，江河行地，春往秋来，花开花落，都是遵循着大自然的规律。只在世界上有了人——万物之灵的人，才会拿自己的感情，赋予无情的万物身上！什么"感时花溅泪，恨别鸟惊心"这种句子，古今中外，不知有千千万万。总之，只因有了有思想、有情感的人，便有了悲欢离合，便有了"战争与和平",便有了"爱和死是永恒的主题"。

我羡慕那些没有人类的星球!

我清醒了。

我从高烧中醒了过来,睁开眼看到了床边守护着我的亲人的宽慰欢喜的笑脸。侧过头来看见了床边桌上摆着许多瓶花:玫瑰、菊花、仙客来、马蹄莲……旁边还堆着许多慰问的信……我又落进了爱和花的世界——这世界上还是有人类才好!

只是"草图"的人生①

○ [捷克] 米兰·昆德拉

米兰·昆德拉 一九二九年生于捷克,后到法国。著名捷克诗人、小说家。二十世纪五十年代初,作为诗人登上文坛,出版过《人,一座广阔的花园》、《独白》等诗集。三十岁左右走上小说创作之路,代表作有《生活在别处》、《玩笑》、《不能承受的生命之轻》等。多次获国际文学奖,并多次被提名为诺贝尔文学奖候选人。善于运用反讽手法,用幽默的语调描绘人类的境况。

人的生命只有一次,我们既不能把它与我们以前的生活相比较,也无法使其完美之后再来度过。

没有比较的基点,因此没有任何办法可以检验何种选择更好。我们经历着生活中突然面临的一切,毫无防备,就像演员进入初排。如果生活的第一次排练便是生活本身,那生活有什么价值呢? 这就是为什么生活总像一张"草图"的原因,不,"草图"还不是最确切的词,因为"草图"是某件事物的轮廓,是一幅图画的基础,而我们所说的生活是一张没有什么目的的"草图",最终也不会成为一幅图画。

---

①节选自《不能承受的生命之轻》,题目为本书编者所加。

人必须有一个无法放弃、无法搁下的事业,才能变得无比的坚强。

——[俄]车尔尼雪夫斯基

人生的小事

○ [日] 堀秀彦

堀 (kū) 秀彦 (1902～1987)　日本著名哲学家、作家。著有《感悟浮生》等。

人生的小事，乍看起来，彼此并没有很深的联系。吃饭和读书不相干，写信和去银行之间也无联系，工作、下棋、聊天，这些事情更没有什么共同之处。

仔细想想，人生的小事不正是这样杂乱无章吗？

只是尽管杂乱无章，但这些小事一旦落实到我们生活之中，成为我们每个人的一部分，就自然显示出统一性来了。

人生就像一间摆满了各式各样货品的杂货店。有位诗人说过："唯此一途，贯彻始终。"让我们抛开他的话，假装自己是这间杂货店的主人，照顾着各式杂货，由生至死，不也很有趣味吗？

人生的真谛

○ [美] 亚历山大·辛德勒

亚历山大·辛德勒 (1925～2000)　美籍犹太人。曾任美国犹太人联合会主席。

人生的艺术，只在于进退适时，取舍得当。因为生活本身即是一种悖论：一方面,它让我们依恋生活的馈赠;另一方面,又注定了我们对这些礼物最终的弃绝。正如先哲们所说:人生一世,紧握双拳而来,平摊双手而去。

最近的一件事重又启发了我。一天早上,我住在医院,得去对面病区接受几个辅助检查,于是我坐轮椅穿过一个院落。一出病房,迎面的阳光震撼了我的整个身心,我所有的感受只有太阳的光辉!多么美好的阳光啊——那样温煦,那样明亮,那样辉煌!我留神看了看,是否还有人欣然沉醉于这金光灿烂之中。没有,人人都来去匆匆。我想到了自己平时也是如此,总是沉湎于日常事物之中,而对大自然出现的胜景则全然无动于衷。

这一经历所导致的顿悟,其实与这经历本身一样,是极普通的:生活的馈赠是珍贵的,只是我们对此留心甚少。由此可知,人生真谛的要旨之一,乃是告诫我们不要只是忙忙碌碌,以至忽视生活的可叹可敬之处。虔诚地等待每一个黎明吧!拥抱每一个小时,抓住宝贵的每一分钟!

执著地对待生活,紧紧地把握生活,但又不能抓得过死,松不开手。人生这枚硬币,其反面正是那悖论的另一要旨:我们必须接受“失去”,学会怎样松开手。

这种教诲确是不易领受的。尤其当我们正年轻的时候,满以为这个世界将会听从我们的使唤,满以为我们用全身心的投入所追求的事业都一定会成功。而生活的现实仍是按部就班地走到我们的面前,于是这第一条真理,就缓慢而又确凿无疑地显现出来。

我们在经受“失去”中逐渐成长,经过人生的每一个阶段。我们在失去母体的保护后来到这个世界上,开始独立的生活;而后又要进入一系列的学校学习,离开父母和充满童年回忆的家庭;结了婚,有了孩子,等孩子长大了,又只能看着他们远走高飞;我们还要面临双亲的谢世和配偶的亡故;面对自己精力的逐渐衰退;最后我们必须面对不可避免的自身死亡——我们过去的一切生活,生活中的一切梦都将化为乌有!

但是,我们为何要屈服于生活的这种自相矛盾的要求呢?

明明知道不能将美永远留存,可我们为何还要去造就美好的事物?我们知道自己所爱的人早已不可企及,为何还要使自己的心充满爱恋?要解开这个悖论,必须寻求一种更为宽广的视野,透过通往永恒的窗口来审度我们的人生。一旦如此,我们即可醒悟:尽管生命有限,而我们在世界上的“作为”却为人织就了永恒的图景。我们建造的东西将会留存久远,我们自身也将通过它们得以久远地生存。我们所造就的美,并不会随我们的湮没而泯灭。我们的双手会枯萎,我们的肉体会消亡,然而我们所创造的真、善、美,则将与时间同在,永存而不朽。这就是创造的永恒,也是人生的真谛。

人总是把自己当做宇宙的中心。

——[法]霍尔巴赫

人 生 七 期

○ 高士其

高士其(1905～1988) 原名高仕。著名科学家、科学小品作家。出生于福建福州,毕业于清华大学。美国芝加哥大学化学学士、医学博士。《自然科学》副主编,一级研究员。曾任中国科普创作家协会名誉会长、中国作家协会理事、中国人民保护儿童全国委员会委员等职。

十六世纪,英国的大诗翁莎士比亚,有一篇千古不朽的名诗,把人生由婴儿到暮年,分为七期,描写得极其逼真。大意是说:咿咿唔唔在奶娘手上抱的是婴儿;满脸红光,牵着书包儿,不愿上学的是学童;强吻狂欢,含泪诉情,谈着恋爱的是青年;热血沸腾,意气方刚,破口就骂,胆大妄为的是壮年;衣服整齐,面容严肃,高声言谈,踱着方步,挺着肚子的是中年;饱经忧患,形容枯槁,鼻架眼镜,声音带颤的是老年;塌了眼眶,舌头无味,记忆不清,到了尽头的是暮年。这样把人生一段一段地分析下来,真够玩儿呀。

但是,莎士比亚的人生七期,是看着人情世态而描写的。我们现在依照生理学上的情形也把人生分为七期。这七期以子宫内受孕的母卵为起点。

自母卵与精子相遇,受精以后,立时新生命开始了。自开始至三个月为第一期,叫胚胎期。这一期里,母卵不过是直径不满七百分之一英寸的一颗圆圆的单细胞,内中却早已包含着成人所必须具有的一切细胞了。由母卵一个单细胞不断地分裂,第三星期有鱼鳃的裂痕出现,第六星期有尾巴出现,到了第三个月,人的雏形已经完成,但仍是小得很,要用显微镜才看得清。

第二期是胎儿期,自第三个月起至婴儿脱离母体呱呱坠地止,大约六、七个月。这一期里,温暖的子宫内的胎儿,他所需要的食料和氧气,都由母亲的血液支取,都由胎盘输进脐带送给他的。

由婴儿呱呱坠地到两周岁,到了乳齿长出的时候,是第三期,叫婴儿期。

接着,第四期,即幼儿期,由三岁起,在女孩到十三岁止,在男孩到十四岁止。此期年年体重均有增加,每年约增加百分之九。

到了第五期,就是这宝贵的青年期,如春天的花一般,一朵朵地开出来,红艳可爱。一个个女儿的性格,一个个男子的性格,很奇幻而巧妙地在这一期里长成。不知不觉地由娇羞的童女,一变为多色多姿的少女;由顽皮的童男,一变为英俊有为的青年。在青年期,十三四岁的女儿,月经来临,骨盆长大,乳峰突起,阴毛出现;在男子,他们的标志是:面部的胡须有了几根了,下部耻骨间的黑毛也一条条冒出来,同时,好像喝了什么葫芦里的药,小孩子又脆又尖的高音忽然变成又粗又重的沉音了。在营养得宜时,此期体重和身长每年约增加百分之十二。但一般满了二十二周岁的当儿,身体的发育已完成,不再前进了。

由二十五岁,女的到五十岁,男的到六十岁,是中年期,是一生的中心,是一生最有用的时代,这是第六期。男子一般过了三十五,生殖机能一天不如一天,但体格却一天天肥大了,一天天显得富态,到了六十岁,生殖机能就完全终止了。妇女到五十岁左右,月经告别,生殖时代就成为过去了。

这在医学上,就叫更年期。

第七期,六十岁以上的人,就算老了。一轮红日,慢慢西沉,终归于万籁俱寂了。

对人生的看法

○ [美] 吉尔贝·希纳尔   译/王丽华等

吉尔贝·希纳尔(1881～1972) 美国历史学家。生于法国,后加入美国国籍。历任布朗大学、加利福尼亚大学和约翰斯·霍普金斯大学教授。从事杰斐逊研究的著名学者,编辑出版了《拉法耶特与杰斐逊通信集》等书。

如果我们相信某些摘自希腊和拉丁著作家的语录,那么他对人生的看法

人不能孤独地生活,他需要社会。

——[德]歌 德

一定是十分悲观的。杰斐逊显然对荷马著作中的神话故事、战争描写，以及那些夸张的比喻并不注意。他从这位古代诗人的作品中领悟了许多古代的智慧和古代的人生哲学。他从荷马的作品中收集了一些他认为是表达了对人的命运的看法的诗句。这些看法表现了一种勇敢的、禁欲主义的，然而却使人清醒的哲学，这种哲学可以用蒲柏翻译的几行诗来加以概括：

> 劳苦是世人的命运，
>
> 朱庇特赋予我们生命，
>
> 同时也给了我们不幸。

当他读西塞罗的《杜斯库兰的谈话》时，他摘录了一些段落，目的在于更加坚定地信仰自然神论和唯物论的原则，他当时正倾向于这样的原则："人人都必然要死亡；只要一死能结束痛苦就好。当我们必定要想到，总有一天我们要死时，人生中还有什么会令人愉快呢。"这一段特别的推论，似乎非常有力地打动了杰斐逊，因为过了五十年以后，他在给约翰·亚当斯的信中还曾一再重复这段话："因为如果说不论是心，或者是血，或者脑，就是灵魂的话，那么灵魂也就是肉体，它也必然要同躯体的其他部分一起灭亡；如果说它是空气，那它也许会消散；如果它是火，那它将会熄灭。"

于是，他摘录并且显然是接受了博林布罗克的论述："说基督启示了整个伦理道德，证明它就是天理，这种说法是不正确的。"

"天理"——这个词的意思是什么呢？它是贺拉斯的伊壁鸠鲁式的格言"享乐在今天，尽可能不要相信明天"吗？如果这就是杰斐逊所得出的结论的话，那么他很可能走上一条阻力最小的道路，去享受人生的美好事物，如雷利酒店的佳酿，漂亮的女郎，并且像许多他的同代人一样在社会上恣意放荡。如果杰斐逊出生在"旧世界"的话，这就是他的命运。如果他是由软材料制成的话，他也早就成为弗吉尼亚贵族中的一个猎狐者、赛马手和纸牌迷了。但是，他那贵族的骄傲和老的斯多葛派的严格教导挽救了他。

他知道自己血统高贵，而且曾读过欧里庇德斯的话："高贵的出身使人们中间产生泾渭分明的界线；高贵的名字给那些当之无愧的人增加光彩。"

永远正直地做人，无愧于自己的高贵血统，这是最简单、最明显、最迫切的责任。继续相信他在一七六三年时所相信的"在旅程的尽头将把我们的职责交给原来托付给我们的人，并获得在他看来与我们的功劳相当的报酬"这样的话，对杰斐逊来说恐怕是十分困难的事了，在我们的一生中，作为报酬而得到的，甚至更少，因为大多数社会都是这样组织起来的，即"一个人只要是高尚的和热心的，他得到的奖赏就不会比卑贱的人高"。事实仍然是，当宗教上层建筑全部垮台之后，道德的基础仍未动摇，就这样，杰斐逊利用手头掌握的材料，按照博林布罗克的启示重新建立自己的生活哲学。因为，显然，"根据古代不信奉基督教的一些道德家，如西塞罗和塞涅卡，爱比克泰德以及其他一些人的著作汇集而成的思想体系，将会是更充分、更完整、更有条理的，并且是更加明确地从一些无可非议的知识原理推论而来的。"

但是他不愿相信任何一个人的话，他不会接受任何一位道德哲学教授的教导：每个人都必须独立思考，彻底地阐明自己的哲学。大约在四十年以后，杰斐逊写信给他的侄子(他认为他可能也在经历同样的危机)时说：

> 人命中注定是为社会而生。因此，他的道德将为此目的而形成，他具有一种只与这个目的有关的是非感。这种感觉与听觉、视觉和触觉一样，同属他的天性。道德的真正基础是这种是非感，而不是像一些空想的作家们所想象的是什么美的理想境界、真理等等东西。道德感，或者说良心，是人的一个组成部分，如同他的脚和臂一样。

但是，这已是一八〇八年的杰斐逊，一个成熟的人，几乎是蒙蒂塞洛的一位德高望重的贤哲。四十年前他远未达到这样平衡的精神境界和对道德世界这样明确的认识。他在《文学箴言录》中所摘录的那些词句显得混乱和互相矛盾，可是，在他读荷马、欧里庇德斯、西塞罗、莎士比亚，甚至布坎南的作品时，有着明确而单纯的目的。他读书是为了汲取教益，而不是为了消遣，是为了搜集材料，用来由他自己和为他自己重新建立一个道德庇护所，以便他在以后的生活中蔽身。当时，他并没有考虑献身于他的国家；如果说他具有爱国心的话，也是潜在的；如果说他有什么抽象的正义感的话，也丝毫没有明显的表现。此外，与他在《文学箴言录》中一般摘录的词句十分不同，在他未发表过的一些备忘簿中，一七七〇年的一本上笔迹潦草地摘录了一些格言。这时他已经铲平了一块高地，就要在这里修建蒙蒂塞洛住宅，已经在挖地下室。但是有一天，他在仔细地记载了"四个很好的伙伴，一个小伙子，两个女孩子，大约都是十六岁，在我的地下室挖掘了八个半小时，挖了三英尺深，八英尺宽，十六英尺半长"这段话之后，停下来又扼要地写下他要用以在生活中律己的几句最引人注目的格言：

> ……没有自由便没有生命——忍耐克制——美好就是正直；英勇

人类，可以说是不断学习的唯一存在。

——[法]帕斯卡尔

者受奖;对一切都不失去希望;每个人都是自己的幸福的创造者;想什么就说什么，什么是正义——光荣来自正确——不要对邪恶让步，相反更加前进——长寿、永康、长乐和一位朋友——不是为我们，而是为祖国献身——即使苍天崩落，亦要维护正义。

　　显然，从他积累的《文学箴言录》到在备忘簿中写下这段话，这期间杰斐逊的精神世界发生了相当大的变化。蛰伏的东西已经苏醒，未存在的东西已经萌发。让那些想方设法寻找杰斐逊到底是受谁的影响的人，在那些法国哲学家的著作中搜寻这些格言的微弱反映吧。我是一点也找不到的。我甚至要说，这里显示不出博林布罗克的影响，因为杰斐逊从博林布罗克那里借鉴的是解决某些问题的方法，而不是某些确定的思想。这位年轻的弗吉尼亚人只是在很短一个时期利用过这位英国哲学家所采取的批判推理的方法，而当他开始重新建立他的道德观以后，他是从古希腊斯多葛派学者们那里一块石头一块石头地、一句格言一句格言地收集全部材料。这是一种悲观但充满勇气的人生哲学，与十八世纪的乐观主义迥然不同。异乎寻常的是，这位拓荒者的后代，大约是在边疆精神影响下成长的年轻人，不是与伦敦、巴黎和日内瓦的哲学家们，竟然是与希腊和共和罗马结下了不解之缘。这位年轻的弗吉尼亚人在他一生的这个早年时期，当他拒绝了基督教的道德体系后，在荷马的高尚行为和友谊的淳朴准则中，从西塞罗的著作中发现的对希腊斯多葛派的共鸣中，找到了他所需要的道德支柱，而这些又启发他产生了一种爱国主义和献身公职的观念，这一观念影响了他的后半生。

　　在探讨杰斐逊对人生态度的转变时，如果不考虑帕特里克·亨利的影响，是不公正的。当亨利于一七六五年在弗吉尼亚议会发表他的著名演说，最后以挑战的口吻宣称"如果这就是叛逆的话，那就全力以赴地进行吧"而结束这次演说时，年轻的学生杰斐逊也在场。杰斐逊写道："在我看来，他所说的就像是荷马所写的。他的天才确实伟大，我从来没有听到过任何人说过可与之相比的话。"虽然他没有从亨利那里接受什么政治哲学，但从他那里懂得了至今人们记忆犹新并成为政治斗争的箴言和战斗口号的那些引人注目的基本准则的价值。他喜欢亨利的论断的那种炽热的感情和完整性，一七七〇年他在备忘簿中写下了各个时代的一切革命者和激进派奉为座右铭的话："即使苍天崩落，亦要维护正义。"这时，他把这位弗吉尼亚的演说家看得同古罗马的雄辩家们一样伟大。

人为什么活着——全球139位大师的答案

060

人生就是等待

◎赵鑫珊

赵鑫珊 哲学家、作家。一九三八年生于江西南昌,毕业于北京大学德国文学语言系。先后在中国农业科学院、中国社会科学院哲学所、上海社会科学院欧亚所从事研究工作。著作有《哲学与人类文化》、《人类文明之旅》、《贝多芬之魂》、《建筑面前人人平等》、《天才与疯子》等。

等待即期待,即希望,即翘首盼望。

有等待的人生比没有等待的人生要好;好得多,好得不可同日而语,不可比拟。

只有死人,只有墓穴里的一堆骸骨,才没有等待。

等待原是一团生命燃烧之火。火熄了,生命也就正式告吹。

在我们这个星球上,人要有居住的空间,才能安居乐业。两室一厅,当然重要,但这仅仅是个物理空间。若要让自己的精神或灵魂安顿下来,还要有个心理空间,即精神家园,也就是安置自己灵魂的地方。

物理空间是有形有体的,心理空间则是无形无体的。

有的人,占有很大很大的物理空间,豪华、气派、带花园和游泳池,当然还有车库,但拥有的心理空间却很小很小,既简陋又寒酸,怎么也安置不下自己的灵魂,致使自己的灵魂日夜失落、漂泊、茫茫然,不知何处是归宿。其实,构成心理空间的建筑材料既不是什么砖瓦也不是木材或钢筋水泥,而仅仅是一连串的等待,充满希望的等待。

有的人,占有的物理空间很小很小,仅仅是个八平方米的、直不起腰的低矮阁楼,但拥有的心理空间(精神家园)却很大很大,既自由又广远、幽远、深远。

前一种人是不幸的(尽管他很有钱),甚至会自杀;后一种人毕竟是幸福的。在他广大的心理空间,有一连串充满希望的等待在那里排成队,这样的生

保持心灵宁静的最好办法,就是没有任何想法。
——[德]利希滕贝格

命哪有不幸福的? 哪有不值得一过的?

其实,等待也有大小、质量之分。

阶级地位、职业、财产……当然可以将人划分开来;不同性质的等待也可以把人区分开。

你等待什么,你就是什么样的人。

当你在等待天气炎热,气温高达四十度,你的西瓜和冷饮就会脱手,你就是个小商贩;当你一次以自己的全部资本做抵押,从银行贷了款,用六千万美元拿下泰国一公路招标项目之后,你在半年之内翘首等待公路脱手,你就是个大商人,有眼有识有胆的海外投资者。

不用解释,小商贩和大商人尽管所等待的心理性质相同,但大小不同,所以才有小商贩和大商人之分。

等待是个动态过程,不是静止占有。这点是至关重要的。或者说,等待的要害是要发挥主观能动性,而不是消极地坐在那里等待,等天上掉下馅饼。

比如某寡妇的核心等待是等两个孩子长大成人,小学、中学、大学毕业,然后成家立业,再等待做奶奶和外婆……正是这一连串的等待营造了寡妇的一生及其生机勃勃。她的等待浇注了她的无数主观能动:帮人洗衣,做保姆……

等待是一个无穷序列,很像自然数 1,2,3……这个无穷数列,没有最后一个数,也没有最后一个等待。若有,紧接着下一步便是死,便是瞑目。

我母亲一直有病。她有一次对我说:

"鑫儿,等哪天你结了婚,我抱了孙子,我就可以瞑目,去了。"

这些年,因有感于等待,于一九九三年十一月在德奥交界的阿尔卑斯山庄别墅特写下了几行诗句,算是我的心声:

世上没有永驻的

幸福

只有充满希望的

一个个揪心的

等待

幸福好像是

顽童手中的一面镜

把阳光反射到墙上的

一个既诱人又狡猾的

永远也抓不到手的

投影

幸福原是

充满希望等待过程本身

　　的确，一旦你等到了，到手了，你又要跑到另一个新的更加诱人的等待中去重新等待。等待是人的命中注定。它是个形而上结构；形而上结构即造物主的安排和设计，人是无法改变或逃脱的。一连串的等待，正是我们每个人一生的轨迹。它又像个竹篱笆，围筑成了我们的精神家园。

　　我想起湖边垂钓者。他的等待是等鱼来上钩；这等待是充满希望的，因为他知道湖里有鱼（这个假定是很重要的）。他钓鱼的最高目的好像不是鱼，而是垂钓过程——充满希望的过程本身。因为他最后可以把竹篓子里面的几条鱼统统倒回湖中去，然而若把他的钩子弄直，或除去钩子上的诱饵，或者当他一旦知道，湖中根本就没有一条鱼，半条也没有，他在湖边恐怕连一分钟也不愿再坐下去。因为那是没有希望的等待。

　　在充满希望的等待过程中的人心，是绝少有皱纹的。这样的人心必定是条有帆、有风、有舵的人生航船。我愿自己是这样一条船。

人的生存目的还在于把人周围的一切弄得更合乎道德，从而使人本身日益幸福。

——[德]费希特

　　我们建造的东西将会留存久远，我们
自身也将通过它们得以久远地生存。我们
所造就的美，并不会随我们的湮没而泯灭。
我们的双手会枯萎，我们的肉体会消亡，然
而我们所创造的真、善、美，则将与时间同
在，永存而不朽。这就是创造的永恒，也是
人生的真谛。

人 是 什 么

Ren   Shi   Shen   Me

人只不过是一根苇草,是自然界最脆弱的东西;但他是一根能思想的苇草。能思想的苇草——我应该追求自己的尊严,绝不是求之于空间,而是求之于自己的思想的规定。

人是一根会思想的芦苇

○ [法] 帕斯卡尔　译/何兆武

帕斯卡尔 (1623～1662)　十七世纪法国最具天才的数学家、物理学家和哲学家,在理论科学和实验科学两方面都作出巨大贡献。几何学上的帕斯卡尔六边形定理、帕斯卡尔三角形,物理学上的帕斯卡尔定理等均是他的贡献。对概率论的研究也有一定的贡献。所著《思想录》、《致外省人书》,对法国散文的发展影响甚大。

思想形成人的伟大。

人只不过是一根苇草,是自然界最脆弱的东西,但他是一根能思想的苇草。用不着整个宇宙都拿起武器来才能毁灭,一口气、一滴水就足以致他死命了。然而,纵使宇宙毁灭了他,人却仍然要比致他于死命的东西高贵得多,因为他知道自己要死亡,以及宇宙对他所具有的优势,而宇宙对此却是一无所知。

因而,我们全部的尊严就在于思想。正是由于它而不是由于我们所无法填充的空间和时间我们才必须提高自己。因此,我们要努力好好地思想,这就是道德的原则。

能思想的苇草——我应该追求自己的尊严,绝不是求之于空间,而是求之于自己的思想的规定。我占有多少土地都不会有用,由于空间,宇宙便囊括了我,并吞没了我,有如一个质点;由于思想,我却囊括了宇宙。

人既不是天使,又不是禽兽,但不幸就在于想表现为天使的人却表现为禽兽。

思想——人的全部的尊严就在于思想。

因此,思想由于它的本性,就是一种可惊叹的、无与伦比的东西。它一定得具有出奇的缺点才能为人所蔑视,然而它又确实具有,所以再没有比这更加荒唐可笑的事了。思想由于它的本性是何等的伟大啊! 思想又由于它的缺点是何等的卑贱啊!

然而,这种思想又是什么呢? 它是何等的愚蠢啊!

人的伟大之所以为伟大,就在于他认识自己的可悲。一棵树并不认识自己的可悲。

因此,认识自己的可悲乃是可悲的,然而认识我们为什么可悲,却是伟大的。

这一切的可悲其本身就证明了人的伟大。它是一位伟大君主的可悲,是一个失了位的国王的可悲。

我们没有感觉就不会可悲,一栋破房子就不会可悲。只有人才会可悲。

人的伟大——我们对于人的灵魂具有一种如此伟大的观念,以致我们不能忍受它受人蔑视,或不受别的灵魂尊敬,而人的全部的幸福就在于这种尊敬。

人的伟大——人的伟大是那样显而易见, 甚至于从他的可悲里也可以得出这一点来。因为在动物是天性的东西,于人则称之为可悲;由此我们便可以认识到,人的天性现在既然有似于动物的天性,那么他就是从一种为他自己一度所固有的更美好的天性里面堕落下来的。

因为,若不是一个被废黜的国王,有谁会由于自己不是国王就觉得自己不幸呢? 人们会觉得保罗·哀米利乌斯[①] 不再任执政官就不幸了吗? 正相反,所有的人都觉得他已经担任过了执政官乃是幸福的, 因为他的情况就是不得永远担任执政官。然而人们觉得柏修斯[②] 不再做国王却是如此之不幸——因为他的情况就是永远要做国王——以致人们对于他居然能活下去感到惊异。谁会由于自己只有一张嘴而觉得自己不幸呢? 谁又会由于自己只有一只眼睛而不觉得自己不幸呢? 我们也许从不曾听说过由于没有三只眼睛便感到难过的,可是若连一只眼睛都没有,那就怎么也无法慰藉了。

在已经证明了人的卑贱和伟大之后——现在就让人尊重自己的价值吧。让他热爱自己吧,因为在他身上有一种足以美好的天性,可是让他不要因此也爱自己身上的卑贱吧。让他鄙视自己吧,因为这种能力是空虚的,可是让他不要因此也鄙视这种天赋的能力。让他恨自己吧! 让他爱自己吧! 他的身上有着认识真理和可以幸福的能力, 然而他却根本没有获得真理, 无论是永恒的真

①保罗·哀米利乌斯 (Paul Emile, 即 Paul Emilius) 于公元前一八二年与公元前一六八年曾两度任罗马执政官,第二次任执政官时击败马其顿王柏修斯。

②柏修斯 (Perse, 即 Perseus) 为马其顿末代国王,前一七九至前一六八年在位,公元前一六八年为保罗·哀米利乌斯击败被俘。

人不只是求生存的动物,人不应该受造物的提升,人应该创造,创造生命,创造世界。

——丁 玲

理,还是满意的真理。

因此,我要引人渴望寻找真理并准备摆脱感情而追随真理(只要他能发现真理),既然他知道自己的知识是彻底地为感情所蒙蔽,我要让他恨自身中的欲念——欲念本身就限定了他——以便欲念不至于使他盲目作出自己的选择,并且在他作出选择之后不至于妨碍他。

人的灵与肉

○ [俄] 列夫·托尔斯泰

列夫·托尔斯泰(1828～1910) 十九世纪末二十世纪初俄国最伟大的文学家,世界文学史上最杰出的作家之一。生于俄国贵族家庭,但一直寻求接近人民的道路。代表作有《战争与和平》、《安娜·卡列尼娜》、《复活》、《一个地主的早晨》、《哥萨克》等。其创作登上了当时欧洲批判现实主义文学创作的高峰。

一

你是谁?人。什么人?你怎么区别于他人?我是某某人的儿子、女儿,我是老人,我是年轻人,我是富人,我是穷人。

我们每一个人都是不同于其他所有人的个别的人:男人、女人、老人;在我们每一个个别的人身上都存在着一个别无二致的灵魂生命,也就是说,我们每一个人同时既是伊万,也是娜达丽雅,也是那个在所有人身上都一样的灵魂生命。一旦我们说"我想如何",则有时这意味着伊万或娜达丽雅想如何,有时则意味着,是那个在所有人身上都同一的灵魂生命想如何。这样一来,也就会有这样的情况,伊万或娜达丽雅在想做某一件事的时候,而那个存在于他们身上的灵魂生命想的却完全是另一件事。

二

一个人前来敲门。我问："是谁呀？"回答是："我。""我是谁？""就是我呀。"来的人又答道。来的是个农夫家的小男孩。他感到很稀奇，怎么可以问这个"我"是谁呢。他感到稀奇，是因为他感受到了在自己身上的那个与所有人都一样的共同的灵魂生命，所以他感到稀奇，怎么竟可以问每个人都应该知道的东西。他回答的是灵魂的"我"，而我问的只是那个窗口，那个透过它能窥见这个"我"的窗口。

三

如果说，我们称呼自己的时候只是指的肉体，我的理智、我的灵魂、我的爱，都是出自肉体，那么，这就等于说，我们只是把那用来喂养肉体的食粮称作了我们的肉体。不错，这个我的肉体只不过是由肉体加工而成的食粮，没有食粮则没有肉体，但我的肉体不是食粮。这个食粮对于肉体生活来说是必需的，但它不是肉体。

谈到灵魂也是如此。不错，没有我的肉体也就没有那我称之为灵魂的东西，但无论如何我的灵魂不是肉体。肉体对于灵魂来说是必需的，但肉体不是灵魂。假如没有灵魂，我就不会懂得我的肉体是什么。

生活的本源不在肉体，而在灵魂。

四

当我们说"这个有过，这个将要有或者可能有"的时候，我们指的是肉体生命。然而，除了有过和将要有的肉体生命，我们知道我们还有另一种生命：灵魂生命。而灵魂生命不是有过，不是将要，而是现在的。这种生命才是真正的生命。

一个人只有依赖于这种灵魂生命，而不是肉体生命，日子才过得好。

五

基督教导人们说，在他们身上存在着一种可以使之超乎于尘世浮华、惊恐不安和肉欲生活之上的东西。人懂得了基督的教诲，就可以体验到这样一种感

> 人是寻求意义的动物。
>
> ——[古希腊]柏拉图

觉:一只鸟最初还不知道它有翅膀,而突然明白后,它便可以飞翔,自由自在,无所畏惧。

你 是 人

○ [黎巴嫩] 米哈依尔·努埃曼

米哈依尔·努埃曼 (1889~1988)　黎巴嫩作家、诗人。能用阿拉伯文、俄文、英文写作,在小说、戏剧、诗歌、评论、传记等领域都卓有成就。代表诗作有《秋夜》、《大海啊⋯⋯》等。

你是人,带着他的一切。

你是其始,亦是其终。由你,他的清泉涌溢。向着你,他的溪水流淌。在你身上,他注入了人性。

你是他的治者与被治者,施虐者与受虐者,摧毁者与被毁者。

你是他的施主与受赠人,是他的钉人于十字架者与被钉于十字架者。

你是他的贫者与富者,弱者与强者,显现者与隐遁者。

你是他的行刑者与受刑者,批评者与受批评者,嫉妒者与被嫉妒者。

你是他的高尚者与卑贱者,圣徒与罪人,天使与魔鬼。

你是每一位父亲和母亲的儿子,是每一位兄弟和姐妹的父亲。我来自于你,我逃不开你,你逃不开我,因为你就是我,我就是你,我俩即全人类。

如果没有你,便没有我之为我;如果没有我,便没有你之为你;如果没有我们,便没有他人之为他。

如果没有先于我们者,便没有我们;如果没有我们,便没有广阔时空中的任何一个人。

在你邻居的心中有幸福吗?你何不以他的幸福而高兴呢?因为在他的织品中有你灵魂织出的线。你邻居的眼睛看到还是没有看到这条线,你均无须忧虑,因为那看到一切的眼睛,已看到了它。

在你邻居的心中有一团火吗? 那就让你的心因这团火而燃烧! 因为在这团火中,有从你的憎恨与轻蔑的炉火中迸出的一颗火星。

在你邻居的眼中有泪珠吗? 那就让你的眼借它而流泪吧! 因为在这泪珠中,有你的一粒残酷之盐。

在你邻居的脸上有笑容吗? 那就让你的脸对他发出微笑吧! 因为在他的甜蜜中,有你的爱发出的光。

你的邻居因犯下的一条罪行而入狱了吗? 你何不把你心中的一部分遣入监牢和他同因? 因为你是他罪行的同犯,尽管合法的权力未曾用法律对你进行审判,而同你一样的一个人也没有被判入狱。

昨天,我看见你在跳舞,且在人群中高喊:"鼓掌呀! 鼓掌!"难道你不认为,在你身上的欢畅的生命,只有当他人身上的生命欢乐向其鼓掌时才起舞吗? 当别人跳舞你不鼓掌时,你在想着什么?

昨天,我听见你在诉苦,痛哭:"人们啊,听我讲! 人们啊,公正地对待我吧,我是被冤枉的!"

如果不是向那些人本身讨公平,那你还能向谁去讨公平呢? 如果说你向人们控诉世人,那你为什么不倾听他们向你的控诉和向你本人寻求公正的声音呢?

昨天,我看见你在计算自己的利润,你踌躇满志,且对自己的聪明才智大为赞赏。我没听见你说:"这是赚别人的钱。"今天,我看见你在计算自己的损失,诅咒着别人的精明狡猾。我却听见你说:"这是别人抢我的。"你难道对自己成为生活中的股东——"投机商"——不感到羞愧吗?

你是人,带着他的全部一切。对此,不论你知道还是不知道。我是你的图像和标本。除非你能从自身逃出,那你能从我这儿逃到何处呢?

如果你能逃出自身,那你是谁呢?

任何人都不可能成为无所不知、无所不能的人。

——[古罗马]维吉尔

生 命

◎ 张中行

张中行 (1909～2006)　原名张璇,字仲衡。著名学者、散文大家。河北香河人。曾任教于北京大学,与季羡林、金克木合称"燕园三老"。出版散文集《负暄琐话》、《禅外说禅》等,另著有《文言与白话》、《诗词读写丛话》、《佛教与中国文学》等。

　　邻居有一只母羊,下午生了两只小羊。小羊落地之后,瘸瘸拐拐地挣扎了几分钟,就立起来,钻到母羊腹下,去找乳头。据说这是本能,生来如此,似乎就可以不求甚解了。

　　生命乐生,表现为种种活动以遂其生,这是司空见惯的事,其实却不容易理解。从生理方面说,有内在的复杂构造限定要如此如彼;从心理方面说,有内在的强烈欲望引导要如此如彼。所以能如此如彼,所以要如此如彼,究竟是怎么回事?原因是什么?有没有目的?

　　小羊,糊里糊涂地生下来,也许是"之后",甚至也许是"之前",有了觉知,感到有个"我"在。于是执著于"我",从"我"出发,为了生存,为了传种(延续生命的一种方式),求乳,求草,求所需要的一切。相应的是生长,度过若干日日夜夜,终于被抬上屠案,横颈一刀,肉为人食,皮为人寝,糊里糊涂地了结了生命。

　　人养羊,食羊之肉,寝羊之皮。人是主宰,羊是受宰制者,人与羊的地位像是有天壤之别。据人自己说,人为万物之灵。生活中的花样也确是多得多。穿衣,伙食,住房屋,乘车马,行有余力,还要绣履罗裙、粉白黛绿、弄月吟风、斗鸡走狗,甚至开府专城、钟鸣鼎食、立德立言、名垂百代,这都是羊之类所不能的。不过从生命的性质方面看,人与羊显然相距不很远,也是糊里糊涂地落地。之后,也是执著于"我",从"我"出发,为了饮食男女,劳其筋骨、饿其体肤,甚至口蜜腹剑、杀亲卖友,总之,奔走呼号一辈子,终于因为病或老,被抬上板床,糊里糊涂地了结了生命。羊是"人杀",人是"天杀",同是不得不死亡。

地球以外怎么样,我们还不清楚,单是在地球上所见,生命现象就千差万别,死亡的方式也千差万别,老衰大概是少数。自然环境变化,不能适应,以致死灭,如风高蝉绝,水涸鱼亡,这是一种方式;螳螂捕蝉,雀捕螳螂,为异类所食而死,这又是一种方式,可以统名为"天杀"。乐生是生命中最顽固的力量,无论是被抬上屠案,或被推上刑场,或死于刀俎,死于蛇蝎,都辗转呻吟、声嘶力竭,感觉到难忍的痛苦。死之外或死之前,求康强舒适不得,为各种病害所苦,求饮食男女不得,为各种情欲所苦,其难忍常常不减于毒虫吮血,利刃刺心。这正如老子所说:"天地不仁,以万物为刍狗。"也无怪乎佛门视轮回为大苦,渴想涅到彼岸了。

有不少人相信,天地之大德曰生,因而君子应自强,生生不息。我们可以说,这是被欺之后的自欺。糊里糊涂地落地,为某种自然力所限定,拼命地求生存,求传种,因为"想要",就以为这里有美好、有价值、有意义。其实,除了如叔本华所说,为盲目意志所驱使以外,又有什么意义?

天地未必有知。如果有知,这样安排生命历程,似乎是在恶作剧。对于我们置身于其内的"大有",我们知道的很少。可以设想,至少有两种可能:一、它存在于无限绵延的时间之中,其中的任何事物,前后都有因果的锁链联系着;二、它是无始无终的全部显现的一种存在形式或变动形式,前后的时间顺序,只是我们感知它的一种主观认识的形式。如果是前者,则从最初(假定有所谓"最初")一刹那起,一切就为因果的锁链所束缚,所有的发展变化都是必然的,就是说,其趋向是骑虎难下。如果是后者,则一切都是业已完成的,当然更不容有所谓选择。总之,死也罢,苦也罢,都是定命,除安之若素以外,似乎没有别的办法。

古人有所谓"畏天命"的说法。如果畏是因为感到自然力过大,人力过小,定命之难于改易,则这种生活态度的底里是悲观的。古今思想家里,讲悲观哲学的不多。叔本华认为,生活不过是为盲目意志所支配,其实并没有什么意义,他写文章宣扬自杀,说这是对自然的一种挑战(意思是你强制我求生,我偏不听从),可是他自己却相当长寿,可见还是不得已而顺从了。世俗所谓悲观,绝大多数是某种强烈欲望受到挫折,一时感到痛苦难忍,其底里还是乐生的。真正的悲观主义者应该为生命现象之被限定而绵延、无量齷齪苦难之不能改易而忧心,应该是怀疑并否定"大有"的价值,主张与其"长有",毋宁,"彻底无"。

彻底无,可能吗?无论如何,"大有"中的一个小小生命总是无能为力的。孟德斯鸠临死的时候说:"帝力之大,如吾力之为微。"畏天命正是不得不如此之事。不过,受命有知,作《天问》总还是可以的,这也算是对于自然的一个小小责难吧。

> 人是有理性的动物。
>
> ——[古罗马]塞涅卡

人

○ [苏联] 高尔基

高尔基(1868～1936)　苏联著名作家,社会主义现实主义文学的奠基人。生于木工家庭。当过学徒、码头工、面包师傅等,流浪俄国各地,经历丰富。代表作品有《海燕》、《母亲》、《小市民》等。还写有自传体三部曲《童年》、《在人间》、《我的大学》。

一

每当我身心俱疲的时候,那如梦的往事便在我记忆中重现,使我不禁心灰意懒,而我的思想则如同秋天冷漠无情的骄阳,照耀着混乱不堪的宇宙,在杂乱无章的尘世上空不安地盘旋,无力继续上升,更无力向前。每当我处于这种痛苦艰难的时刻,我总还是要把人的英伟形象呼唤到我的面前。

人啊!我的胸口仿佛照耀着一轮太阳,人就在这耀眼的阳光中从容不迫地大步流星!不断攀升!悲剧般凄美的人啊!

我看见他高傲的额角,豪放而深邃的双眸,眸子里耀熠着大无畏的思想的光华,磅礴的力的光辉,这力量能在人们疲惫拖沓的时刻创造钟秀,又能在人们精神亢奋的时代把神明打倒。

他置身在凄惶的世界之中,独自站立在那以不可望尘的速度向无垠宇宙的深处疾驰而去的一块土地之上,苦苦地思索着一个令人苦闷的问题:"我为什么而存在?"——他英勇地迈步向前!不断攀升——要把沿途遇到的人间和天上的一切奥秘全部揭开。

他一面前行,一面用心血浇灌着他的那种艰辛、孤独而又豪壮的旅程,用胸中喷薄的鲜血创造出永不颓败的诗的花朵,他巧妙天成地把出自不安的灵魂中的苦闷呼声谱成曲调,他根据自身的经验创造着科学,每走一步都要把人生装点得更加完美,就像太阳一样激昂地用它的光芒万丈把大地普照。他不停地动着,不断攀升,大步流星！他是大地上一颗指路的明星……

他凭借的只是意识的力量,这思想时而迅捷如闪电,时而静若一柄寒剑。自由而高傲的人远远地走在民众的前方,高踞于生活之上,独自置身在生活的谜中，独自陷入不计其数的谬误之间……这一切都像磐石一般压在他高傲的心头,伤害他的灵魂,折磨他的脑子,使他感到羞耻难当,呼唤他去把一切错误消灭干净。

他在前进！种种本能在他的胸中激荡。自尊心令人讨厌地发出牢骚,像厚颜无耻的乞丐在笑着乞讨,七情六欲像藤蔓一样把心儿紧紧缠绕,吸吮他的鲜血,大声要求向它们的力量让步……喜怒哀乐都想控制他,一切都渴望成为他心灵的主宰。

各式各样的生活琐事犹如路上的泥沼,又像丑恶的癞蛤蟆,挡住了他的去路。

就像一颗颗的行星簇拥着太阳，人的创造精神的各种产物也把他层层缠绕:他的爱情永远不会知足,友谊步履艰难,远远跟在他的背后,希望可以疲倦地走在他的前方,而那满脸怒容的妒恨,他手上那副忍耐的枷锁正在"当当"作响,可信仰正用乌黑的双眼注视他焦虑不安的脸庞,等待他投入自己安宁的怀抱……

他清楚自己有这一群可悲的侍从——他的创造精神的各种产物都是畸形的、不完全的、二流的。

它们穿着旧真理,衣衫褴褛,被种种成见的毒所戕害,怀着敌意跟在意识的后面,总也赶不上思想的飞跃,就像乌鸦追不上雄鹰的展翅。它们同思想争论着谁是第一,却很难同思想融会成一股富有创造力的炙热火焰。

这儿还有人的一个永恒的旅伴,那无声无息而又神秘诡异的死亡,它时刻准备亲吻他那颗炽热地期盼生活的心。

他了解自己这一群永生的奴仆,最后,他还了解一个产物——疯狂……

长了翅膀的疯狂是一阵强大的旋风,它用充满敌意的目光窥探着人,竭力鼓动情绪,硬要拖他去参加它野蛮的竞技……

只有思想是人的爱人,他唯独同她永不离弃,只有思想的光焰才能焚毁他路上遇到的障碍,揭示人生的谜团,揭开大自然的奥秘重重,除解他心中漆黑一团的混乱。

思想是人的自由的爱人,她用锋利的目光检视一切,并毫不留情地阐明一切:

　　人是唯一的视赤身裸体为冒犯同伙的动物,是唯一的在进行天生行为时规避自己同类的动物。

——[法]蒙　田

"爱情在玩弄狡猾庸俗的计谋,一心盼望着占有自己的情人,总在设法压抑别人并委屈自己,而在她背后却藏着一张充满肉欲的肮脏面庞。

"希望是软弱无力的,而躲在她后面的是她的亲姊妹——谎言;谎言穿着盛装,打扮得花枝招展,时刻准备用花言巧语去安慰并欺骗所有的人。"

思想在友谊那颗柔弱的心里看到它的谨小慎微,它的冷酷而空虚的好奇之心,还看到妒恨之心的腐朽的斑点,以及从那里滋生出来的诽谤的幼芽。

思想看到可恶的憎恨的力量,它晓得,如果摘下憎恨所戴的枷锁,它将毁灭世上的一切,甚至连正义的嫩芽也不放过。

思想发现呆板的信仰拼命地吸取无限的权力,以便奴役一切情感。它藏匿一双无恶不作的利爪,它沉重的双翼虚弱无力,它空虚的眸子视而不见。

思想还要同死作不懈的搏斗:思想把动物造就成人,创造了灵魂,创造了哲学体系以及揭开世界迷雾的钥匙——科学,自由而不朽的思想憎恶并敌视死亡——这毫无用处却往往那么愚蠢而残酷的力量。

死亡对于思想就像一个乞讨的女子,她徘徊在房前屋后、墙角路旁,把破旧、腐败、无用的废物收进她那令人恶心的口袋,有时也厚颜无耻地偷窃健康而结实的物品。

死亡散发着腐败的臭气,裹着令人悚然的尸布,冰冷无情,没有个性,无法捉摸,永远像一个严峻而凶恶的谜立在人的面前,思想不无妒意地研究着她。那善于造物,如同太阳一样明亮的思想,充满了狂人般的胆略,她骄傲地意识到自己是永垂不朽,永远不朽。

斗志昂扬的人就这样大步流星,穿过人生之谜构成的耸人的浓雾,大步流星! 不断攀升! 永远攀升! 不断攀升!

二

他倦怠了,步履蹒跚,不断呻吟;惶恐的心灵在追寻信仰,并大声乞求爱给他以温柔的抚慰。

而软弱所孕育的三只鸟儿——颓丧、绝望和忧伤,这三只残忍而丑陋的鸟儿,围着他的心灵不祥地飞舞,总在那儿忧郁地对他歌唱。歌中唱道,他是一只渺小的虫子,他的认知有限,意识软弱无力,神圣不可侵犯的骄傲也着实可笑,而且不论他干什么,他终究都要灭亡!

听到这支虚伪而阴毒的歌曲,他那颗破碎的心不停地振颤,疑虑像针似的刺痛了他的大脑,屈辱的泪珠在眼眶里徘徊……

如若他内心的骄傲不被激怒，人就会被死亡的威吓逼近信仰的监狱，爱情将含着胜利的欢笑，引导他投入自己的怀中，向他高声承诺幸福，为的是掩饰自己无法获得自由的悲哀和那贪婪专横的肉欲……

软弱的希望与欺瞒结成盟友，对他歌唱安静的乐曲，说什么息事宁人就能共享太平。它们用蜜语甜言为昏昏欲睡的心灵催眠，把他推入甜美的慵懒的泥沼，让他落入懒惰的女儿——忧愁的魔爪。

由于种种浅薄的情绪的影响，他急忙把下流无耻的谎言的蜜糖般的毒药塞满自己的大脑和心房。谎话公然教育他，说什么人除了像牲口一样搭一个安乐窝，再没有其他出路。

但是思想是骄傲的，人对于她是珍贵的——于是她同谎言展开了一场恶战，而战场就在人的心里。

思想象冤家对头那样咄咄逼人；像蛀虫那样不知疲倦地侵蚀他的头脑；像干旱那样把他的心灵变为一片荒漠；又像刽子手那样将他严刑拷打。思想用对于真理的渴求，用对于严酷而睿智的生活真理的渴求，作为振奋灵魂的镇静剂，不讲情面地把他的心儿紧扣。那真理的成长虽缓，但透过一片沉暗的迷雾却清晰可见，像一朵思想培育出来的红火的花儿。

但是，倘若人已经被谎言毒害得无法医治，并忧愁地相信，世上最高的幸福莫过于脑满肠肥，最高的享受莫过于终日饱食、不用心思、坐享其成，那么思想将悲哀地垂落翅膀，成为欣喜而发狂的感情的俘虏，昏昏欲睡，让人听凭他的心去撩拨。

腐臭的恶俗，下贱的苦闷的儿女，犹如传播瘟疫的烟雾，从四面八方侵袭而来，用刺鼻的灰色尘埃把他的头脑、心和眼睛蒙蔽。

倘若没有骄傲与思想，人将不成其为人，他自身的弱点会使他蜕化为禽……

但是，一旦怒火喷薄，把思想叫醒，人就会独自穿过犹如荆棘丛生的种种错误，冲进灼人的多如星火的顾虑，踏着旧真理的瓦砾，继续前行！

庄严、桀骜、自由的人，英勇地正视真理，对自己的顾虑说道：

"你说我软弱无力，认知有限，这是胡说八道！我的认识在发展！我知道、看见并感觉到认识在我身上蔓延！我根据痛苦的轻重程度去探寻我的认识的加增，如果认识没有加增，我就不会比从前更感到苦闷……

"但是，我每向前一步，我的需求就会更多，感受会更多，我的见识也越加深刻，我的愿望的迅速加增，意味着我的认识在茁壮葱茏！现在我的认识如同点点星火，那又算得了什么？点点星火可以燎原！将来，我就是照彻黑暗宇宙的

如果你是人，那就不要把那些不关心人民需要的人称做人。

——[乌兹别克斯坦]纳沃伊

熊熊火焰！而我的使命就是要燎亮整个世界，熔化世上无数的诡秘之谜，达到我和世界之间的和恰，创造我自己内心的和谐。我要把人间点得通明，而人间的生活乌七八糟，痛苦万状，布满了不幸、屈辱、痛苦和怨恨，犹如布满了疥疮，我要把人间一切可恶的垃圾统统扫进昔日的墓穴！

"各种迷误与过失，犹如一条条锁链，把惊慌失措的人们捆绑在一起，把他们变成了淋漓鲜血、令人厌恶、互相吞食的一群野兽，我的使命就是要解开这些索结！

"思想造我，为的就是掀翻、摧毁、踏碎一切腐败、狭隘、龌龊和丑恶的东西，在思想锻造出来的自由、美和对人的尊重的坚固基础上创造新的一切！

"我是苟且偷生却无所作为的敌人，我要让每一个人都成为大写的人！

"一部分人默默无闻地从事力不胜任的奴隶劳作，完全是为了让另一部分人尽情享用食物和各种精神财富，这种生活毫无意义，可耻并且可恶！

"让一切偏见、成见和习惯都消失吧，它们像粘滞的蜘蛛网，缠绕着人们的思想与生活。它们干扰生活，强迫人们的意志，我一定要把它们清除！

"我的武器是思想，并且坚信思想自由、思想不朽以及思想的创造能力永远不断加增——这就是我的力量取之不尽的渊源！

"对我来说，思想是黑暗生活中唯一不会欺瞒我的永恒灯塔，是世上无数可耻谬误中的一点火光；我看见它越燃越旺，逐步把周遭无数秘密彻底照亮，我跟随着思想，在她永不枯竭的光芒照耀之下前进，不断攀升！大步流星！

"无论在人间还是在天上，没有思想攻克不了的城堡，也没有思想震撼不了的圣物！思想可以创造一切，这就使她拥有神圣不可剥夺的力量，去摧毁可能妨碍她自由生长的全部。

"我平静地认识到偏见是种种旧真理的表象，思想一度创造了旧的真理，正是思想的火又必然把它们烧成了灰烬，如今盘旋在生活之上的重重的错误，都是旧真理的灰烬中的果实。

"我还明白了，胜利者并非摘取胜利果实之人，而仅仅是固守在战场上的人……

"我认为生活的全部在于创造，而创造是独立自在并且无穷无尽的！

"我要前进，要燃烧得更加通明，更彻底地驱散生活中的阴霾。而牺牲就是对我的奖赏。

"我不需要别的褒奖。我以为，权力是可耻而单调的，财富是沉重而愚蠢的，荣誉是一种成见，它来自人们不善于珍重自己，来自于人们卑躬屈膝的奴隶习惯。

"怀疑！你们只是思想迸出的火花罢了。为了考验自己，思想才用剩余的能量孕育你们，并用自己的力量把你们养大！

"总有一天，我的感情世界将同我永生的思想在我胸中汇合成一团巨大的创造性的光焰。我必将用这火焰把心灵里一切阴暗、残暴与凶恶的东西烧光。我将同我的思想已经创造出来和现在正在创造的神灵毫无区别。

"一切在于人，一切为了人！"

于是他威武而自由地高昂着骄傲的头颅，重新迈开从容而矫健的步伐，踏着已化做灰烬的陈腐偏见，独自在种种错误构成的灰白色的迷雾里前行。他身后是阴沉的乌云般地旧日的尘灰，而前面则是漠然等待着他到来的无数的迷梦。

它们像苍穹中的繁星无以计数，人的道路也永无休止！

斗志昂扬的人就这样大步流星！不断攀升！永远攀升！不断攀升！

我　是　无

○ [葡萄牙] 费尔南多·佩索阿

费尔南多·佩索阿(1888～1935)　葡萄牙著名评论家、诗人。出生于葡萄牙里斯本，一八九六年去南非，一九〇五年回国。一九一二年开始写作。认为"感觉即思考"，真实感情并不存在。是葡萄牙后期象征主义代表人物。

今天，我突然找了一个荒诞然而准确的结论。在一个恍然大悟的瞬间，我认识到自己是无，绝对的无。一道闪光之中，我看见我一直视为城市的东西，事实上是一片荒原。这一道让我看清自己的强光里，似乎也没有头上的天空。我被剥夺了在这个世界面前一直存在的可能性。如果我再生，也必定是无我之举，即没有自我的再生。

我是某座不曾存在的城镇的荒郊，某本不曾动笔的著作的冗长序言。我是无，是无。我不知道如何去感受，或者思考，或者爱。我是一本还没有开始写作的长篇小说里的人物，我在我还未存在之前翱翔长空，然后被取消；在我还未存在之前一次次梦想，梦想着一个人，而那个人从来就没有打算赋予我生命。

我总是思考，总是感受，但我的思想全无缘故，感觉全无根由。我正在一脚踩空，毫无方向地跌落，通过无限之域而落入无限。我的灵魂是一个黑色的大漩涡，一团正在旋搅出真空状态的大疯狂，巨大的水流旋出中心的空洞，而水流，比水流更加回旋湍急的，是我在人世间所见所闻的一切意象汹涌而来：房子、面孔、书本、垃圾箱、音乐片断以及声音碎片，所有这一切被拽入一个不祥的无底洞。

而我，我自己，只因为深渊的几何力学所制，成了那个存在的中心。我是这一切旋搅运动当中的空无，它们因为我的存在才得以旋搅。只因为任何一个圆环都得有一个中心，我这个中心因此才得以存在。我，我自己，是井壁坍塌、残浆仅存的一口井。我是被巨大空无所包围的一切的中心。

仿佛地狱正在我体内大笑，倒不是笑魔现身显灵，而是僵死世界的狂嚎，是物态领域诸多尸体的环绕，还有整个世界在空虚、畸形、时代错误中每况愈下的终结。没有创造这个世界的上帝，没有唯一的、创造万物的、不可能存在的上帝，旋搅这黑暗中的黑暗。

只有我尚能思考！只有我尚能感受！

我那母亲死于非常年轻的时候，我对她从来一无所知……

人：一种无常的存在

○ [印度] 室利·阿罗宾诺　译/石海峻

室利·阿罗宾诺 (1872～1950)　印度英语诗人、哲学家。主要著作有《神圣的生活》、《莎维德丽》等，他作为哲学家与诗人对印度现当代生活产生了很大的影响。

人是一种非终极的无常的存在。高处的圣光照耀着我们的身心，那里才是我们神往的终极所在，那里昭示着我们从有限的、苦难的尘世走向自在的解脱之道。

我是说人的心灵被禁锢于肉体之中，而在可能存在的意志力之中，心灵并不是至高无上的，因为心灵并不占据着绝对的真理，而只是绝对真理的天真的探索者。绝对真理被人的心灵之外的某种超智性的或说是神秘的意志力占据着。这个超智性与神圣的知者和创世者那无穷的智慧和无尽的意志力不可分割，它自在自为，是充满活力的意志之源。超智性便是超人，人类下一个非凡的进化便是走向超人的存在。

从人走向超人是我们生命进化中下一个能够达到的成就，其必然性合于我们内在精神的意向与自然生命进化的逻辑。

从物质世界和动物界进化到人，这种可能性既已实现的事实是降临中的圣光之第一次闪现，是神性诞生于物质之中的第一个遥远的兆示。从人类世界中诞生出超人将是这种神圣兆示之希望的圆满实现。从我们被肉体束缚着的灵魂中正在出现与力量、幸福和知识联为一体的神秘的日之光晕，超智性将会是那闪耀着的光彩之形成。

超智性的存在并不是将自身的天性发展到顶峰的人，也不是比人类的伟绩、知识、权力、智性、意志、性情、天才、活力、神圣、爱恋、纯洁或完善更高一级的限度。超智性是超越于人的灵性与人的有限性之外的某种存在，它是比人类天性中可能出现的最高意识更伟大的意识。

人是一种智性的存在，其智力的显现因和物质性的大脑连为一体而受制、而含混、而贬抑。即使是处于最佳的状态，智性也只是通过大脑这个附属物而对至高的力和自由之可能性做出较为清晰的闪现；如果与神圣的力量隔绝，它便不可能超越某些狭隘而可怕的限制而对我们的生活做出改变。这是一种受制的力，常常表现为利益的仆人或侍者，用以满足我们的生命或肉身的种种娱乐性欲望。而神圣的超人则是神秘的精灵，其超智性虽在上方却也能洞察下界的一切，它将把握我们的智性与肉身，它将使我们的心灵、生命与身体发生本质性的变化。

心灵体现着存于人身上的最高的力，但这是一种求知中的、迷茫的、本身在不停地挣扎着的力。即使心灵极其明亮之时，它也不过是一线微光的折射罢了。闪耀着圣光的、自由的超心智将是超人的主脑，其自在的知识之轮的无限运转，其自发的力量源泉，其永恒的喜悦将使俗界的众神之生命达到和谐的境地。

人不过是虚无而已，但人充满了欲望，他是着迷于高度的侏儒，卑微地要达到那高不可攀的富丽与堂皇。他的心灵在宇宙神灵的万般光彩中是一束黑色的光线。他的生命是奋斗、兴奋和苦难，他受激情摆弄、被悲伤折磨，盲人或哑巴似的渴求着宇宙神灵的一瞬间。他的身体是物质世界中劳作着的、易逝的尘埃。这不可能是那神秘的大自然之造化的终点。超越于人的某种生灵存在

没有人会选择孤立状况的整个世界，因为人是政治生物，他的本性要求与他人一起生活。

——[古希腊]亚里士多德

着,那将是人类的未来。否认其可能性、否认其存在的偏见像大墙一样挡在面前,我们只能通过大墙上的裂口对此依稀而见。一个不朽的灵魂存在于人身上的某个地方,显示出一些存在的火花;某种永恒的精灵从上面遮蔽着人,同时保持着人的天性中灵魂的延续性。然而这个更伟大的精灵由于他自塑人格的硬壳的限制而不可降临,这样,内在的明亮的灵魂被包扎压抑于厚厚的外表之中。总的来说,有一些灵魂鲜于动,大多数灵魂更是看不见的。人身上的灵魂和精灵,看来与其说是人们永恒或看得见的真实的一部分,不如说它们存在于人的天性的背后或上方;与其说它们诞生于肉体,不如说它们处于生的过程;与其说它们是现实的存在物,不如说它们代表了人类意识的可能性。

人的伟大不在于他是什么,而在于他可能做什么。他的荣耀在于他是一个封闭的地方和神秘的劳工车间,在这里神圣的"人家"正在培育着超人。同时人也被赋予一种比其自身更伟大的属性:非低级的创造,正是这种属性使得人本身部分地成为制造这种变更的匠人;要使降临于人的肉体之中的荣耀代替人本身,需要人对其间的参与、需要人在意识中有认可和献身的意志,人在世间的渴望正体现了大地对超智慧的创造者的呼唤。

如果人人都在呼唤并且得到了至高无上的回答,那么无量而辉煌的变更时代便在目前了。

人 是 什 么

○ [俄] 谢·路·弗兰克

谢·路·弗兰克(1877～1950) 俄罗斯著名宗教哲学家。他以宗教哲学为基础,对人的生命意义、信仰与自由、人性善恶等进行了分析,他把宗教体验、哲学观点与现代思想融为一体,提出了独到见解,对当代人学的建设有重要的启迪意义。

人是什么?对于我们的人生观来说,这个问题的重要性不亚于神的观念的意义和神的存在的问题。对于我们来说，从前面的论述中可以清楚地看出，这实质上是同一个问题，只是从另一个方面来讲而已。

人同时属于两个世界，仿佛是它们会合和交叉的地方。一方面，人是"自然的"活物，是动物的、有机的世界中许许多多个品种之一。人通过自己的身体和通过内心生活（因为人的内心生活受到生理过程的制约，而且一般说来要受自然规律的支配）属于自然界或者世界，以比较一般的形式来说，属于我们所说的"客观现实"。另一方面，通过自己的自我存在（因为它是自为的和自显的实在），人属于另一个世界——实在的世界，而且扎根于它的深层。尽管人由于自己精神上的盲目性而总想否认或避而不谈这种二重性，仅仅从自己外露的方面观看和理解自己，而在这个方面他只是客观现实的微不足道的一个小分子，尽管相应的哲学理论十分流行，不带偏见的现象学分析却以不容辩驳的说服力表明，只有通过自己对这两个异类的世界的不可分割的参与，人才能拥有自己的存在的正常的完备性。人和动物的基本的、决定性的区别正在于此。因为动物是"自然的"活物，它只知道"这个"世界，整个属于这个世界，而人虽然也属于这个世界并参与这个世界，同时却又高于它，在自身中包含着超世界的等级，在这个等级中它与这个世界保持着距离。正因为如此，自然主义的人的学说甚至无法解释人的存在的这样一些最起码的、最基本的方面，如认识道德生活和创造的能动性。有意识的认识现象，即使是以最粗陋的、最简单的、受功利的动机支配的形式，也须以"主体"与"客体"之间的关系为前提，这种关系本身已经是超自然的了：它高居于客观现实之上，不能把它理解为"自然现象"，因为它自身首先就确定了"客观现实"的观念。这种观念，以及与它相关的主体观念，必须以超越因素为其前提条件，而这种因素只有通过我们对无所不包的实在的参与才能产生。人们通常把人理解为"会思想"的动物，这种理解实质上已经包含着承认人以其"思想"行为超越经验地给定的东西的领域的意思。同样，善与恶，应然与不应然的概念，在范畴上是与所有仅仅在事实上存在的东西对立的。也就是说，它们来自于我们对那种超出客观现实范围并与它异类的领域的参与。最后，任何创造性的构思——实现某种新的，尚未实现的东西的努力的前提条件，也是我们的"我"，我们的精神不受客观现实的界限的限制和束缚，在自身中包含着可以从中产生创造性的构思的不同于客观现实的等级，包含着可以从中冒出创造的、能动性的、喷泉的某种地下层。在自己的生活的任何有意识的行为中，人总是针对一切仅仅是经验地给定的东西，提出某种不同的、超出它的范围的东西，从而揭示出自己的存在的基本的二重性。

但是，作为客观现实的经验的给定的部分的人和作为自在的内在实在的

> 人只不过是一根苇草，是自然界最脆弱的东西；但他是一根能思想的苇草。
>
> ——[法]帕斯卡尔

人之间的这种区别，还远非人的本质的二重性的全部内容。问题在于实在本身，当它以它直接为人所固有的形式出现时，会被人看做某种天生的、欠缺的、不能令人满足的东西，换句话说，是某种不符合人的真正本质的东西。人在自身中意识到的实在，第一，是某种不完整的、局部性的，只是潜在地无限的，即还可以扩充的东西；第二，这是最主要的，是某种自发的、混沌的，无根据的东西（正如我们看到的，内在生活的"主观性"就在于此）。人感到需要自己的存在的绝对稳固的自我肯定的基础，这个基础就是我们所说的"神"。但是这种需要——或者说对自己的欠缺性的这种意识，正如我们所看待的，同样也属于人的本质本身。

切近地说，对于"人是什么？"这个永恒问题的最合适的答案，就在于认清这种差异特性，这种特性使人成为会判断和评价的动物。人同其他动物乃至一切单纯地存在，只是事实上存在的东西的原则区别就在于此，而且仅在于此。人是具有这样的能力的动物：能同一切事实上存在的东西保持距离，包括他自己的现实性，能够从外部观看一切事实上存在的东西，并且确定他和某种与自己不同的，更有说服力、更权威、更原初的东西的关系。人的本质在于，在其自觉地存在的任何时刻他都在超越一切实际给定的东西，包括实际给定的他自己的存在的范围。没有这种超越，构成作为个性的人的全部奥秘的自我意识行为就是不可想象的。人在自我意识行为中观看自己，判断和评价自己，把自己摆在认识者与被认识者、评价者与被评价者、评判者与被评判者的双重位置上。

人只有从这高于一切实际给定的东西的另一个领域中才能获得他在"这个"世界中的能动性的指南和力量。同时，这个超世界的等级并不依赖于自己的这种附加意义，他仿佛是一个常备的稳固的基地，人不论在什么时候都可以撤回这个基地，在这里找到自己的栖身之所，并且真正实现自己。人的生活就是斗争和相互作用，是人的存在的两种领域——实际的领域和理想的高级的领域之间的一种经常被打破和恢复的平衡，是它们既不分离又不融合的两位一体。在这种平衡被彻底打破，两位一体不再是人的生活的基础的地方，要么就是人的衰亡和麻木，要么就是可怕而神秘的自杀，这是只有人才会做出的行为，在这种行为中，人的内在的实在脱离了自己自然的始基，成为自己的死敌，要消灭人的经验的存在本身。

我们知道，人的存在的这种根本的基础、超验的中心和最高的等级，就是神。因此我们完全可以说，同神的关系，与神的联系是人的本质的决定性特征。使人成为人的东西——人的人性因素，就是它的神人性。我们关于人的问题的全部进一步地讨论，应当是对这一观点的论证和阐释。

人是伟大的奇迹

○ [意] 费齐诺

费齐诺(1433~1499)　意大利文艺复兴时期人文主义者,也是意大利柏拉图主义的重要代表人物之一。他把柏拉图的全部著作译成拉丁语。他在《论柏拉图神学》等著作中,肯定了理性与人的才智,赞美"人是伟大的奇迹"。

人是伟大的奇迹,他利用大自然的各种元素,研究天和地,探索冥府的奥秘。对于人而言,天并不是高不可攀的,地的中心也并不是深不可测的……没有任何界限能够羁束他。他力求像上帝一般能够处处驾驭一切,受到崇敬,成为永恒。

人模仿神圣的自然界的一切造物,修正、改良和完善低级自然界的各样造物。因此,人的本质毫无疑义地是归属于神圣的自然界的,因为人独立自主地,也就是说,依靠自己的大脑,自己的活动,来统辖自己。他决然不受物质自然的任何限制,而有能力模仿神圣的自然界的每一件作品。他不像走兽那样过分依赖物质自然,也不像走兽那样完全仰仗自然来保护自身。他依靠自己的本领,独立自主地建立保护自己的手段,如食物、衣服、卧具、住宅、工具、武器。诚然他依靠自己的本领来维持生存,但他的生存却明显地优越于自然给那些走兽的赐予……不过,必须注意到这样一个事实,并不是任何一个人都能够完全理解富于才干的工匠是用怎样的方式和技巧来创造出一件杰出的作品的,只有具备同样创造才能的人方能予以理解。事实上,没有人能够理解阿基米德用怎样的方法制作了他的铜球,并用它们指示出量体的运动,除非具备同阿基米德一样的才智。

哪个理解和洞悉了阿基米德铜球的奥妙,当然也可以制造出同样的铜球,因为他具有同样的才智,而且只要他不缺少必要的材料。所以,当人一旦弄明白天体的构造，天体运动的原动力，它们运动的方向、幅度和效应，那么，又有谁能否认，人具有差不多同天体创造者一样的才能？又有谁能否认，在某种意义上，人也能造天？当然，如果他能获得相关的工具和材料的话，因为人现在就能够造天，虽然是使用别样的材料，但他造的天几乎是同天体构造毫无二致的。

成为一个人意味着什么（节选）

○ [美] 卡尔·罗杰斯　译/龙　葵　陈维正

卡尔·罗杰斯(1902～1987)　美国心理学家，人本主义心理学的主要代表人物之一。从事心理咨询和治疗的实践与研究，并因"以当事人为中心"的心理治疗方法而驰名。曾当选为美国心理学会主席，一九五六年获美国心理学会颁发的杰出科学贡献奖。

常常有人这样问我："人们究竟因为什么问题前来咨询中心求助于你和其他心理疑问？"在我看来，每一个人似乎都在心底深处反复自问："我到底是什么人？我怎样才能接触到隐藏在表面行为下面的真正的我？我如何才能真正变成我自己？"

看来每个人最希望达到的目标和他有意无意追求的目的不外是要变成他自己罢了。这里，让我先解释一下这句话是什么意思。

当一个人因为自己的种种烦恼来找我咨询时，我发现首先最好是努力与他建立一种可以使他感到自由安全的关系。我的目的是要了解存在于他内心世界里的感受方式，认识他的本来面目，并创造一种自由气氛，使他对自己的思想、感受和存在感到无拘无束，爱怎样就怎样。在这种情况下，他会怎样利用这种自由呢？

我的经验表明，他靠这种自由可以变得愈来愈接近他真正的自己。他开始抛弃那用来对付生活的伪装、面具或扮演的角色。他力图想发现某种更本质、更接近于他真实自身的东西。他首先把那些在一定程度上是有意识地用来对付生活的面具扔在一旁。在一次咨询中，一位年轻女人在对我描述她一直长期使用的面具时，她表示自己已完全不能确信在这种四面讨好、八面玲珑的伪装后面还存在什么她的真正自身。

我正在考虑有关是非标准的问题。我不知怎么学会了一种窍门，我想，或者说是一种习惯，即老是想使我周围的人感到轻松自在，或使事情进行得一帆风顺。我们周围总得有些能息事宁人的和事佬吧，他们就像能平息海浪的油一样。无论是在小型会议上或是在朋友们的聚会时，还是在其他什么场合，我总能帮助把事情搞得顺顺当当的，而且总是显得自己过得挺快活。有时，我连自己也感到惊讶地提出与我真实想法完全相反的意见，因为我注意到如果我不这么做，负责召集的人就会很不高兴。换句话说，我简直从来就不曾有过——我的意思是我从未发现自己对于事物曾有过——什么明确固定的看法。现在看来我之所以这样是因为我在家里长期养成的习惯。开始，我只是不坚持自己的信念；到后来，我已经不知道我是否还有什么应该支持的信念。我从来没有诚实地成为我自己，我也从来不清楚我自己究竟是什么，我只不过一直在扮演某个虚假的角色。

从这段谈话里，你能看到她如何审视自己长期沿用的假面具，如何认识到自己对它的不满，并努力思考怎样才能认识到面具后面的真正自身，如果这自身确实存在的话。

在这一努力发掘真实自身的过程中，咨询者特别愿意利用我们为他建立的治疗关系去探索考察他的经验的各个侧面，并勇敢地承认和正视自己常常面临的深刻矛盾。他懂得他有不少行为，甚至有不少情感都不是真的，都不是他的机体的真实反应。所有这些不过是某些表面的东西，某种伪装而已。在这背后，他自己却深藏不露。他发现，他在许多时候是按照自认为应该的那样去生活，而不是根据他本身的要求。他常常感到自己只是应别人的需要而生存在世，他似乎根本没有什么自我，他只是试图按照别人认为他应该的那样去思维、感受和行动罢了。

在这一点上，我非常吃惊地发现，丹麦哲学家克尔凯戈尔早在一百多年前就曾经以他敏锐的心理学洞察力极其准确地描述了人的这种困境。最常见的使人沮丧的情景是一个人不能根据其选择或意愿而成为他自己，但最令人绝望的则是"他不得不选择做一个并非自己本身的人"。另一方面，"与绝望相反的情景就是一个人能够自由地真正成为他自己"，而这种自由选择正是人的最高责任。当我在读他的某些著述时，我几乎觉得他曾听我们的咨询者描述过对

如果没有任何目的，如果我们只是为了活而活着，那活着大可不必。

——[俄]列夫·托尔斯泰

自我的探索。这种探索常常使人感到痛苦不安。

当人们看到自己正在摆脱这些以前从未觉察到的假面孔时，对自我的探索就变得更加令人心烦意乱。他们开始探究存在于自身内部的那些狂乱而猛烈的情感，这是一件可怕的工作。要除掉自己曾以为是真正自我的一部分的面具，这可能是一种令人极度不安的经历。不过，一旦人们有了思想、感受和存在的自由，他们便会朝着这一目标迈进。有一个人进行了一系列的心理治疗的交谈，她下面的这段话可以揭示这一点。她用了不少形象的比喻来说明她是怎样竭尽全力去接近她自己的真实内在的。

现在回想起来，我曾经一层一层地拆掉了我的全部防御，因为我总爱在自己周围建一起道道防线，然后在生活中试一试，最后又将它们摒弃，而在这整个过程中，自己却始终保持不变。我并不知道在这些防御工事的里面究竟是什么，我真有些害怕发现它，但我还是坚持了下来。最初，我觉得在自己的内部什么也没有——只是一片空虚。我感到自己急切需要一个坚实的核心。过后，我感到自己面临一堵厚实的砖墙，高得难以翻越，厚得无法穿过。一天，这堵墙开始变成半透明状，不再是固体。后来，墙好像慢慢消失了，但是在它的后边，我看见一座大坝，里面是被拦截的凶猛翻腾的水。我感觉到自己好像正在拼死地顶住这股大水的冲击，假如我开一个哪怕是极小的洞，我和我周围的一切便会在顷刻之间被这股代表汹涌情感的急流所吞没。最后，我再也挺不住了，只得听凭潮水奔流。无可奈何，我只好完全屈服于一种自怜情绪，然后是自恨，最后则变成了自爱。我感到自己好像已经跃过了一道深渊，安全地到达了彼岸，虽然我还在边缘处摇摇晃晃，尚未站稳脚跟。我不知道自己在寻求什么，也不知道我正向何处去，但我那时确实感觉到自己在向前迈进，正如每当我在真正地生活时所能感受的一样。

我相信她的这番话能够较好地表达出许多人的共同感受：一旦伪装、高墙或大坝不复存在，那么被他内心世界所禁锢的汹涌的情感浪潮就会冲走一切障碍，使之荡然无存。而且，她的话表明人对寻求成为自己有一种紧迫的需要。同时，她的话也初步揭示人如何确定自身实在的方法，即只有在他充分体验到自己处于活生生的有机状态时所产生的各种情感以后，他才能肯定他确实是他的真正自我的一部分，正如这位咨询者曾经体验过她的自怜、自恨和自爱等各种情感一样。

人　生

○ [英] D·H·劳伦斯

D·H·劳伦斯 (1885～1930)　英国作家。创作受弗洛伊德精神分析学派影响，认为资本主义工业文明毁灭人性，造成人们精神变态。主张顺应自然，解除对人性的压抑。代表作品有《儿子与情人》、《查泰莱夫人的情人》等。对二十世纪西方小说影响很大。

在世界的开始和末日之间有了人。人既不是创世者又不是被创者，但他无疑是创造的核心。一方面，他拥有产生全部创造物的根本未知数。当然另一方面，又拥有整个已创造的世界，甚至拥有那个也有极限的精神之界。然而在两者之间，人是十分有特色的。人便是那最完美的创造本身。

人在喧嚣、不完美和未雕琢的状态下诞生，是个婴儿，一个既不成熟，又尚未定型的果实。他生来的目的是要成为完美，以至最后趋于完善，成为圣洁而不能停滞的生命，就像白天和黑夜之间的星斗，透露着另一个世界，一个没有起源亦没有终结的世界。那儿的造物纯乎其纯，完美得已经超过造物主，早已胜过任何创造出来的东西。生超越生，死超越死，生死交融，又超越生死。

人一旦忠于自我，便超越了生，超越了死，两者都达到完满的境界。这时候，他便能听懂鸟的歌声，蛇的静默。

但是，人却无法创造自己，也达不到被创之物的顶峰。他始终踯躅于无处，直至能进入另一种完满的世界，但他还是不能创造自己，也无法达到被创之物完美的恒止的状态。不禁要问为什么非要达到不可呢？既然他已经超越了创造和被创造的状态。

人处于开端和终结之间，创世者和被创造者之间。人介于这个世界和另一个世界的中途，既兼而有之，又超越彼此。

人始终是在被往回拖。他不可能创造自己，无论何时也不可能。他只能屈

青年应立志做大事，不可立志做大官。
———孙中山

膝于创世主,臣服于创造一切的根本未知数。每分每秒,我们都像一种均匀的火焰从这个根本的未知数中被解放出来。我们不能自我容忍,也不能使自我完成,每时每刻我们都从未知中被幻化出来。

这就是我们人类的最高真理。我们的一切知识都基于这个根本的道理。我们是从基本的未知中孵化出来的。看我的手和脚:在这个已创造的世界中,我就只拥有这些肢体。但谁能看见我的真实,我的渊源,我从原始的创造力中脱颖出来的内核和源泉?然而,每时每刻我在我灵魂的烛芯上燃烧,圣洁而超然,就像那蜡烛上的虚幻的火苗,均衡而稳健,犹如肉体被点着,燃烧于初始未知的悠悠黑暗与来世最后的暗夜之间。其中,便是被创造和完成的全部物质。

我们像火焰一样,在两层黑暗之间闪耀,即开端的黑暗和终结的黑暗。我们从未知而来,复又归入未知。然而,对我们来说,开端并非结束,两者是根本不一样的。

我们的任务就是在两种未知之间如火一般地奔放。我们命中注定要在完满的世间,即纯创造的世界里得到想得到的。我们必须在完美的另一个超出经验的世界里诞生,在生与死的结合中成为尽善尽美。

我转过头,这是一张双目失明但仍能感觉的脸。犹如一个盲人把脸朝向太阳,我把脸转向未知——起源的未知。就像一个瞎子抬头仰望阳光,我感到从创造源中冒出一股甘甜,流入我的心间。眼不能见,永远瞎着,但却还能感知。我接受了这件礼物。我知道,我是在有创造力的未知的大门处。就像一颗在不知不觉中接受阳光,并在阳光下成长的萌芽,我放飞心灵,迎来伟大的原始创造力的无比温柔,并开始历尽自己的使命。

这便是人生的规则。我们永远不会知道什么是开始,永远不会知道我们怎样就具有目前的形状和存在。但我们可能有幸知道那生动的未知,让我们感受到的未知是怎样通过精神和肉体的通道进入我们身体的。谁会来?我们半夜听见在门外的是什么?谁敲门?谁又敲了一下?谁打开了那令人痛苦的沉重大门?

进而,注意,在我们体内出现了新的物质,我们眨眨眼睛,却瞧不见。我们高举以往的理喻的灯,用我们已有的知识的光照亮了这个陌生的人。然后,我们最终接受了这个新来者,他成了我们当中的一位。

人生便是如此。我们怎么会成为新的人? 我们怎么会转化、进化? 这种新意和未来的存在又是从何处进入我们身体的? 我们身上增添了些什么元素,它又是怎样才获得通过的?

这就是人存在的第一个伟大的真理。我们怎么来到这个世界上的?不靠我们自己。谁能说,我将从我那里带来新的我? 不是我自己,而是那在我体内有通道的未知。

那么,未知又是怎么进入我的呢?未知所以能进入,就因为在我活着时,我从来不封闭自己,从不把自己孤立起来。我只不过是通过创造的辉煌转换,把一种未知传导为另一种未知的火焰。我只不过是通过完美存在的变形,把我起源的未知传递给我末日的未知罢了。那么,什么是起源的未知,什么又是末日的未知呢?这我说不出来,我只知道,当我完整体现这两个未知时,它们便融为一体,达到极点———一种完美解释的玫瑰。

从未知中,从一切创造的产生地——根本的未知那儿来了一位客人。是我们叫他来的吗?召唤过这新的存在吗?我们命令过要重新创造自己,以达到新的完美吗?没有。没有,那命令不是我们下的。我们不是由自己创造的。但是,从那未知,从那外部世界的冥冥黑暗,这陌生而新奇的人物跨过我们的门槛,在我们身上安顿下来。它不来自我们自身,不是的,而是来自外部世界的未知。

我聆听着,我在精神里聆听着。从未知那边传来许多纷杂的声音。能肯定那一定是脚步声吗?我匆忙打开门。啊哈,门外没有人。我必须耐心地等待,一直等到那个陌生人。一切都由不得我,一切都不会自己发生。想到此,我抑制住自己的不耐烦,学着去等待,去观察。

我起源的未知是通过精神进入我身体的。起先,我的精神惴惴不安,坐卧不宁。深更半夜时,它听到了从远处传来的脚步声。谁来了?啊,让新来者进来吧,让他进来吧。在精神方面,我一直很孤独,没有活力。我等待新来者。我的精神却悲伤得要命,十分惧怕新来的那个人。但同时,也有一种紧张地期待。我期待一次访问,一个新来者。因为,我很自负、孤独、乏味。然而,我的精神仍然很警觉,十分微妙地盼望着,等待新来者的访问。事情总会发生,陌生人总会来的。我就像森林边上的一座小房子。从森林的未知的黑暗之中,在起源的永恒的黑夜里,那创造的幽灵正悄悄地朝我走来。

终于,在我的渴望和困乏之中,门开了,门外站着那个陌生人。啊,到底来了!啊,多快活!我身上有了新的创造,啊,多美啊!啊,快乐中的快乐!我从未知中产生,又增加了新的未知。我心里充满了快乐和力量的源泉。我的灵魂必须有耐心,去忍耐、去等待。最重要的,我必须在灵魂中说,我在等待未知,因为我不能利用自己的任何东西。我等待未知,从未知中将产生我新的开端。不是为了我自己,而是为了我那不可战胜的信念,我的等待。

这就是我们诞生的故事,除此之外,别无他路。我成了存在的一种新的成就,创造的一种新的满足,一种新的玫瑰,地球上新的天堂。我必须保持自己窗前的光闪闪发亮,否则那精神又怎么看得见我的屋子?如果我的屋子处在睡眠

一个志向高远的人,不仅要超越他的行为和判断,甚至也要超越公正本身。

——[德]尼 采

或害怕的黑暗中，天使便会从房子边上走过。最主要的，我不能害怕，必须观察和等待。就像一个寻找太阳的盲人，我必须抬起头，面对太空未知的黑暗，等待太阳光照耀在我的身上。这是创造性和勇气的问题。如果我蹲伏在一堆煤火前面，那是于事无补的。这绝不会使我通过。

一旦新事物从源泉中进入我的精神，我就会高兴起来。没有人，没有什么东西能让我再度陷入痛苦。因为我注定将获得新的满足，我因为一种新的、刚刚出现的完善而变得更丰富。如今，我不再无精打采地在门口徘徊，寻找能拼凑我生命的材料。配额已经分下在我体内。我可以开始了。

我应该去何处朝拜，投靠何处？投靠未知，只能投靠未知——那神圣之灵。满足的玫瑰已经扎根在我的心里，它最终将在绝对的天空中放射出奇异的光辉。只要它在我体内孕育，一切艰辛都是快乐。如果我已在那看不见的创造的玫瑰里发芽，那么，阵痛、生育对我又算得了什么？那不过是阵阵新的、奇特的欢乐。我的心只会像星星一样，永远快乐无比。

我的心是一颗生动的、颤抖的星星，它终将慢慢地煽起火焰，获得创造，产生玫瑰中的玫瑰。我等待开端的到来，等待那伟大而富有创造力的未知来注意我、通知我。这就是我的快乐，我的欣慰。同时，我将再度寻找末日的未知，那最后的、将我纳入终极的黑暗的未知。

我恐惧那向我走来的、富有创造力的陌生的未知吗？嗯，我怕，但仅仅以一种苦痛和莫可名状的欢乐而惧怕。我怕那死神无形的黑色的手把我拽进黑暗，一朵朵地掐掉我生命之树上的花儿，使之进入我来世的未知之中吗？嗯，我怕，但仅仅以一种报复和奇异的满足而惧怕。因为这是我最后的满足，一朵朵地被摘取，一生不过如此，直至最终融入未知的终端——我的终结。

人 的 价 值

○ [埃及] 萨达特　译/李占经

　　萨达特(1918～1981)　埃及总统(1970～1981)。出生在埃及米努夫省,开罗军事学院毕业。在总统任职内,发动第四次中东战争;废除《埃及苏联友好条约》;恢复埃、美外交关系;结束与以色列的战争状态。一九八一年遇刺身亡。著有《尼罗河上的起义》、《阿拉伯统一的故事》等。

　　在一个很长时期里,外部成功的概念支配着那些反对埃及的人的头脑和感情。其结果是人们追求物质,无可比拟地沉湎于物质——因而衡量人的标准不是他实现的良善或他的内心对别人的爱,而是他所获得的金钱或力量。就这样,在为物质而进行的相互斗争中,我们忘记了或离开了永恒的真理。如果这一永恒真理没有持续地成为人类悟性的焦点,任何一个人类社会都不能成立。这一真理,就是人类的道德观念取决于他的个性,它永远是绝对的,而绝不是相对的。

　　真主说:"我们曾将伊斯兰使命交给大地、苍天和山岳,然而,它们害怕承担这一使命,它们推却了,于是人类把它承担了下来。"伟大的真主说得对。

　　真主单独给了人类同宇宙万物不同的作用,在《摩西五经》中说:"真主按照他的形象创造了人类。"《古兰经》中说:"人类灌注了他的精神。"所有这些决定了人类有他自己的使命,否则他的存在就失去意义了,因为这一存在的根本就是担负起真主要求他担负的使命。

　　一个人同另一个人的使命可能有区别,但在所有情况下,使命的目标都在于实现真主想要实现的东西——使每个人都承担伊斯兰天命。如果人的生活中缺少应尽的使命,这就意味着他背叛了天命。

　　但是为了人类能履行其使命——人类正是为了这一使命才被创造出来的,他的存在必须依赖于他的自身,而不是依赖外界的因素。只有这样,人类才

　　　　人,既不是天使也不是野兽。不幸的是,人希望表现得像天使,而实际却像野兽。

　　　　　　　　　　　　　　　　　　　　　　　　——[法]帕斯卡尔

能忠诚地信奉比他自身更为伟大、更能永恒存在的东西,在生活中才有他应尽的使命。

这是我在五十四号牢房中得出的一个信念。它成了我之存在的一个不可分割的一部分。如果在我对比我更伟大、更完美的个性无所作为的情况下,白白地让某一天过去了的话,那么,我对自己就很不满意,我要问,我在这一整天内对我所承担的天命做了什么呢?

毫无疑问,人的价值是绝对的,因为假如它是相对的话,它就会根据人们所持不同的利害观,在不同的人之间、在不同的社会之间,在不同的时间内都将是有所不同的。有些人认为某一事物是非常有益的,另外一些人认为它是没有好处的,或许认为它是很大的损失,以至于人失去作为一个人的价值,从而失去他自身的存在。

这就是在法西斯社会中所发生的情况:在那里人的价值一向取决于这些社会的需求,从而毁坏了人类,或使他们变成执政党手中的木偶,或使人成为他们唯命是从的奴仆,或成为没有意识的会做工的机械。

在所有这些情况下,人失去了作为有自我价值的人的存在,剥夺了真主要求他要担负起来的承担天命的权利,剥夺了这一使命的神圣的火炬;真主创造人正是要他以这一火炬给他周围的人和后代照亮道路。

当一个人的价值变成相对的时候,主观的和客观的法律就消失了。因为在这种情况下,法治作为一种绝对的价值消失了,并被一些迷恋于外部成功的个人的意志所取代,外部成功成了衡量人们的唯一标准,这就将导致人类为之而存在的人类最高价值的丧失。

这样就失去了良善、美好的社会,而被实力的社会取而代之。现在人类的大部分生活在仇恨和实力社会之中,从而使世界失去了多少世纪以来人们所创建的最高价值。我认为人类从所遭受的这一危机中摆脱出来的唯一出路就是回到这些价值中去,并坚持将它置于生活的各个领域中的首要地位上。因此,我坚持不懈地提倡建树埃及农村的道德观念,这也许有点极端,但我认为它是我们摆脱埃及所蒙受的实力社会影响的唯一途径,否则,就得失去全部价值。

在我任共和国总统之职前的十八年,人们企图将埃及变成一个完全是仇恨和实力的社会,但这一尝试百分之百地失败了,因为它不符合我们的传统或天性。我们主张公正的专政或公正的独裁。但当这种社会来到我们面前时,我们发现它只不过是空中楼阁而已。但愿事情到此为止。然而,我们面临的更为丑恶的东西不仅是崩溃了的经济状况和软弱无能的军事状况,而且还有由于建立实力社会的企图而形成的仇恨的大山。正如我所说的那样，在这些社会中，没有人类的价值。正因为如此，社会上的每一个人的唯一职责是不择手段、不惜任何代价地，甚至以消灭他人去获取最大的外部成功（金钱、地位和物质力量）。

人　性

○ 郁达夫

郁达夫 (1896～1945)　原名郁文。浙江富阳人。著名小说家、散文家、诗人。青年时代留学日本。回国后，主编《创造季刊》、《洪水》等文学刊物，并先后在北京大学、武昌大学、中山大学等校任教。一九三○年参加中国左翼作家联盟。一九四五年被日本宪兵队杀害。著作有《达夫全集》七卷、《达夫散文集》、《达夫日记集》等。

温柔敦厚，诗人之旨。我国的国民性向来就是这样，所以克己复礼，每以忠恕之道待人。结果，就成了爱好和平，宁人负我，毋我负人的习俗。但是被迫得厉害，当然也会知耻近乎勇地愤激起来。文王一怒，非要把凶猛、残酷、贪得无厌、奸杀残暴诸种恶德铲尽不可。

可是人性里带有兽性，同兽性里带有人性一样。敌人的残暴恶毒，虽是一般的现象，但兽尚且有时会表露人性，人终也有时会表现本性的无疑。鸟之将死，其鸣也哀，丁祭之前，黄牛被宰，衣冠士夫，丁宁致祭的时候，就是牛眼里也会流泪。子鹿被掳，母鹿与悲，骨肉之爱，本来是人兽相同的。

淮尔特说，从丑恶中发现出美来，是艺术家的职分。所以，我也说，从兽性中去发掘人性，也是温柔敦厚的诗人之旨。

只有为别人而活的生命才是值得的。

——[美]爱因斯坦

　　人是伟大的奇迹,他利用大自然的各种元素,研究天和地,探索冥府的奥秘。对于人而言,天并不是高不可攀的,地的中心也并不是深不可测的……没有任何界限能够羁束他。他力求像上帝一般能够处处驾驭一切,受到崇敬,成为永恒。

生活的哲思

　　生活的艺术的第一步将在无知与天真之间，划出一条分界线，天真必须得到支持，必须受到保护，因为孩子拥有最伟大的宝藏，那是智者经过艰苦努力才发现的宝藏。智者们曾经说过，他们要再次成为孩子,他们要再度出生。

生活在大自然的怀抱里

○ [法] 卢 梭

卢梭(1712～1778)　生于瑞士日内瓦。法国著名启蒙思想家、哲学家、教育家、文学家。当过仆役、家庭教师等。后为《百科全书》撰稿人之一。主要著作有《论人类不平等的起源和基础》、《社会契约论》、《爱弥儿》和《忏悔录》等。被认为是十八世纪法国大革命的思想先驱。

为了到花园里欣赏日出，我比阳光起得更早；如果今天是一个晴天，我最迫切的期望是不要有什么信柬或来访扰乱这一天的清静。我用上午的时间做各种闲事。每件事都是我非常乐意完成的，因为这都并非立即处理不可的急务，然后我匆忙用膳，为的是逃离那些不那么受欢迎的来访者，并且使自己有一个很充裕的下午。即使最炎炎的日子，在中午一点前我就顶着烈日带着芳夏特出发了。由于担心会有不速之客使我不能安静，我加快了步伐。可是，一旦绕过一个转角，我觉得自己已然得救了，就激动而欢快地松了口气，自言自语说："今天下午我是自己的主人了！"于是，我迈着平缓的步子，到树林中去寻找一个荒芜的角落，一个人迹罕至因而没有任何奴役和统治印记的荒芜的角落，一个我觉得在我之前从未有人到过的幽僻的角落，那儿不会有令人无奈的第三者跑来横隔在大自然和我之间。那儿，大自然在我眼前展开一幅永远清丽的华美的画卷。金色的燃料木、紫红的欧石南繁茂异常，给我印象深刻，让我欣喜狂悦；我头上树木的宏伟、我四周灌木的纤美、我脚下花草惊人的纷繁使我目不暇接，不知道应该观赏还是歌颂。这么多美好的事物争相吸引我的注意力，使我眼花缭乱，使我在每件物体面前流连忘返，从而助长我慵懒和喜好幻想的习气，使我常常认为："不，全身辉煌的帝王所罗门也无法同它们当中任何一个相匹敌。"

我的想象怎么会让如此美好的大地长久的渺无人烟。我按自己的意愿在那儿立即安排了居民，我把舆论、偏见和所有虚假的感情远远驱逐，让那些配享受如此佳境的人迁移至这大自然的乐土。我要把他们变成一个亲切的社会，而我相信自己并非其中不合格的成员。我按照自己的喜好建造一个黄金的时代，并用那些我经历过的给我留下甘甜记忆的景色和我的心灵还在憧憬的美景充实这绚烂的生活，我多么神往人类真正的欢娱，如此甜美、如此纯净，但如今已经远离人类的欢乐。甚至每当念及于此，我的眼泪就夺眶喷涌！啊！这个时刻，如果有关巴黎、我的时代、我这个作家的谦卑的虚荣心的念头来打扰我的遐思，我就怀着无比的蔑视立即将它们驱赶，使我能够专心沉迷于这些漫溢我心灵的曼妙的情绪！然而，在遐思中，我明白，我幻想的虚无有时会突然使我的心灵感到疼痛。甚至即使我所有的梦想变成现实，也并不会使我感到满足：我还会有新的梦、新的渴望、新的幻想。我觉得我身上有一种没有什么东西能够填满的无法解释的虚无，有一种虽然我无法解释，但我感到需要的对某种其他快乐的期望。然而，先生，甚至这种向往也是一种愉悦，因为我从而充满一种非常强烈的情绪和一种迷人的伤感——而这都是我不愿意丢弃的东西。

　　我必须将我的思想从低处升高，转向自然界所有的生灵，转向事物通常的体系，转向主宰一切的不可思议的上苍。此刻我的心灵迷失在滚滚红尘里，我停止思考，我停止冥想，我停止哲学的推演；我怀着快感，感到肩负着宇宙的重负，我沉迷于这些伟大观念的混杂，我喜欢任由我的想象在空间奔腾；我禁锢在生命的疆界内的心灵感到这儿过分狭隘，我在天地间感到窒息，我希望投身到一个无限的宇宙中去。我知道，如果我能够洞察大自然所有的秘密，我也许不会体会这种令人惊悸的心醉神迷，而处在一种没有那么甘甜的感受中；我的心灵所沉浸的这种出神入化的环境使我在亢奋之余激动之后有时高声呼唤："啊，伟大的上苍呀！啊，伟大的上苍呀！"但除此之外，我并不能讲出也不能思考任何别的事物。

人，不但与别人各异，有时候甚至跟原来的自己，也迥然有别。

——[法]帕斯卡尔

我的人生哲学[1]

○ [德] 歌 德

歌德(1749～1832) 德国诗人、剧作家、思想家。他是十八世纪中叶到十九世纪初德国和欧洲最重要的作家。其作品充满了狂飙突进运动的反叛精神,主要作品有《少年维特的烦恼》、《葛兹·冯·伯利欣根》、《普罗米修斯》和《浮士德》,此外他还写了许多抒情诗和评论文章。

人生每一阶段都有某种与之相应的哲学。

儿童是现实主义者:他对梨和苹果的存在深信不疑,正像他对自己的存在深信不疑一样。

青年人处于内在激情的风暴之中,不得不把目光转向内心,于是预感到他会成为什么样的人:他变成了理想主义者。但是成年人的一切理由使他成为怀疑主义者:他完全应当怀疑他所选择的用来达到目的的手段是否正确。他在行动之前和行动当中,有一切理由使他的理智总是不停地活动,免得后来为一项错误的选择而懊悔不已。

但是当他老了,他就会承认自己是神秘主义者:他看到许多东西似乎都是由偶然的机遇决定的:愚蠢会成功而智慧会失败;好运和歹运都出乎意外地落了个同样的下场。现在是如此,而且从来就是如此,以致老年人对现在、过去和未来所存在的事物总是给以默然承认。

生 活 哲 思

○ [英] 雪　莱

　　雪莱(1792～1822)　英国浪漫主义诗人。出身贵族。深受卢梭等人思想影响。因发表《无神论的必然性》一文而被牛津大学开除。后离开英国,侨居意大利。因覆舟溺死海中。其作品热情而富哲理思辨,代表作品有《伊斯兰的起义》、《自由颂》、《西风颂》、《解放了的普罗米修斯》等。

　　人,就是生活。

　　我们所感受的一切,即为宇宙。生活和宇宙是神奇的。然而,对万物的熟视无睹,犹如一层薄薄的雾,遮蔽了我们,使我们看不到自身的神奇。我们对倏忽不定的人生称赞不已,然而,它本身不正是伟大的奇迹?

　　什么是人生?我们降临到世间,然而,呱呱坠地的时刻早已被我们淡忘,婴孩时代不过是记忆中破碎的残片。我们活下来了,可在生活中,我们却失去了对生活的领悟。

　　如果以为透过我们的言词便能洞穿人生的秘密,这是何等的狂妄自大!诚然,言词如果运用得当,的确能使我们明白自身的无知,不过仅此这就已足人愿了。

　　因为,我们无法回答:我们究竟是什么?我们来自何处?又欲往何方?降临世间是否为存在之始?而死亡是否即为存在之中?诞生是什么?死亡又是什么?

　　精密抽象的逻辑学,抹去了涂在人生表面的那层油彩,为我们展现出一幅惊心动魄的人生画面。然而,面对如此惊心动魄的画面,人们却已经习以为常,只感到它年复一年,周而复始。

　　我以为,人是一种存在,他"前见古人,后观来者",他的"思想,徜徉于永恒之中",与倏忽无常、瞬息即逝绝缘。他无法想象万物的湮灭;他只在"未来"与"过去"中存在,无论他真正的,最终的归宿如何,在他心中永远存在着一个精灵,与虚无、死亡为敌。这是一切生命,一切存在的特征。每一个生命与存在既

　　　　若是一个人的思想不能比飞鸟上升得更高,那就是一种卑微不足道的思想。

　　　　　　　　　　　　　　　　　　　　　——[英]莎士比亚

是圆心,同时又是圆周;既是万物的起点,又是包含万物的线。

可是,我们的人生又是一场关于谬误的教育。使我们自由鲜活的生命感受力成为一种僵死的推理系统。

我们不妨回想一下儿时对事物的感受力。那时,对于世界和自身,我们拥有怎样独特而热烈的理解啊!那时候我们并不像今日这般习惯性地在我们所见与我们自身之间划一道分界线。就这一点来说,孩子其实就是在天人合一、物我两忘的境界中。随着人们年龄的增长,这种力量渐渐衰退,变成机械性的、习惯性的力量。这样,感情和理性渐渐演变成一堆缠结不清的思想以及因反复重现所形成的所谓印象。

人生的起因究竟是什么?或者,人生究竟如何产生?什么样的力量在主宰人生?这些追问像是孩子问的,或许只有孩子才能这样问。

因为,大人对自身无法解释的问题会置之不理,漠然视之,不屑去问。

勤奋生活论

○ [美] 西奥多·罗斯福　译/朱敬文

西奥多·罗斯福(1858~1919)　美国总统(1901~1909),共和党人。博物学家、历史学家、演说家。他一生所写书信不下十五万封,他写的《给孩子们的信》已成为经典名著。他的著作大部分收入《罗斯福文集》。被认为是美国最多才多艺的总统之一。

我不打算宣讲安逸论,我要宣讲勤奋生活论,也就是操劳、勤勉、努力和奋斗的一生。我要说,安逸平淡者的一生算不上圆满,只有不畏艰险劳苦终获辉煌胜利的人的一生才算得上成功。

贪图安逸的一生,由于不想或不能成就大事业而平淡无奇的一生,对个人、对民族来说都同样不值。

一生苟且怕事的人我们不佩服,我们佩服的是经奋斗而成功的人,从来不会对不起邻人,及时向朋友伸援手的人,尤其佩服有阳刚之气经得起实际生活锻炼的人。失败的滋味固然不好受,从来不愿做成功的尝试却更糟。生活当中不努力就不会有成就,现在无需努力只表示过去已经累积了努力的成果。人只有在自己或祖辈努力有成的情况下才有不工作的自由。如这样得来的自由运用得当,他还在做事,只是做不同的事,是作家或是将军,是从政或寻幽探险,都说明他对得起命运对他的厚爱。但如果他反以为这段无需工作期不是准备期正好偷闲,那么他无非也就是这世上的寄生虫,有朝一日又得自食其力时肯定不如人。安安逸逸的一生说到底算不上充实,对很想在世上有一番作为的人来说尤其不合适。

个人如是,民族亦然。要说没有历史的民族最轻松愉快可就大错特错了,最快活的乃是有光辉灿烂历史的民族。敢于大胆尝试夺得光辉胜利,即使经历过挫败,也远比与在胜败之间的灰色领域浑浑噩噩过了一辈子既未曾惊喜亦不知苦难的人为伍要强。如若一八六一年热爱联邦者以为和平乃上上选、纷战乃下下策,并秉此而行,我们果然能少死千万人,少花千万元。尤有甚者,非但能省却当时流的血、花的钱,让多少妇女免于丧子丧夫之痛、家破人亡之苦,还可以摆脱我们在军队连连败退时全国上下被暗淡所笼罩的漫长蒙羞岁月。只要当时对鏖战望而却步就可以回避这场苦难。其实,要真是回避了,我们倒成了弱者,没有资格并列世界大国之林。感谢上帝让我们的祖辈有铁血意志,他们坚持林肯的智慧,在格兰特的军队中持剑荷枪而战!我们这些当年的志士豪杰之后,促使南北战争胜利结束的英雄的后代,让我们赞美我们先祖的上帝,因为他们拒不同意苟且求全的论调,而勇敢地在痛苦损失、悲痛绝望的情况下卓绝苦战多年,最后奴隶终得解放,联邦得以恢复,强大的美利坚共和国再次可以在国际上昂首挺胸……

凡畏缩、疏懒、不相信自己国家的人,谨小慎微丧失了斗志、挺不起腰杆子的人,无知混沌、无法像刚毅有为的人那样被振奋的人,凡是这样的人每见到国家有新的责任当前自然要望而却步;不愿见到我们有足以应付需要的陆、海军;见到我们的士兵、水手在伟大美丽的热带岛屿上奋勇地撵走西班牙人,承担起应有的世界责任,化混乱为秩序时也要望而却步。这些人就是怕磨炼,就是怕生活在一个有国格的国家之中。他们要的是让国无理想、人无大志的安逸生涯;要不他们就是一味贪得图利之辈,以为国家的一切应以商业利益为依靠,却未能意识到商业利益诚然是不可或缺的考虑因素,但只不过是使一个国家真正伟大的许多因素之一。一个国家要想持久,它就必须有深厚的靠勤俭、经商、发展企业、刻苦经营工业而建立起来的物资财富;但还从来没有单靠物质财富就可以真正算得上伟大的国家的。

人希望年龄增长,却又害怕年老,就是说既热爱生命又想回避死。

——[法]拉布吕耶尔

所以同胞们，我要讲的是为了国家我们不能好逸恶劳。即将到来的二十世纪许多国家命运未卜。如果我们仅只袖手旁观、只贪图享乐安逸、只求太平无事，如果我们每逢身心考验便望风而逃，那么比较勇敢坚强的人就会赶超我们，得以称霸世界。因此让我们勇敢地面对生活中的考验，坚定负责地做好该做的事；坚持正义，言行一致；决心诚实勇敢地为崇高理想服务，并采纳切合实际的办法。最重要的是，不能在国内外有难、对我们身心有所求时裹足不前，当然首先我们得确定危难值得一战，因为只有通过危难、通过艰苦卓绝的努力才能让我们最终成为真正伟大的国家。

我拒绝接受人类末日的说法

○ [美] 福克纳　译/毛信德等

福克纳(1897～1962)　美国作家。曾在密西西比大学学习。早年写作诗歌。当过银行职员、书店店员、邮政所所长。一九二六年发表第一部长篇小说《士兵的报酬》。主要作品有《喧嚣与骚动》、《我弥留之际》、《圣地》等。获一九四九年诺贝尔文学奖。

我认为，今天人类的悲剧，在环宇四处的空间已经布满了肉体的恐惧，而这种恐惧持续已久，以致使我们麻木不仁，习以为常。今天，我们所谓的心灵上的问题已经不复存在，剩下只有一个疑问：我们何时会被战争毁灭？因此，当今从事文学的男女青年已经把人类内心冲突的问题遗忘了。然而，唯有这颗自我挣扎和内心冲突的心，才能产生杰出的作品，因为只有这种冲突才值得我们去写，才值得我们为之痛苦和触动。

一个有志于文学创作的青年，应当从头学习去认识和描写人类心灵的挣扎与劳苦。他应当这样告诫自己：永远忘却恐惧。充实他致力于创作的心灵的只应是人类至今一直存在的真实感情、真理、自豪、爱情和牺牲精神。没有这古老而永恒的东西，任何作品都将是昙花一现，瞬息即逝。一个文学青年，在懂得这些之前的所有创作,都将是徒劳的。他所描写的不是爱情而是肉欲,他所记述的失败里不会有人失去任何有价值的东西,他所描绘的胜利中也没有希望,更没有同情和怜悯。他的悲哀,缺乏普遍的基础,留不下丝毫伤痕。他所描述的不是人类的心灵,而是人类的内分泌物。

上述种种,除非他铭记心中,否则,一个文学青年就仿佛置身于末日之中,为等候末日来临而写作。我拒绝接受人类末日的说法,因为人是不朽的,他的延续是永远不断地——即使当那末日的丧钟敲响,并从那最后的夕阳将坠的岩石上逐渐消失之时,世界上还会留下一种声音,即人类那种微弱的却永不会衰竭的声音,在绵绵不绝。我不同意这种说法,我深信人类不但会苟且地生存下去,他们还能蓬勃发展。人的不朽,不只是因为他在万物中是唯一具有永不衰竭的声音的生物,而是因为他有灵魂——有使人类能够同情、能够牺牲、能够忍耐的灵魂。诗人和作家的责任,就在于写出这能同情、牺牲、忍耐的灵魂。诗人和作家的荣耀,就在于振奋人心,鼓舞人的勇气、荣誉、希望、尊严、同情、怜悯和牺牲精神,这正是人类往昔的荣耀,也是使人类永垂不朽的根源。诗人的声音不应仅仅是人为的记录,而应该成为帮助人类永垂不朽的支柱和栋梁。

活出意义来(节选)

○ [奥地利] 维克多·弗兰克　译/赵可式　沈锦惠

维克多·弗兰克(1905~1997)　　奥地利心理学家、精神病学家。生于奥地利维也纳一个贫穷的犹太家庭。其在心理学上的贡献,主要在于他的意义治疗,即指协助患者从生活中领悟自己生命的意义,借以改变其人生观,进而面对现实,积极乐观地活下去,努力追求生命的意义。

生命的意义

生命的意义因人而异,因日而异,甚至因时而异。因此,我们不是问生命的一般意义为何，而是问在一个人存在的某一时刻中的特殊的生命意义为何。用概括性的措辞来回答这问题，正如我们去问一位下棋圣手说："大师，请告诉我，在这世界上最好的一步棋如何下法？"根本没有所谓最好的一步棋，甚至也没有不错的一步棋，而要看弈局中某一特殊局势，以及对手的人格形态而定。

生命中的每一种情境向人提出挑战，同时提出疑难要他去解决，因此生命意义的问题事实上应该颠倒过来。人不应该去问他的生命意义是什么。他必须要认清，"他"才是被询问的人。一言以蔽之，每一个人都被生命询问，而他只有用自己的生命才能回答此问题，只有以"负责"来答复生命。因此，"能够负责"是人类存在最重要的本质。

爱的意义

爱是进入另一个人最深人格核心的唯一方法。没有一个人能完全了解另一个人的本质精髓，除非爱他。借着心灵的爱情，我们才能看到所爱者的精髓特性。更甚者，我们还能看出所爱者潜藏着什么，这些潜力是应该实现却还未实现的。由于爱情，可以使所爱者真的去实现那些潜能。凭借使他理会到自己能够成为什么，应该成为什么，而使他原有的潜能发掘出来。

苦难的意义

当一个人遭遇到一种无可避免的、不能逃脱的情境，当他必须面对一个无法改变的命运——比如罹患了绝症或开刀也无效的癌症等等——他就等于得到一个最后的机会，去实现最高的价值与最深的意义，即苦难的意义。这时，最重要的便是：他对苦难采取了什么态度？他用怎样的态度来承担他的痛苦？

我下面要引证一个清晰的例子：

一位年老的医师患了严重的忧郁症。两年前他最挚爱的妻子死了，此后他一直无法克服丧妻的沮丧。现在我怎样帮助他呢？我又应该跟他说些什么呢？我避免直接告诉他任何话语，反而问他："如果是您先离世，而尊夫人继续活着，那会是怎样的情境？"他说："喔！对她来说这是可怕的！她会遭受多大的痛苦啊！"于是我回答他说："现在她免除了这痛苦，那是因为您才使她免除的。所以您必须付出代价，以继续活下去及哀悼来偿还您心爱的人免除痛苦的代价。"他不发一语地紧紧握住我的手,然后平静地离开我的诊所。

痛苦在发现意义的时候,就不成为痛苦了。

我的生活哲学

○ [埃及] 阿巴斯·迈哈穆德·阿卡德　译/李唯中

阿巴斯·迈哈穆德·阿卡德(1889~1964)　埃及文学家、诗人、伊斯兰学者。与诗人马兹尼合著《笛旺集》,形成浪漫主义诗派——笛旺派,推动了阿拉伯诗歌的发展。有诗集七部,小说《萨拉》一部,此外还有各种有关政治、社会、哲学、历史、人物传记等作品。其思想深刻,知识渊博,被认为是阿拉伯近现代文坛巨匠。

生活哲学,其中一部分是从先天遗传中获得的;另一部分,则是从世事和他人的经验中获得的;还有一部分,是从学习和阅览中获得的。

我坚信,如此排列顺序是正确的,是有说服力的。既然人们的遗传天性各异,即使学习、阅览或生活经验完全相同,他们的生活哲学也会各不相同。

我的生活哲学的最重要的方面,是从遗传天性中获取的,其余则来自经验或阅览。

我的意思是说,我很少留心物质上的收获。

使我大惑不解的是人们争相购置庄园、公馆,拼命地积聚金银财宝。

也许我的这种不解会把我引向更加令人感到不解的历史人物和征战英雄身上。在我看来,热心于征战扩张的那些人比那些拼命聚攒财富的人更加难以让人理解。我指的是希特勒、拿破仑和亚历山大。这便是这种信仰或这种情感留下来的一种痕迹。

也许有的读者认为这是"理论哲学",或想法、观点的一种趋势。

据我所知道的事实,那便是先天气质胜过后天濡染。

要是想认真完成一项必要的事业,为人既要灵活,又要有一副铁石心肠。
　　　　　　　　　　　　　　　　　　　　——[苏联]格拉宁

我并不认为一个人因为有钱就值得敬重、赞颂，也不觉得一个人因为没有钱就不值得崇敬、称赞。

我不觉得自己站在一个富翁身旁就自感矮三分，恰恰相反，我深感他们矮小，只配得到蔑视。

我常想：在巴斯德①身边，拿破仑不过是个小丑；在阿基米德②面前，亚历山大大帝只不过是个滑稽演员罢了。为保卫真理和信仰而战的英雄，要比发动战争，说什么要打败某某民族、征服某某国家的英雄高尚得多。

正因为如此，我很少留心物质上的收获。因为在我看来，物质并不能使拥有物质的人伟大；而我缺少那些物质，并不会使我变得低贱渺小。

至于待人接物的生活哲学，则经验与教训的影响要胜过遗传天性的影响。

我与他们打交道感到精疲力竭。后来，当我了解到我对他们的期盼时，便使自己从疲惫中解脱出来。

对他们，我选用的座右铭是：切莫对他们期盼太多，不要贪图从他们那里得到什么。若公平让他们吃亏了或与他们的喜好相抵触，期盼公平对他们来说就太过分了。

如果平等不使他们付出什么代价，不与他们的喜好相矛盾，他们是能够平等待人的。

基于这一事实，我乐意与他们交往，但这样的人，万中难找一个。

人们中间有平等待人者，虽则得不到公平对待。但是，我已习惯于疏远平等待人，致使我几乎感到有些"失望"，即使我与一个平等待人者签了协定。

他们是好人吗？

莫非他们是坏人？

就让乐意研究他们的事情的人去慢慢地研究吧！但愿研究者能和他们一道休息：如果他们是好人，研究者无意从他们那里得到任何好处；如果他们是坏人，研究者也不想受到他们的伤害。

我的工作哲学可概括成以下三点：

1.工作的价值在于工作自身；

2.工作的价值在于动机，而不在于效果；

---

① 巴斯德 (1822~1895)，法国化学家、微生物学家，被认为是医学史上最重要的杰出人物。
② 阿基米德 (前 287~前 212)，古代伟大的数学家。

人为什么活着——全球 139 位大师的答案

3.工作基础全部建在法规之上。

如果你做了一件有价值的工作,请相信那价值将"被保存"下来。贬低之言,不减其分量;褒奖之语,不增其光辉。假若你的信心没有达到这种程度,那么,只能有两种设想,没有第三种,只能二者择其一:要么,工作的价值系于工作自身,你不必为之伤心;要么,工作的价值系于这个人或那个人的意愿,你就更不值得为之伤心。

人们已经习惯于看工作的效果,甚至几乎不看或忽视工作的动机。

事实上,效果在工作之后,而动机则在工作之前。

动机的不同必导致效果不同。人们在求功名时各有不同的动机:有的追求权势,有的追求知识,有的追求财富,有的追求信仰。

他们必然因动机不同而效果各异。这个人想干的事,那个人不想干;一部分人放弃的事,另一部分人却争着去干。

在衡量工作效果之前,首先衡量一下工作动机。因为你舍弃了正确的动机,就很容易失去所期望的效果。你知道了应该知道的道理,你的工作才会经受住时间和命运的考验。

最困难的工作,只要晓得了规律,就变得轻而易举。

许多工作,只要适时而为之,就可能完成。因为在这种情况下,多种工作的法则与一种工作法则是相同的,只要在同一时间里没有另外一种工作插入。

面对规律,我的座右铭可概括为两个字:莫慌!

慌张往往会打破你的规律,使你不得不改变它。

没有必要,切不要改变规律。

必要之时,要毫不迟疑地改变规律;在不容推迟的时间里,牢牢抓住那个最重要的任务。

这种办法的正确性毋庸置疑,它使一切成为可能。依靠它,你可以完成工作;如果犹豫不决,必将一事无成。

我的生活哲学可概括为下面几行字:

> 你的财富在你的心灵;
> 你的价值在你的工作中;
> 你的工作动机比你的工作效果更值得关心;
> 莫对他人寄予多大希望;
> 做成一事后再夸口不迟。

人铭记理性的法则是由于有不受诱惑的意识,人铭记自然的法则是由于有不可泯灭的情感。

——[德]席　勒

人生的亲证（节选）

○ [印度] 泰戈尔

泰戈尔（1861～1941） 印度著名诗人、作家、艺术家和社会活动家。生于地主家庭。曾留学英国。用孟加拉文写作，一生创作丰富。代表作品有诗集《吉檀迦利》、《新月集》，剧本《国王和王后》，小说《沉船》、《戈拉》等。获一九一三年诺贝尔文学奖。

梵文 Dharma（音译"达摩"，意译"法"），在英文中通常译为"宗教"，而在印度的语言中却有更深刻的含义。"法"是万物最内在的本性，即本质，绝对的真理。"法"是我们行动的最终目标。当做了任何错事时，我们说违背了法，这意味着我们真正的本性被假象蒙蔽了。

但是法不是表面上的，而是我们内在的真理，因为它是固有的。甚至，曾经有人认为恶是人类的本性，只有通过神的特殊恩赐才能使个别人得到拯救。这就好比说，种子的本性是包在壳里，只有通过某些特殊的奇迹，它才能长成树。但是我们难道不知道种子的外观与它真正的本性是矛盾的吗？当你让种子接受化学分析时，你可以发现在种子中包含着碳、蛋白质和许多其他的东西，而没有分出树的理念。只有当树开始形成的时候，你才能看到它的法，那时你才能肯定无疑地说，种子被消耗，在地里烂掉，它已经通过它的法，完成了它的真正本性。在人类的历史中，我们知道我们生命的种子在发芽，我们已经看到我们伟大的目标，在我们最伟大人们的生活中正在形成，并已确实感觉到，尽管在为数众多的个人生活中似乎还未见成效，但这并不是他们的法尚未起作用，而是种子正在冲破它的外壳，使其本身转化为朝气蓬勃的心灵上的嫩芽，在阳光和空气的哺育下，向四面八方伸出的枝杈。

种子的自由在于达到它的法，它注定要成为一棵树的本性和命运，它的监牢就是没有完成这一过程。使某种事物达到它的最终目的所做的牺牲并不是以死亡为终结的牺牲,它是舍弃束缚而赢得的自由。

当我们认识到一个人所具有的自由的最高理想时,我们就认识了他的法,他的本性的实质,他的自我的真实含义。乍一看,人类似乎把他借以获得无限自我满足和自我扩张的机会的东西认做自由。但是,无疑地,这并没有被历史所证实。我们的启示者永远是那些过着自我牺牲生活的人。人类比较高级的本性总是在寻求某些超越自身而又是最深刻的真理的东西,要求牺牲一切而又使这种牺牲给他以补偿,这就是人类的法,人类的宗教。而人类的自我就是把这种牺牲奉献给祭坛的器皿。

我们能观察到自我的两个不同的方面,即炫耀他本身的自我和超越他本身并由此而展现其固有意义的自我。为了炫耀自己,他试图变得强大,试图站立在他积累的基座上,为自己保留一切东西;为了展现他自己,他放弃他所有的一切东西,这样就变得完美,如同从蓓蕾中绽开的花朵,从美丽的酒杯中倾注出他的全部甘泉。

灯里有油,它被完全地放在封闭的油瓶内,点滴不漏,这样,它就与周围所有的东西隔开并且是吝啬的。但是当灯点亮时就会立刻发现它的意义,它与远近一切东西都建立了关系,它为燃烧的火焰慷慨地奉献出自己储存的油。

这样一盏灯就是我们的自我,只要它把贮藏的财富保留在自我的黑暗中,它的行为就和它真正的目标相矛盾。当自我找到了光明时,它就会立刻忘记自己并献出它所有的东西,从而放出更强的光,因为那时就是自我的显现。这种显现就是佛陀宣讲的自由。他曾要求灯燃尽它的油,但是无目的的舍弃,仍然会陷入毫无意义的更加黑暗的贫困状态。为了发光,灯必须舍弃它的油,才能使它的贮藏物达到目的,这就是解脱。佛陀指引的道路不仅是自我否定的实践,而且是爱的弘扬,这就是赋予佛陀教义中的真正含义。

当我们从佛陀的布道中发觉只有通过爱才能达到涅　的境界时,那么我们一定会领悟到涅　是爱的终极,因为爱是以自身为目的。其他任何事物在我们头脑中都会提出"为什么"的问题,我们也都需要给它找出一个理由。但是,当我们说"我爱"时,则无须回答"为什么",爱本身就是最终的回答。

无疑地,甚至自私也会迫使一个人牺牲,但是自私者的牺牲是被迫去做的,正像摘取尚未成熟的果子,你把它从树上揪下来还会碰坏了树枝。但是当一个人出于爱时,对他来说给予就成为一种欢乐的事情,正像果树献出成熟的果子。由于不断地被自私的欲望所引诱,我们的所有财产成了沉重的包袱,我们不能轻易地把它们从我们身上甩掉,它们似乎本来就属于我们的本性,粘在我们身上像是第二层皮,撕掉它们我们就会流血。可是当我们被爱所占有时,

人的灵魂表现在他的事业上。

——挪威谚语

它的力量则以相反的方向运动，紧紧地粘附在我们身上的东西就会失掉它们的黏性和重量，于是我们发觉它们原不是属于我们的。我们发现舍弃它们绝不是一种损失，而是我们本性的实现。

这样，我们在完美的爱中找到了我们的自我的自由。只有为了爱而做事时才是自由的，尽管它会带来许多痛苦。因此，为了爱而工作在行动上是自由的，这正是《薄伽梵歌》所教导的"要无私地工作"的含义。

《薄伽梵歌》说明，我们必须行动，因为只有在行动中我们所做的一切才表现了我们的本性。但是只要我们的行动是不自由的，这种表现就是不完美的。事实上，我们的本性由于在欲望或恐怖的强迫下而工作已经变得模糊不清了。母亲是在哺育她的孩子中表现她的本性，同样，我们真正的自由不是脱离行动的自由，而是在行动中的自由，这种自由只能在爱的行为中获得。

神的显现是在神的创造活动中。奥义书说："智慧、力量和行动都是神的本性。"它们不是从外面强加给神的，因此神的工作是他的自由。同时在他的创造中，他实现了自身。奥义书在其他地方用别的词句也表达过同样的思想："从喜中涌现出全宇宙，以喜来维护，向喜前进，最终归入喜。"这意味着神的创造没有任何必然的根源，它来自神的无限之喜，创造就是神的爱，因此，创造就是神自身的展现。

活着就是爱

○ [印度] 特蕾莎修女

特蕾莎修女（1910～1997）　又译为德兰修女、泰瑞莎修女。她是世界敬重的天主教慈善工作者，主要替印度加尔各答的穷人服务。获一九七九年诺贝尔和平奖。

人们往往为了私心和为自己打算而失去信心。

真正的信心是要我们付出爱心。有了信心，我们才能付出爱，爱心成就信心，信心与爱是分不开的。

爱源于家庭，爱在家庭中成长。今天的世界，人们缺乏的就是这份爱，这也正是人类痛苦和悲伤的根源。假如我们愿意听从耶稣，他就会再一次提醒我们他曾教导我们的话："你们要彼此相爱，就像我爱你们一样。"他为我们甘愿受苦，死在十字架上。因此，我们若要彼此相爱，在我们的生命中活出基督的爱，我们必须从自己的家庭着手。

能够彼此真正相爱的人，是世界上最幸福的人，而我在最贫困的人身上看到了这份爱。他们爱自己的子女，爱自己的家庭，他们虽然贫乏，甚至一无所有，但他们生活快乐。

我们的信心乃是神的恩赐。没有这份信心，我们活不出生命来。我们所做的一切，若要得出效果，切合神的心意，成就美事，就必须建立在信仰上——依靠基督。因他曾说过："我饥饿时，你给我吃；我赤身裸体时，你给我穿；我患病时，你照顾我；我流离失所时，你安顿我。"我们所做的一切，就是建立在他所说的这番话的基础上。

今天，我们在这世界上所要承受的苦难愈来愈多。因此世人更热切地渴望一些美妙的事，而这些美事是一般人无法提供的，只有神才能施与。今天，世人对神的渴慕愈来愈迫切。虽然世上到处都有苦难，然而世人对神的渴慕及渴望彼此相爱的心，更加迫切。

人活着，除了需要口粮外，也渴求人的爱、仁慈和体恤。今天，就是因为缺乏相爱、仁慈和体恤的心，所以人们的内心才会极度痛苦。

受苦本身是毫无意义的，但假若我们能在受苦当中体验到基督的苦难与死亡，这就是一份恩赐。人所得到的最美丽的礼物，就是他能够分享基督的苦难与死亡。这正是基督赠予我们的一份恩赐，他借着这份恩赐来显示他的爱。这也就说明神父如何借着耶稣基督的死，证明他深爱着世人。

当耶稣说："我饥饿，你给我吃。"他并不单指面包和食物，也指对爱的渴求。耶稣自己也体会到这份孤寂。他来到自己的地方，但没有人接待他，他的心灵一再受创——同样地饥饿、孤寂，同样也被人弃绝。活在这处境的人，与身处孤寂的基督相似，这孤寂就是人生命中最难受的部分，也是真正饥饿之所在。

假若你懂得事事都为别人设想，你会变得像基督，因基督有一颗柔软的心，事事为人设想。为人设想是圣洁的第一步。我们的工作，要做得美妙，就要处处为人设想。耶稣到处行善，他的母亲在迦拿时也只想到别人的需要，并把他们的需要转告耶稣。

让我们不单满足于金钱上的施与。单有金钱是不够的，因为人可以赚取金

人，就像钉子一样，一旦失去了方向，开始向阻力屈身，那么也就失去了他们存在的价值。

——[英]兰　道

钱,贫困的人需要我们用手去扶持他们,用我们的心灵去爱他们。基督的信仰是爱,就是爱的传扬。

你不享受生活就是罪孽

○ [印度] 奥　修

奥修(1931～1990)　原名阿恰里亚·拉杰尼希。印度伟大的哲学家、思想家。印度沙加大学毕业,曾获全印度辩论冠军。在印度杰波普大学担任了九年哲学教授之后,周游各地,进行演讲。根据他的演讲已经出版了六七百种书,并被译成三十多种文字畅销世界各地。

人出生就要成全生命,但这一切要取决于他自己。他可能错过生命,他不停地呼吸,不停地吃,一直在变老,一直在走向坟墓,但这不是生命,这是从摇篮到坟场的慢性死亡,一个七十年之久的逐渐死亡。

由于你周围的成千上万个人都在逐渐死亡,慢慢地死亡,所以你也模仿他们,小孩子从他周围的人学习每件事情,于是我们被死气沉沉的人所包围。

因此首先我们必须懂得我所谓的"生命"的意思。生命不只是应该变老,它必须成长。

这是两件不同的事。衰老,任何动物都会衰老,成长却是人类的特权,只有很少一部分人取得这权利。成长意味着每前进一步都更深入到生命,它意味着远离死亡——不是走向死亡,你越是深入生命,你就越能领悟到你生命中的不朽——你在不断地远离死亡。当那一刻到来时,你会看到死亡不过是换衣服,或是换间房子,或是换个形式,没有什么死了,也没有什么会死。

死亡是最伟大的幻影。

要了解成长,只要观察一下树的成长,在树生成的同时它的根也在不断地深入,这里有个平衡性,树长得越高,它的根也将越深,你不可能发现一百五十尺高的树只有很小的根,它无法支撑一棵巨大的树。在生命中,成长意味着你内在的深入,你生命的根在那里。

就我而言,生命的首要原则就是静心。其他任何事都是第二位的。

孩童时代是最佳的时候。当你长大了,这意味着你正越来越接近死亡,也越来越难进入静心状态。静心意味着进入你的不朽状态,进入你的永恒状态,进入你的神性状态。

小孩是最合格的人,因为他还没背上知识的包袱,没有宗教的负担,没有教育的负担,没有各种各样垃圾的负担,他是天真的。但是,他的天真不幸地被谴责为无知。无知和天真有点儿类似,但它们是不一样的,无知也是一种不知道的状态,正和天真一样,但却有很大的分歧,这点至今一直是被整个人类所忽视的。

天真是没有知识,但也没有对知识的欲望,它是完全地满足、充实。

一个很小的小孩没有野心, 也没有欲望, 他是如此全神贯注在某一刻上——一只飞翔的小鸟便完全地吸引了他的视线;一只蝴蝶,它的绚丽的色彩便会令他万分欣喜;天空的彩虹,他无法想象还有什么比这彩虹更灿烂,更丰富的;还有布满星星的夜空,星星连着星星——天真是富有的,它是充实的,它是纯洁的。

无知是贫穷的,它是一个乞丐,它想要这个,它想要那个,它想要获得知识,它想要受人尊敬,它想要获得财富,它想要获得权力。无知是在欲望的小道上行走,天真是一种没有欲望的状态。但是因为它们两者都没有知识,因此我们往往将两者的本质混为一谈,我们已经认为两者一样,这是理所当然的。

生活的艺术的第一步将在无知与天真之间,划出一条分界线,天真必须得到支持,必须受到保护,因为孩子拥有最伟大的宝藏,那是智者经过艰苦努力才发现的宝藏。智者们曾经说过,他们要再次成为孩子,他们要再度出生。

在印度,真正的婆罗门,真正的智者,将自己称为第二次出生。为什么要两次出生呢? 第一生发生了什么呢? 第二生需要的是什么呢? 在第二生中他将获得什么呢? 在第二生中他将获得所有在第一生中被社会、双亲、周围的人所排挤的、所摧毁的东西。

每个孩子正被知识充塞着。他的单纯必须设法被改变,因为单纯在这个竞争的世界中对他毫无帮助,他的单纯被这个世界看起来好像他是一个傻瓜;他的天真将在每一个可能之处被利用;惧怕社会,由于惧怕由我们自己创造出来的世界,我们尽力使每个孩子精明、狡猾、博学多识,使他处在有权阶层,而不是处在受压迫和无权阶层。孩子一旦在这种错误方向下开始成长——那么他会继续按着这种方向成长,他的整个生命便走向那个方向。

把最高级的东西与最低级的东西在自己的天性中统一在一起,这本是人的特点。

——[德]席　勒

无论何时当你懂得你已经错过了生命时,回归的第一个原则就是天真。扔掉你的知识,忘记你的圣经、你的宗教、你的理论、你的哲学,再度出生,变得天真——这是在你手中的、净化你头脑中一切不为你所知的,所有借来的,所有来自传统、文明的,所有其他的人、双亲、老师、大学给你的东西,将这些扔掉。再度变得单纯,再度变成一个小孩。这个奇迹通过静心便成为可能。

静心就是一个独特的外科手术的方法,它能摘除所有不是你的东西,拯救那只属于你的真实的存在;它能燃烧所有的东西,只剩下你赤裸裸地站着,一个人在太阳下,在风中,这就好像你是降临地球上的第一个人,他什么也不知道,他必须去发现一切,必须成为一个探索者,必须走上朝圣的旅程。

第二个原则就是去朝圣。

生命必须是一种探寻,不是一种欲望,是一种探索,不是野心勃勃地成为这个,成为那个,而是一种探寻,去发现"我是谁?"这是非常奇怪的,人们不知道他们自己是谁,却要尽力成为某个人,他们现在连他们自己是谁都不知道,他们不知道他们的存在,却已经有了要成为什么的目标。

成为什么是一种心灵的疾病。

存在就是你。

发现你的存在是生命的开始,于是,每一个时刻就是一个新的发现,每一时刻都带来新的欢乐,一个新的难解之谜打开了它的门,一种崭新的爱开始在你心中滋生———一个你以前从来没有感到过的新的慈悲,一种对美、对善的新的敏感度。

你是那样敏感,甚至连一片最小的草叶对你来说也是至关重要的,你的敏感使你对此很清楚,这一片小小的草叶就存在而言与最大的星球一样的重要,没有这片小小的草叶,那整个存在就比现在要少了,这片小小的草叶是独一无二的,它是无法替代的,它有它自身的个体性。这种敏感将为你创造新的友情,与树、与鸟、与动物、与山、与河、与海洋、与星星的友情,随着爱的增长,友情的增长,生命变得越来越丰富了。

在圣弗兰西斯的一生中,有一段美丽的插曲,在他快死的时候他总是骑着驴子从一个地方到另一个地方传播他的经验,他的所有的门徒都聚集在一起聆听他最后的遗言,一个人的最终遗言总是在他所有讲话中有着最重要意义,其中包含着他整个一生的经验,但是门徒们听见的是什么?他们简直不能相信———圣弗兰西斯没有对门徒说话,他却对驴子说话,他说:"兄弟,我对你深感歉疚,你驮着我从一个地方到另一个地方,从来不抱怨不发牢骚。在我离开这个世界以前,我所想的就是得到你的宽恕,我没能善待你。"

人为什么活着——全球139位大师的答案

这些就是圣弗兰西斯最后的遗言,极其敏感地对驴子说"驴子兄弟",并请求获得宽恕。

当你变得越敏感,生命也就变得越宏大,它不是一个小小的池塘,而变成了海洋,它并不受你、你的妻子和你的孩子的限制,它不受一切限制,这整个存在成为你整个的家庭,除非整个存在是你的家,否则你不会知道生命是什么。因为没有人是一座孤岛,我们都是联系在一起的,我们是一整块大陆,以千百万种方式连接着,如果我们的心中没有充满对这个整体的爱,那么我们的生命将按同样的比例被削减。静心将带给你敏感,一个属于这个世界的伟大的感觉:这是我们的世界——星星是我们的,在此我们不是外来者,我们本来就属于这个存在,我们是它的一部分,我们是它的心。其次,静心将带给你深深的宁静,因为所有的知识垃圾已消除,思想那部分的知识也已去除——一个巨大的宁静,接着你会吃惊——这宁静是唯一的音乐。

所有的音乐都是千方百计地将这宁静显示出来的一种努力。古代东方的先知们都非常强调这点,即所有伟大的艺术,音乐、诗歌、舞蹈、绘画和雕塑都来自静心,他们是在用某种方法努力将未知的东西带入到已知的世界,是为了给那些没有准备去朝圣的人——正是给这些没有准备去朝圣的人的礼物。

或许是一首歌能触发去探根寻源的渴望,或许是一尊雕像。下次你进入释迦牟尼和马哈维亚的寺庙中,就静静地坐着,注视着雕像,因为那雕像已是用了这样的方式塑成:用了很相称的方法,就是如果你注视着它,你将会感到宁静,它是一尊静心的雕像,这与释迦牟尼佛和马哈维亚无关。

那就是为什么所有的这些雕像看上去都很相像,马哈维亚、释迦牟尼佛、南弥那萨、阿弟那萨——二十四尊耆那教的雕像——在同一个寺庙中你将会发现二十四尊雕像都很相像,非常相像。

在我的孩提时代,我常常问我的父亲:"你能给我解释一下二十四个人怎么可能会这样相像? 同样大小,同样的鼻子,同样结构的面孔,同样的身体……"他也常常告诉我:"我不知道,我自己也总是迷惑,那没有丝毫的差别,还几乎没有听人说过在这个世界上会有两个相同的人,何况是二十四个人? "

但当我的静心开花时,我找到了答案——这不是别人告知的,我找到了答案:这些雕像与人是毫无关系的。这些雕像与这二十四个人的内在变化有关,而其内在的变化是完全一样的。

我们不要被外表所干扰,我们要坚持,唯有内在应该引起重视,外表并不重要,有些人年轻,有些人年纪大,有些人是黑人,有些人是白人,有些人是男人,有些人是女人,这都没有什么关系,主要是内在拥有一个宁静的海洋,在那

人毕竟是人,容易有虚荣,有嫉妒,有热情。

——[法]巴尔扎克

海洋般的状态下,身体便会现出某一种姿态。

你曾观察过自己,但你并没有警觉到,当你愤怒的时候,你是否观察到——你的身体显出某种姿态,在愤怒时你无法使你的手张开,愤怒时是捏紧拳头的,在愤怒时,你不会微笑,你会吗?由于某种情绪,身体也不得不跟着出现某种姿态,只是小小的事情也深深地触及到我们的内在。

因此,那些雕像用了这样的方式制作,如果你静心地坐着并注视着,然后你闭上眼睛,一个相反的影像便进入了你的身体,你开始感受到你以前从未感受到的某种东西。

那些雕像和神庙不是为膜拜而建造的,而是为了体验而建造的。它们是科学试验室,它们与宗教无关。这样的一种秘密科学已经用了好几个世纪,如此下一代的人便能接触到上一代人的经验,不是通过书本,不是通过文字,但要通过某种东西通向生命的深处——通过宁静,通过静心,通过平和。

当你的宁静增长时,那么你的友情、你的爱也随之滋长,你的生命便成了一个即时即刻的舞蹈,一种欢乐,一种庆祝。你听见外面的鞭炮声吗?你曾经思考过为什么整个世界,在每种文化中,在每个社会中,一年中总有那么几天用来庆祝?这几天的庆祝只是一种补偿,因为这些,社会将你生命中的所有的庆祝都已经拿走了,如果再不给你生命一点补偿,那么很可能对这个文化造成危险。

每一种文化都不得不给你一些补偿,以免使你完全地感觉到迷失在悲哀和忧伤中,但这些补偿是虚假的,这些外面的鞭炮和这些外面的灯光并不能使你喜悦,它们只能哄哄小孩子,对我而言,它们正是一个累赘,但是在你的内在世界里却能拥有一个连续不断的光芒、歌唱与欢乐。

请始终记住,社会给你的补偿,是当它感到被压抑的部分如不给予补偿的话,就可能爆炸而造成危险的情形时,社会发现了一些使你摆脱压抑的方法,但这不是真实的庆祝,它不可能是真的。

真实的庆祝应该来自你的生命,在你的生命中,真正的庆祝不可能按照日历,例如十一月一日就将庆祝,真奇怪!整个一年你都很悲哀。十一月一日突然你摆脱悲哀,跳起了舞。不是悲哀是假的,就是十一月一日是假的。两者不可能都是真实的。一旦十一月一日过去了,你又将回到你的黑暗的洞穴里,每个人都沉浸在他的悲哀中,每个人都沉浸在他的焦虑中。

生命应该是一个接连不断的庆祝,全年都拥有节目的光芒,只有那时你才能成长,你才能开花结果……

从静心开始,许多东西将不断地在你内心增长——宁静、安详、幸福、敏感，无论什么来自静心，尽量将它从生命中净化出来，分享它，因为与人分享一切都会加速成长。

然后，当你快到达死亡那一时刻，你将会懂得并没有死亡，你会说再见，不需要任何眼泪和悲伤，或许是快乐的泪，但不是悲伤的泪。

但是，你必须从天真起步。

所以，第一，扔掉你身上所带的全部的垃圾。每个人都带着如此多的垃圾，有人会奇怪，为什么？正是因为人们在不断地告诉你这些是伟大的思想、原则——你对自己很不明智。

要明智地对待自己。

生命是非常简单的，它是一个欢舞，整个世界可以充满欢乐和舞蹈。但是有人严肃地沉溺于他们的既得利益中，没有人应该享受生命，没有人应该微笑，没有人应该欢笑，生命是一种原罪，它是一种惩罚。当你是处在不断地被人告知这个惩罚的气氛中，你怎样能够享受生活呢？你正在受苦，因为你做错了事。你被扔进这个监狱来受苦，那么你怎样能够享受它呢？

我要对你说，生命不是一个监狱，它不是一种惩罚，它是一种报酬，它只给予那些能够获得它的人，值得受苦的人。现在，享受是你的权利，如果你不享受，那么这将是一种罪孽。

如果你不美化它，如果你还让它和你发现它时一样的话，那么这是在与存在对抗。

不，不要这样，

让它更快乐一点，

更优美一点，

更芬芳一点。

人并不是只有一个圆心的圆圈，它是一个有两个焦点的椭圆形。事物是一个点，思想是另一个点。

——[法]雨 果

遗　憾

○ 金克木

金克木 (1912～2000)　著名印度语言文学专家、佛学家、翻译家、诗人。祖籍安徽,生于江西。著作有《梵语文学史》、《印度文化论集》、《艺术科学丛谈》等,译著有《古代印度文艺理论文选》、《印度古诗选》等,以及诗集《蝙蝠集》,散文集《天竺旧事》等。

　　一生快到尽头了,照说是往前看不见什么,多半要往后瞧,检查一生走过的足迹。我耳目不灵,动作不便,不宜出行,一个人躲在小屋内最便于回忆,却胡思乱想,偏要向前看。几年后,几十年后,几百年后,一直可以想到地球末日。于是记起梁启超《饮冰室文集》里译的一篇小说《地球末日记》。说的是太阳冷却,地上全是沙漠和冰雪,只剩下一对男女在赤道附近的最高山峰顶上晒夏天中午的太阳。他们指点江山,评说历史。落日下寒气越来越重,抵御不住,两人相抱,同归于尽。小说末尾是,死了的地球仍环绕正在死去的太阳旋转,只有爱留了下来,没有随这对男女逝去。我看时只有十二三岁,不大懂。这篇小说写前一世纪末欧洲人的知识和心情。他们的世界还很小,想不到会有人造卫星,人能上天。热力学第二定律正在流行时,还不是生态学说。现在又到世纪末了。我向前看,不料回到了过去,看到十来岁的自己。这是不是爱因斯坦的说法,宇宙是有球性的, 光线笔直前进会回到原处? 于是想起了迷上天文学夜观星象的我。那时我二十几岁,已来北京,曾经和一个朋友拿着小望远镜在北海公园看星。织女星在八倍望远镜中呈现为蓝宝石般的光点,好看极了。那时空气清澈,正是初秋。斜月一弯,银河灿烂,不知自己是在人间还是天上。

　　思前想后,一生有什么遗憾没有?从上面说的可以看出,若要说遗憾,第一件便是没学到科学。我的科学知识只有幼儿园程度。上小学时竟敢拿哥哥的《查理斯密小代数学》去看,还有严济慈编的初中用《混合数学教科书》三本,里面讲了代数、几何、三角。书一开头讲"格兰弗线",还附一些数学家的肖像和介绍。爱看自己看不懂的书是我的老毛病。

到北京后知道上学无望,科学是学不到了,但还不死心,要去读外国大科学家写的小科学书。看懂了一点本来看不懂的书有极大的快乐,便想译出来给和我类似的人看。真是傻气十足,不自量力,居然译出了三本天文学书。《通俗天文学》由商务买去了稿,还曾再版;《流转的星辰》由中华出版;《时空旅行》译出交稿,正是抗战开始前夕,连稿子也不知何处去了。还和人合译《金枝》一卷本,想得点人类学、民俗学知识,也遭到同一命运。那时我在西山脚下租了一间房,每天除译书外便学外文,还硬啃一本《光的世界》,一本《语言学》,都是英文的。房东是一位孤身老太太。租另一间房的一个人是学化学的,从日本回来,要到德国去。我向他请教,听他谈论日本。卢沟桥的炮声惊醒了我的幻梦。

这是遗憾,也不是遗憾,因为本来是做不到的事。我那时并不是狂妄,实在是无知,不懂得天高地厚,不知道自己能吃几碗饭,好奇心太大。不论费多大劲,能自己满足一点点就有无上快乐。越是难,越想试试,不可救药。

实在有点儿遗憾的是辜负了别人的期望。这就多了,要从我的母亲算起,算到老师、朋友。有人对我有点儿希望,我就觉得是欠下一笔债。令人失望岂不是罪过?有人也许说过便忘,我却难以自己勾销。在这里道歉也是白说,白说也要说,不好带去火化。想起这些还不清的账目我就头痛。拉丁文、罗马史,起了个头就断了;印度的古典、今典,钻进钻出,有理说不清,如入宝山空手回。这两个包袱已经压得我抬不起头来,别的更不用说了。鼓励的话,期待的眼光,想忘也忘不掉。

这一生东打一拳,西踢一脚,打一枪换一个地方,什么也说不上会,都比我读马列、学俄文、学锯木、抹泥、涂油漆、种稻子等好不了多少。不管旁人怎么说,自己知道自己有多大分量。自知是块本来无用的废料,不过错蒙一些人赏识而已。所以尽管有遗憾,仍能笑口常开,时刻准备着上八宝山"火遁"去也。

一个人是一捆关系,一团根蒂,而他开出来的花,结出来的果实,就是这世界。

——[美]爱默生

给匆忙走路的人

○ 严文井

严文井(1915~2005)　原名严文锦。现代著名儿童文学作家。曾任《人民文学》主编,作家出版社、人民文学出版社社长等职。其《蚯蚓和蜜蜂的故事》、《小溪流的歌》、《南南和胡子伯伯》等优秀儿童文学作品多次获奖,并被改编为电影、电视剧、美术片和连环图画。

　　我们每每在一些东西的边端上经过,因为匆忙使我们的头低下,往往已经走过了几次,还不知有些什么曾经在我们旁边存在。有一些人就永远处在忧愁的圈子里,因为他在即使不需要匆忙的时候,他的心也俨然是有所焦灼,等到稍微有一点愉快来找寻他,除非是因偶然注视别人一下令他反顾到自己那些陈旧的时候内的几个小角落（甚至于这些角落的情景因为他太草率的缘故他也记不清了）。这种人的唯一乐趣就是埋首于那贫乏的回忆里。

　　这样的人多少有点儿不幸。他的日子同精力都白白地消费在期待的一个时刻,那个时刻对于他好像是一笔横财,那一天临到了,将要偿还他的一切。于是他弃掉那一刻以前所有的日子在焦虑、粗率之中,也许真的那一刻可以令他满足,可是不知道他袋子内所有的时刻已经花尽了。我的心不免替他难过。

　　一条溪水从它保姆的湖泊往下注时,它就迸发着,往平坦的地方流去。在中途,一根直立的芦苇可以使它发生一个漩涡,一块红砂石可以使它跳跃一下。它让时间像风磨一样地转,经过无数的曲折,不少别的细流汇集添加,最后才徐徐地带着白沫流入大海里,它的被人叹赏绝不是因它最后流入了海。它自然得入海。诗人歌颂它的是它的闪光,它的旺盛;哲学家赞扬它的是它的力,它的曲折。这些长处都显现在它奔流当中的每一刻上,而不是那个终点。终点是它的完结,到达了终点,已经没有了它。它完结了。

　　我们岂可忽略我们途程上的每一瞬!

人为什么活着——全球 139 位大师的答案

如果说为了惧怕一个最后的时候，故免不了忧虑，从此这个说话人的忧虑将永无穷尽，那是我们自己愿意加上的桎梏。

一颗星，闪着蓝色光辉的星，似乎不会比平凡多上一点儿什么，但它的光到达我们的眼里需要好几千年还要多。我们此刻正在惊讶那有魅力的耀人眼目的一点星光，也许它的本体早已寂冷，或者甚至于没有了。如果一颗星星想知道它自己的影响，这个想法就是愚人也会说它是妄想。星星静静地闪射它的光，绝没有想到永久和后来，它的生命就是不理会，不理会将来，不理会自己的影响。它的光是那样亮，我们每个人在静夜里昂头时都发现过那蓝空里的一点，却为什么没有多少人于星体有所领悟呢？

那个"最后"在具体的形状上如同一个点，达到它的途程如同一条线，我们是说一点长还是一条线长呢？

忽略了最大最长的一节，却专门守候那极小的最后的一个点，这个最会讲究利益同价值的人类却常常忽略了他自己的价值。

伟大的智者，你能保证有一个准确的最后一点，是真美，真有意义，超越以前一切的吗？告诉我，我不是怀疑者。

不是吗？最完善的意义就是一个时间的完善加上又一个时间的完善，生命的各个小节综合起来方表现得出生命，同各个音有规律地连贯起来才成为曲子，各个色有规律地组合起来才成为一幅画一样。专门等待一个最后的好的时刻的人就好像是在寻找一个曲子完善的收尾同一幅画最后有力的笔触，但忽略了整个曲子或整幅画的人怎么会在最后一下表现出他的杰作来？

故此我要强辩陨星的存在不是短促的，我说它那摇曳成一条银色光带消去的生命比任何都要久长，它的每一秒没有虚掷，它的整个时辰都在燃烧，它的最后就是没有烬余，它的生命发挥得最纯净。如果说它没有一点儿遗留，有什么比那一瞬美丽的银光的印象留在人心里还要深呢！

过着一千年空白日子的人将要实实在在的为他自己伤心，因为他活着犹如没有活着。

人类的一切觉悟，多半还是受自然界的启示的。

——徐懋庸

论人的尊严（节选）

○ [意] 乔万尼·皮柯·德拉·米兰多拉　　译/吕同六

乔万尼·皮柯·德拉·米兰多拉 （1463～1494）　意大利人文主义者、思想家。学识渊博，才华横溢，其著作大多宣传人文主义。《论人的尊严》这篇论文被称为文艺复兴时期的"人权宣言"。

我们至高无上的圣父、造物主——上帝，依照他的神圣的智慧的法则，建造了供万物栖息的世界，上帝的殿堂。然而，当这项工程完成以后，圣父却感到需要一个造物，能够珍视他的神奇的杰作，热爱它的美，赞颂它的伟大。于是，他决定造人。

至善的造物主终于把人当做本性尚未明确的造物，安置于世界的中心，并用这样一番话语指点他：

"啊，亚当，我既没有给你安排一个明确的位置，也没有替你塑造特别的形象，更没有赐予你任何特权，因为凭借你自个儿的心愿和行为，你尽可以获得和保持你渴求的那个位置，那个形象，那个特权。其他造物都按照我的旨意而获得了明确的本性。你不受任何障碍的限制，你的本性全取决于你的意愿，我赋予你这样的权力。我把你置于世界的中心，好让你从那儿观察世界上的万千事物。我不曾把你造成天上的神明，或者尘世的俗物，千古不朽的伟人，或者庸碌无能的凡人，原因在于我依据我特别选择的形式塑造了你，我使你成为你自己的自由的、至高无上的造物主。你完全可以堕落下去，沦为最低等的造物——禽兽；你也尽可以按照你的意愿获得再三，成为最高尚的造物——圣人。"

上帝崇高无比的仁爱啊，人获得了奇妙的命运，他被允许获得他想获得的一切，他能够成为他愿意成为的那个样子。

活着很有趣

○ [美] 孟 肯

孟肯(1880~1956) 美国文艺评论家、语言学家。曾任报社记者,并与美国剧评家内桑(1882~1958)共同编辑杂志《时髦人物》和《美国信使》。主要作品有论著《萧伯纳及其剧本》、《尼采的哲学》,杂文《偏见集》及学术专著《美国语言》等。

你直截了当地问我,我从生活中得到什么乐趣以及我为何继续不断地工作。我继续不断地工作跟母鸡继续不断地下蛋是一个道理。凡是有生命的东西,冥冥之中都有一种积极活动的强烈冲动。生命本身逼着人活下去。不活动,除非作为激烈活动之间恢复体力的措施,对于健康的肌体来说,是件痛苦而危险的事——实际上几乎是不可能的。只有垂死的人才能真正无所事事。

当然,每个人的特定活动形式是由他先天的禀赋决定的。换言之,是由遗传决定的。我不会像母鸡一样下蛋,因为我生来没有这种禀赋。我当选不了国会议员,不会拉大提琴,不会在大学里教形而上学,当不了钢铁工人,也是同样的原因。我干的只是我感到最得心应手的事。碰巧我生来对思想意识感到强烈的、如饥似渴的兴趣,因此就喜欢摆弄这些玩意儿。又碰巧我把思想意识写成文字不像一般人那么费劲,所以,我就当了一名作家和编辑,也就是说,成了一个贩卖和编造思想意识的人。

我比大多数人要走运得多,因为我从青年时期起就丰衣足食,干的正是自己一直想干的活——即使没有报酬我也情愿干的那种活。我相信这样走运的人恐怕并不多。亿万人为了糊口,不得不干一些自己并不感兴趣的差使。

我把赫胥黎(英国生物学家)所说的"天伦之乐"(跟家人亲友日常的接触)列为谋求幸福的第二个途径,仅次于愉快的工作。我一家人经历过深重的痛苦,但从来没有发生过严重的争执,也从未受过穷。我跟我的母亲和妹妹相处

人,都是航海途中的探索者。
——[美]爱默生

得非常愉快,跟我妻子也非常和睦。和我常来往的朋友大都是多年老友,其中有些人和我相识已三十多年。和我关系亲密的朋友,很少有相识十年以下的。这些朋友给我很大的乐趣。工余之暇,我总是迫不及待地去找他们消遣,几十年来如一日。我们意气相投,对人生的见解也大致相同。他们之中大多数人和我一样爱好音乐。在我一生之中,音乐给我的乐趣比任何其他外界事物更多。我对音乐的爱好还在一年比一年加深。

至于宗教,我是根本不信的。成年之后,我从来没有经历过可以勉强说得上宗教要求的感受。

我不相信灵魂不灭的说法,自己也没有这种愿望。这种信仰是下等人幼稚的自私意识中产生的。基督教中的这种信仰,完全是对人世间生活过得比较舒服的那些人的一种报复手段。人生的意义究竟是什么?也许我不知道,我想恐怕是没有什么意义。我只知道,至少对我来说,人活着是很有趣的事。甚至生活中的烦恼也可以很有意思。不但如此,它还能培养我最景仰的那些德性——勇敢和诸如此类的东西。我认为最高贵的人莫过于敢跟上帝斗争并战胜他的人。这一点我没有多少机会去做。我死的时候,我将心满意足地化为乌有。俗话说得好,好景不常啊。

不会完结的生命①

○ [英] 乔治·吉辛　译/郑翼棠

乔治·吉辛(1857～1903)　英国小说家。出身贫寒。思想上受叔本华悲观主义影响。作品多描写下层贫苦群众,是最善于写阴暗面的一个作家。作品有《曙光中的工人》、《人间地狱》等。生前赏识他的人不多,直到二十世纪其作品的价值才渐渐为世人所发现。

当我今天在金色阳光下散步时——在这个秋末温暖与平静的日子里——

---

①节选自吉辛《四季随笔》,题目为本书编者所加。

心中突然涌起一种想法，使我停步，心中有些迷惑。我对自己说：我的生命已经过去了。我肯定应当明白这个简单事实，它确已成为我沉思的内容之一，经常影响我的心情。但此事从未见诸文字、口语。我的生命已经过去，这句话我说了一次或两次，以便让我的耳朵测试其真实性。无论如何奇怪，它总是不可否认的事实，就如同去年生日时我的岁数一样，是不可否认的。

我的年岁吗？在生命的这个时期，很多人正鞭策自己从事新的努力，计算着十年或二十年的追求与造就，我或许也可以再活数年。但对我来说，不再有活力，不再有野心。我已经有过机会——并知道自己利用它干了些什么。

这个想法有时候使我恐惧。什么，我？昨天还是一个年轻人，还在计划着，希望着，展望未来，前程无限。我是那样精力充沛，目空一切，今天竟然只有回顾和怀恋过去？这怎么可能呢？但是，我还没有做什么事，我没有足够的时间，我只是在做准备——仅是一个生活的学徒。我的头脑在跟我胡闹，这只是我暂时的幻觉，我要振奋起来，回到常识上来——回到我的计划、活动与热切的享乐上来。

然而，我的生命已经过去了。

人生是多么渺小！我知道哲学家是怎么说的。我背诵过他们关于人生短暂的词句——不过在此以前，我不相信他们的话。这就是一切吗？一个人的生命可以是如此短暂，如此空虚吗？我徒然要自己相信：我的生命现在才真正开始，那流汗、恐怖的日子根本不是生活；现在只要我愿意，就可以过有价值的生活。这可能只是自我安慰，但它并不模糊一个事实：我面前绝不会再看到机会与希望了。我已经"退休"了，对我，如同对退休商人一样，生命已成为过去。我可以回顾已走完的过程，那多么渺小呀！我不禁想要大笑一番，可我控制自己，只是微笑一下。

最好只是微笑，不带轻蔑，尽力忍耐，而不过分自怜自艾。毕竟，我还从来感到事情的可怕，我可以不费力地把它摆在一旁。生命完了——那有什么关系。总的来说，人生究竟是痛苦的，还是欢乐的？甚至现在我也说不准——事实本身阻止我把损失看得太认真了。这有什么关系呢？不露面的命运，命令我生出来，扮演我的这个小角色，然后重归寂静。对此我是赞成，还是反对？我没有像别人那样遭受不堪忍受的委屈，遭受肉体上或精神上可怕的悲痛，让我感谢上苍吧。能这样安逸地走完人生旅程的一大部分，难道还不够幸福吗？如果我对于它的短暂无为感到诧异，那只是我自己的错误。那些比我先死的人的声音，已充分警告了我。最好现在看到真理，并接受它，以免在软弱的日子里陷入恐惧惊讶，徒然怨天尤人，我宁愿高兴，而不愿悔恨，我不再为此忧思闷想了。

人是人的作品，是文化、历史的产物。

——[德]费尔巴哈

我为什么生活

○ [美] 梭 罗 译/徐 迟

梭罗 (1817~1862) 美国著名作家。生于马萨诸塞州康科德镇,毕业于哈佛大学。曾协助爱默生编辑评论季刊《日规》,成为先验主义运动的代表人物之一。主张人类应回到自然,曾在瓦尔登湖畔隐居。作品有《瓦尔登湖》、《郊游》等。

为什么我们应该生活得这样匆忙,这样浪费生命呢? 我们下了决心,要在饥饿以前就饿死。人们时常说,及时缝一针,可以将来少缝九针,所以现在他们缝了一千针,只是为了明天少缝九千针。说到工作,任何结果也没有。我们患了跳舞病,连脑袋都无法保持静止。如果在寺院的钟楼下,我刚拉了几下绳子,使钟声发出火警的信号来,钟声还没大响起来,在康科德附近的田园里的人,尽管今天早晨说了多少次他如何如何地忙,没有一个男人,或孩子,或女人,我敢说是会不放下工作而朝着那声音跑来的。主要不是要从火里救出财产来,如果我们说老实话,更多的还是来看火烧的,因为已经烧着了,而且这火,要知道,不是我们放的;或者是来看这场火是怎么被扑灭的,要是不费什么劲,也还可以帮忙救救火。就是这样,即使教堂本身着了火也是这样。一个人吃了午饭,还只睡了半个小时的午觉,一醒来就抬起了头,问:"有什么新闻?"好像全人类在为他放哨。有人还下命令,每隔半小时唤醒他一次,无疑的是并不为什么特别的原因,然后,为报答人家起见,他谈了谈他的梦。睡了一夜之后,新闻之不可缺少,正如早饭一样的重要。"请告诉我发生在这个星球之上的任何地方的任何人的新闻,"——于是他一边喝咖啡,吃面包卷,一边读报纸,知道了这天早晨的瓦奇多河上,有一个人的眼睛被挖掉了;一点儿不在乎他自己就生活在这个世界的深不可测的大黑洞里,自己的眼睛里早就是没有瞳仁的。

拿我来说,我觉得有没有邮局都无所谓。我想,只有很少的重要消息是需要邮递的。我一生之中,确切地说,至多只收到过一两封信是值得花费那邮资的——这还是我几年之前写过的一句话。通常，一便士邮资的制度，其目的是给一个人花一便士，你就可以得到他的思想了，但结果你得到的常常只是一个玩笑。我也敢说，我从来没有从报纸上读到什么值得纪念的新闻。如果我们读到某某人被抢了，或被谋杀或者死于非命了，或一幢房子烧了，或一只船沉了，或一轮船炸了，或一条母牛在西部铁路上给撞死了，或一只疯狗死了，或冬天有了一大群蚱蜢——我们不用再读别的了。有这么一条新闻就够了。如果你掌握了原则，何必去关心那亿万的例证及其应用呢？对于一个哲学家，这些被称为新闻的，不过是瞎扯，编辑的人和读者就只不过是在喝茶的长舌妇。然而不少人都贪婪地听着这种瞎扯。我听说那一天，大家这样抢啊夺啊，要到报馆去听一个最近的国际新闻，那报馆里的好几面大玻璃窗都在这样一个压力之下破碎了，那条新闻，我严肃地想过，其实是一个有点儿头脑的人在十二个月之前，甚至在十二年之前，就已经可以相当准确地写好的。比如说西班牙吧，如果你知道如何把唐卡洛斯和公主，唐彼得罗，塞维利亚和格拉纳达这些字眼时时地放近一些，放得比例适合——这些字眼，自从我读报至今，或许有了一点儿变化了吧，然后，在没有什么有趣的消息时，就说说斗牛好啦，这就是真实的新闻，把西班牙的现状以及变迁都给我们详详细细地报道了，完全跟现在报纸上这个标题下的那些最简明的新闻一个样。再说英国吧，来自那个地区的最后的一条重要新闻几乎总是一六四九年的革命，如果你已经知道她的谷物每年的平均产量的历史，你也不必再去注意那些事了，除非你是要拿它来做投机生意，要赚几个钱的话。如果你能判断，谁是难得看报纸的，那么在国外实在没有发生什么新的事件，即使一场法国大革命，也不例外。

　　什么新闻！要知道永不衰老的事件，那才更重要得多！蘧伯玉（卫大夫）派人到孔子那里去。孔子与之坐而问焉，曰："夫子何为？"对曰："夫子欲寡其过而未能也。"使者出。子曰："使乎，使乎。"在一个星期过去了之后，疲倦得直瞌睡的农夫们休息的日子里，这个星期日，真是过得糟透的一星期的适当的结尾，但绝不是又一个星期的新鲜而勇敢的开始啊，偏偏那位牧师不用这种或那种拖泥带水的冗长的宣讲来麻烦农民的耳朵，却雷霆一般地叫喊着："停！停下！为什么看起来很快，但事实上你们却慢得要命呢？"

　　谎骗和谬见已被高估为最健全的真理，现实倒是荒诞不经的。如果世人只是稳健地观察现实，不允许他们自己受欺被骗，那么，用我们所知道的来比喻，生活将好像是一篇童话，一部《天方夜谭》了。如果我们只尊敬一切不可避免的并有存在权利的事物，音乐和诗歌便将响彻街头。如果我们不慌不忙而且聪明，我们会认识唯有伟大而优美的事物才有永久的绝对的存在，琐琐的恐惧与

　　　　　　　　人有一颗产生感情的心，一个能思维的脑，一条能说活的舌。

　　　　　　　　　　　　　　　　　——[英]雪 莱

碎碎的欢喜不过是现实的阴影。现实常常是活泼而崇高的。由于闭上了眼睛，神魂颠倒，任凭自己受影子的欺骗，人类才建立了他们日常生活的轨道和习惯，到处遵守它们，其实他们是建筑在纯粹幻想的基础之上的。嬉戏地生活着的儿童，反而更能发现生活的规律和真正的关系，胜过了大人，大人不能有价值地生活，还以为他们是更聪明的，因为他们有经验，这就是说，他们时常失败。我在一部印度的书中读到有一个王子，从小给逐出故土之城，由一个樵夫抚养成长，一直以为自己属于他生活其中的贱民阶级。他父亲手下的官员后来发现了他，把他的出身告诉了他，他的性格的错误观念于是被消除了，他知道自己是一个王子。所以，那位印度哲学家接下来说，"由于所处环境的缘故，灵魂误解了他自己的性格，非得由神圣的教师把真相显示给他。然后，他才知道他是婆罗门。"我看到，新英格兰的居民之所以过着这样低贱的生活，是因为我们的视力看不透事物表面，我们把似乎当做了是。如果一个人能够走过这一个城镇，只看见现实，你想"蓄水池"该是如何的下场？如果他给我们一个他所目击的现实的描写，我们都不会知道他是在描写什么地方。看看会议厅，或法庭，或监狱，或店铺，或住宅，你说，在一个真正的目光底下，这些东西到底是什么啊，在你的描绘中，它们都纷纷倒下来了。人们尊崇迢遥疏远的真理，那在制度之外的，那在最远一颗星后面的，那在亚当以前的，那在末代以后的。自然，在永恒中是有着真理和崇高的。可是，所有这些时代，这些地方和这些场合，都是此时此地的啊！上帝之伟大就在于现在伟大，时光尽管过去，他绝不会更加神圣一点儿的。只有永远渗透现实，发掘围绕我们的现实，我们才能明白什么是崇高。宇宙经常顺从地适应我们的观念，不论我们走得快或慢，路轨已给我们铺好。让我们穷毕生之精力来意识它们。诗人和艺术家从未得到这样美丽而崇高的设计，然而至少他的一些后代是能完成它的。

我们如大自然一般谨慎地过一天吧，不要因硬壳果或掉在轨道上的蚊虫的一只翅膀而出了轨。让我们黎明即起，用或不用早餐，平静地并无不安之感；让人去人来，让钟去敲，让孩子去哭，下个决心，好好地过一天。为什么我们要投降，以至于随波逐流呢？让我们不要卷入在子午线浅滩上的所谓午宴之类的可怕急流与漩涡，而惊惶失措。熬过了这种危险，你就平安了，以后是下山的路了。神经不要松弛，让我们利用那黎明似的魄力，向另一个方向航行，像尤利西斯那样拴在桅杆上过活。如果汽笛啸叫了，让它叫得沙哑。如果钟打响了，为什么我们要奔跑呢？我们还要研究它算什么音乐呢？让我们定下心来工作，并用我们的脚跋涉在那些污泥似的意见、偏见、传统、谬见与表面中间，这蒙蔽全地球的淤土啊，让我们越过巴黎、伦敦、纽约、波士顿、康科德，教会与国家，诗歌、哲学与宗教,直到我们达到一个坚硬的底层,在那里的岩盘上,我们称之为现实,然后说,这就是,不错的了,然后你可以在洪水、冰霜和火焰下面,开始在这地方建立一道城墙或一个国家,也许能安全地立起一个灯柱,或一个测量仪器,不是尼罗河水测量器,而是测量现实的仪器,让未来的时代能知道,谎骗与虚有其表曾洪水似的积了又积,积得多么深啊。如果你直立而面对着事实,你就会看到太阳闪耀在它的两面,它好像一柄东方的短弯刀,你能感到它的甘美的锋镝正剖开你的心和骨髓,你也欢乐地愿意结束你的人间事业了。生也好,死也好,我们仅仅追求现实。如果我们真要死了,让我们听到我们喉咙中的咯咯声,感到四肢上的寒冷好了;如果我们活着,让我们干我们的事务。

时间只是我垂钓的溪,我喝着它;喝水时候我看到,那河的底层多么浅啊。它的汩汩的流水逝去了,可是永恒留了下来。我愿饮得更深,在天空中打鱼,天空的底层里有着石子似的星星。我不能数出"一"来。我不知道字母表上的第一个字母。我常常后悔,我不像初生时聪明了。智力是一把刀子,它看准了,就一路切开事物的秘密。我不希望我的手比所必需的忙得更多些。我的头脑是手和足,我觉得我最好的官能都集中在那里。我的本能告诉我,我的头可以挖洞,像一些动物,有的用鼻子,有的用前爪,我要用它挖掘我们的洞,在这些山峰中挖掘出我的道路来。我想那最富有的矿脉就在这里的什么地方;用探寻藏金的魔杖,根据那升腾的薄雾,我要判断,在这里我要起始开矿。

心灵的对白

○ (台湾) 席慕蓉

席慕蓉 女,台湾著名散文作家。一九四三年生于四川重庆,蒙古族人,祖籍内蒙古察哈尔盟明安旗,一九四九年迁至香港,后随家定居台湾。著作有《七里香》、《无怨的青春》、《有一首歌》、《同心集》等。

在每天晚上入睡之前,每天早上醒来之后,我总禁不住想问自己一个问

人在一生当中的前四十年,写的是本文,在往后的三十年,则不断地在本文中加添注释。

——[德]叔本华

题:"我想要的,到底是一些什么呢?"

我想要把握住的,到底是一些什么呢?要怎么样才能为它塑造出一个具体的形象?要怎么样才能理清它的脉络呢?

窗外的槭树,叶子已变成一片璀璨的金红,又是一年将尽了,日子过得真是快!这样白日黑夜不断地反复,我的问题却还一直没有找到答案。我一直没办法用几句简单和明白的话,向你描述出我此刻的心情。

而你是知道的,对现在这个时刻,我有多感激,有多珍惜!我心中一直充满了一种朦胧的欢喜,一种朦胧的幸福,可是,我就是说不出来,几次话到唇边,就是无法出口,好像隐隐然有一种警惕:若是说出来,有些事物有些美妙的感觉就会消失不见了。

而今夜,就在提笔的那一刹那,忽然有一句话进入我心中:

"世间总有一些事,是我们永远无法解释也无法说清的,我必须接受自己的渺小和自己的无能为力了。"

是的,在命运面前,我必须要承认我的渺小与无能为力,一向争强好胜的我,在这里是没有什么可以争辩和可以控制的了。

就是说:在这世间,有些事物你是无法为它画出一张精确的画像来的,一旦真的变成精确了以后,它原来最美的,最令人疼惜的那一点就会消失不见了,有些事物,你也不能用简单和明白的语句来为它下一个定义的,当那个定义斩钉截铁地出现了以后,它原来最温柔的,最令人感动的那一种特质也就没有了。

所以,我终于明白了,我终于知道,这么多年以来,一直烦扰在我心中的种种焦虑和不安,其实都是不必要和莫须有的啊!因为,世间有些事情,实在是无法解释,也不用解释的啊!

原来,我又想画画,又想写诗,必定是因为心里有着一种想画和想写的欲望,必定是因为我的生命能从这两种创作活动里,得到极大的欢喜和安慰。因此,这实在是我自己的一种需求,一种自然的现象,我又何必一定要想出一个完美和完全的答案来呢?事情的本身应该就是一种最自然的答案了吧。

其实,你一直都是很明白,并且看得很清楚的,你一直都是知道我的,因为,你一直都认为:"没有比自然更美、更坦白和更真诚的了。"

不是吗?如果万物都能顺着自然的道理去生长、去茁壮、去成熟,这世间就会添了多少安静而又美丽的收获呢!

一位哲学家告诉过我,世间有三种人,一种是极敏锐的,因此,在每一种现象发生的时候,这种人都能马上做出正确的反应,来配合种种的变化,所以他

人为什么活着——全球139位大师的答案

们很少会发生错误，因而也不会有追悔和遗憾。另外有一种人又是非常迟钝的，遇到任何一种现象或是变化，他都是不知不觉，只顾埋头走自己的路，所以尽管一生错过无数机缘，却也始终不会察觉自己的错误，因此，也更不会有追悔和遗憾。

然后，哲学家说："所有的艺术家都属于中间的那一个阶层，没有上智的敏锐，所以常会做出错误的决定。但是，又没有下智的迟钝，所以，在他的一生中，总是充满了一种追悔的心情。"

然而，就是因为有了这一种追悔的心情，人类才会产生了那么多又那么美丽的艺术作品。

这位哲学家和我同龄，然而他的头发却因丰富的思虑变成花白，可是他的面容却还保有一种童稚的热情。每次与他交谈，我总有一种无所遁形的感觉，好像不管是我的坏或者我的好，在他的眼睛里都已看得清清楚楚，而且就算我怎样努力地掩饰或者去显露，都没有丝毫的效果，因为，我的本质他完全明白。

那么，你是不是也是这样呢？不管我用什么面貌出现在你的面前，不管是毫无准备或者准备得很充分，你都能一样地看透进来呢？在你面前，我永远只是一个最单纯的我而已呢？

"没有什么比自然更美、更坦白和更真诚的了。"

然而，这样的一种单纯，这样的一种自然，是要用几千个日夜，几千个流泪与追悔的日夜才能孕育出来的，要经过多少次的尝试与错误才能过滤出来的，要经过多少次的努力的克制与追求才能得到的，要用几千几万句话才能形容得出来的啊！

"自然"是什么呢？应该只是一种认真和努力的成长罢了，应该只是如此而已。然而，这样认真而努力的成长，在这世间，有谁能真正知道？有谁能完全明白？有谁能绝对相信？更有谁，更有谁能从开始到结束仔仔细细为你一一理清、一一说出、一一记住呢？

没有，没有一个人，甚至连我自己在内。在这世间，我相信没有一个人能把成长的历程中每一段细节、每一丝委婉的心事都镂刻起来，没有人能够做到这一点。

多少值得珍惜的痕迹都消逝在岁月里，消逝在风里和云里。在有意或无意间忽略了一些，在有意或无意间再忘记了一些，然后，逐渐而缓慢地，我蜕变成今日的我，站在你眼前的我，如你所说的：一个单纯而又自然的我。

然而，这样的一种单纯和自然，是用我所有的前半生来做准备的啊！我用了几十年的岁月来迎接今日与你的相遇，请你，请你千万要珍惜。亲爱的朋友，

人应当像人，不要成为傀儡，尽受反复无常的命运的支配。
——[匈牙利]裴多菲

我对你一无所求,我不求你的赞美,不求你的恭维,不求你的鲜花和掌声,我只求你的了解和珍惜。

我们只能来这世上一次,只能有一个名字。我愿意用千言万语来描述这一种只有在人世间才能得到的温暖与朦胧的喜悦。我很高兴我能做中间的那一种人,我不羡慕上智,因为没有挫折的他们,不发生错误的他们,尽管不会流泪,可是却也失去了一种得到补救机会时的快乐与安慰。

其实,岁月一直在消逝,今日的得总是会变成明日的失,今日的补赎也挽不回昨日的错误,今日朦胧的幸福也将会变成明日朦胧的悲伤,可是,无论如何,我总是认真而努力地生活过了。

无论如何,借着我的画和我的诗,借着我的这些认真而努力的痕迹,我终于能得到一种回响,一种共鸣,终于发现,我竟然不是孤单和寂寞的了。

那么,我禁不住要问自己了:

“我想要的,是不是就是这种结果呢?”

我想要把握住的,是不是就只是今夜提笔时的这一种朦胧的欢喜与幸福?是不是就只是你的了解与珍惜?

“我想要的,到底是一些什么呢?”

“我想要的,到底是一些什么呢?”

我的人生信念

Wo De Ren Sheng Xin Nian

一个人能为别人所做的就是真诚地、友好地向他表明各种各样的选择，而不带有任何感情色彩或幻想。与真实的选择相冲突能激起一个人内含的一切能量，并使他选择生而反对死。如果他不能选择生的话，那么，就没有人能向他注入生命。

我是这样活着

○ [古希腊] 德谟克里特

德谟克里特(约前460～约前370)　古希腊哲学家,与留基伯并称为原子论的创始人。他涉猎数学、天文、地质、物理、生物、医学诸学科,提出圆锥体、棱锥体、球体等体积计算方法,在逻辑学、伦理学、心理学、政治学和法学上也有所建树。马克思和恩格斯赞美他是古希腊"第一个百科全书式的学者"。

卑劣地、愚蠢地、放纵地、邪恶地活着,与其说是活得不好,不如说是慢性死亡。

追求对灵魂好的东西,是追求神圣的东西;追求对肉体好的东西,是追求凡欲的东西。

应该做好人,或者向好人学习。

使人幸福的并不是体力和金钱,而是正直和公允。

在患难时忠于义务,是伟大的。

害人的人比受害的人更不幸。

做了可耻的事而能追悔,就挽救了生命。

不学习是得不到任何技艺、任何学问的。

蠢人活着却尝不到人生的愉快。

蠢人是一辈子都不能使任何人满意的。

医学治好身体的毛病,哲学解除灵魂的烦恼。

智慧生出三种果实:善于思想,善于说话,善于行动。

人们在祈祷中恳求神赐给他们健康,却不知道自己正是健康的主宰。他们的无节制戕害着健康,他们放纵着情欲,自己背叛了自己的健康。

通过对享乐的节制和对生活的协调,才能得到灵魂的安宁。缺乏和过度惯于变换位置，将引起灵魂的大骚动。摇摆于这两个极端之间的灵魂是不安宁的。因此应当把心思放在能够办到的事情上，满足于自己可以支配的东西。不要光是看着那些被嫉妒、被羡慕的人，思想上跟着那些人跑。倒是应该将眼光放到生活贫困的人身上，想想他们的痛苦，这样，就会感到自己的现状很不错、很值得羡慕了，就不会老是贪心不足，给自己的灵魂造成苦恼。因为一个人如果羡慕财主，羡慕那些被认为幸福的人，时刻想着他们，就会不由自主地不断搞出些新花样。由于贪得无厌，终于做出无可挽救的犯法行为。因此，不应该贪图那些不属于自己的东西，而应该满足于自己所有的东西，将自己的生活与那些更不幸的人比一比。想想他们的痛苦，你就会庆幸自己的命运比他们的好多了。采取这种看法，就会生活得更安宁，就会驱除掉生活中的几个恶煞：嫉妒、眼红、不满。

我相信人是值得活的

○ [英] 赫胥黎

赫胥黎（1825～1895） 英国博物学家。他大力支持和宣传达尔文的进化学说。是第一个提出人类起源问题的学者。主要著作有《人类在自然界的位置》、《进化论与伦理学》（一部分由我国清朝学者严复译为《天演论》）等。

我相信人生是值得活的，尽管人在一生中必须遭遇痛苦、卑劣、残酷、不幸和死亡的折磨，我依然深信如此。但我不认为人生一定要有意义，只是对大多数人而言，他们可以使人生变得有意义。

同样地，我也相信人不管是作为个人、团体中的一分子或人类全体中的一分子，在他生存的期间都可以获得某种令人满足的目标，尽管人在他生存期间将会不可避免地遭遇到挫折、空虚、无聊、重担、怠惰和失败，我还是深信如此。但是我不认为人在宇宙中或生存期间一定要有什么天赋的目标要去实现，也

人是一种能习惯于任何环境的动物，我以为给人下这样一个定义是最恰当不过的。
——[俄]陀思妥耶夫斯基

不认为人非要达到某种令人满足的目标不可，我只是相信这种目标可以被某些人所达到。

　　我相信世界上有价值标准或价值体系的存在——从最单纯的感官享受到最高级的爱的满足、美的感受、智慧的交流、创造性的工作成果和美德等，但我不认为它们是由外在的力量或神所赋予的、绝对的、超然的东西，我只认为它们是人类天性与外在世界相互影响的产物。同时，我也不认为我们能够单凭每种价值的经验来分生物的等级，因此，根据价值系统，我无从说甲虫是比墨鱼或沙丁鱼更为高级的动物；但若根据一般生物的器官构造，我们却可以毫不犹豫地说甲虫是比海绵更为高级的有机体，或者人是比青蛙更高级的有机体，因此我也能够以一般文化人共同的标准说：但丁的《神曲》比一般的通俗圣诗具有更高的价值，牛顿和达尔文的科学活动比解决拼字游戏更有价值，爱的喜悦比性的满足更有意义，无私的活动比以自我为中心的活动更高贵；虽然每一种事物都有某种价值存在。

　　我不相信世界上有所谓绝对的真理、美、道德或美德，不管它们是由外在的力量所形成或受内在的标准的影响，但是我这个观点并没有驱使我导致下面的奇怪结论（这种结论目前在某些地方相当流行）：世界上没有真、善、美的存在或在它们中并没有价值或动人的力量存在。我深信人间有真、善、美的存在，而且其中所蕴含的动人力量与价值，是值得人们永恒追求的。

　　我认为世界上有一些问题，我们没有过问的必要，因为它们是永远无法获得解答的，想设法去解决这些无法获得答案的问题，只是使你浪费时间、忧虑或不愉快而已；但是，某些人却似乎注定要做这种尝试，这使我想起一个哲学家与神学家的故事。他们二人彼此在争辩时，神学家就引用了一个古老的诡辩说："哲学家正像一个盲人，在暗室里找寻一只实际上并不存在的黑猫。"哲学家反驳道："那么大概只有神学家才能看见这只不存在的黑猫吧！"

　　甚至在从事科学研究的时候，我们也必须学会去问正确的问题。例如，有人为了一个显而易见的问题——动物遗传了多少他们父母的经验——而花了大量的时间与精力去追求这个答案。但是无论如何，这个问题是不会有什么满意答案的，理由是并没有"后天的个性会遗传"的事实存在。另一个例子是十八世纪的化学家，因为他们对自己提出这样一个问题：在燃烧的过程中，到底有什么东西被牵涉到，从而使自己陷入了"燃素理论"的迷宫中？

　　当我们讨论到一些最根本的问题时，要想不去涉及错误的问题那是更困难的一件事。在大多数非洲的部落里，当一个人死去时，他们唯一的疑问往往是：谁使他死亡？他是使用哪一种形式的魔力使人死亡？因为他们对自然原因致死的观念尚未建立。所以，那些人类中文明仍未开化的那一半，他们的生活有一大部分是花费在想去解答以下这类错误问题上：是什么神奇的力量在影响人的幸运或噩运，以及他们要如何去克服这些力量或赎罪？

我不相信有一神或多神的存在。对我个人而言，神的观念是一种谬误的想法，这种谬见是建立在无法证明的假设上：一定多少有某种个人的力量在控制着世界。我们经常会面临那些非我们所能控制的力量，诸如那些不可理解的天灾和死亡等；同时也会遭遇到狂喜的境界，诸如与某种比平凡的自我更伟大的东西结合的奇妙感觉和突然有新生的感觉的转变时，此外还必须承受罪与恶的重担。在有神论的宗教中，所有这些人生的实际经验都被交织统合成为基本的假设——必然有一神或多神的存在，这是有关的信仰与实践的主体。

我认为这个基本的假定并不比问下面这个错误的问题更高明：谁或者是什么在统治着宇宙？到目前为止，我们所能了解的是宇宙本身在统治着它自己。同样的情形也可以在国家发现。纵使说确实有一个神在宇宙的幕后或宇宙之上，但在我们的经验范围内，我们对这个力量依然是毫无所知：历史上各种宗教的上帝或诸神，事实上不过是"自然的事实"和"我们人内在精神生活的事实"之拟人化而已。虽然我们能够回答"各种宗教的神是谁"这个问题，但却无法回答：什么是神的本质？我们之所以能够回答前一问题，是因为此时我们把神与他们的本质分开，把他们的神性归属于人类的想象力、情感及合理化的虚构物；至于我们无法回答第二个问题，是因为我们没有办法去知道到底有没有神的存在这回事。

关于"人的不朽"也和"神的存在"的问题类似。以我们人类目前的能力，我们还是没有办法对我们死后是否依然存在的问题给予明确的回答的，至于死后的生命是什么样子那更是无法解答。因此，把我们一生中宝贵的时间花在来生的获得拯救上，实在是浪费时间和精力的事。正如上帝的观念是出于人的真实经验中，救赎的观念也是一样。如果我们把"救赎"一词用现世的意义来解释，我们将会发现它是意味着我们人类天性中不同的部分（包括最深沉的潜意识也难得触及的崇高本质）已经获得了和谐，同时也意味着我们自己与外在世界（不仅是自然世界，而且也包括人的社交世界）业已获得令人满足的适应关系。从这种现世的角度出发，我深信人之获得救赎是可能的，同时把它当做追求的目标也是一件正确的事，正如我相信获得一种与比我们平凡的自我更伟大的一些东西相结合的意境是可能的一样，这也是一种值得去追求的人生境界。但是，所谓更伟大的东西并不一定是上帝，而是我们把狭隘的心灵扩展到足以融合我们外在的经验与内在的本性，并把灵视推展到平常无法达到的境界。

人是唯一会脸红的动物。

——[美]马克·吐温

……

　　由此，我们终于有了一个乐观而非悲观的对世界与我们自己的生命的理论，但我们必须承认，要做一个乐观主义者并不是一件容易的事，同时这种乐观主义也会被我们所必需的努力工作与将来仍会残存的不幸与意外的事故所减弱，也许我们把它称为改善主义比所谓乐观主义来得恰当，因为它至少会常给人类以希望的信息并且鼓舞他们去行动。

　　我很肯定地相信，在人类的个性中存在着宇宙间最崇高与最有价值的成就——或者是至少我们可以拥有这些最崇高与最有价值的成就，因此，我也相信，国家是为生命的发展而存在，而不是个人是为国家的发展而存在。

　　我也相信个人并不是孤立、分离的东西。一个人是物质与经验的变形物，也是他自己的根本和宇宙（包括其他的个体）之间发生联系的一种系统。一个人可以认为他必须完全为某一目标而奉献，甚至为之牺牲也在所不惜——例如为他的国家、真理、艺术和爱情，在献身或牺牲的过程中，他变成了最真实的自我，同时也正因为有这种个人的奉献与牺牲才产生了生命的价值。当然，个人在很多方面有时必须把他自己隶属于团体之内，但是不要把属于团体的任何美德都认为是高于个人的。

　　社会为了个人的生存与发展而成立了各种组织，有些人否定这些社会组织的重要性，而主张唯一重要的事情是人心的改变，至于那些良好的社会制度只是良好的内在态度的自然产物。我认为这是一种"唯我论"的看法，事实上，各种不同的社会制度也会造成不同的内在态度。但是，要是人类内在的生活根本没有改变，那么，即使有最完善的制度也是没有什么用处的，不过社会组织与社会制度确实可以影响生活的美满与特质。我们也可以设计出一种社会制度——使战争的发生更困难，使健康水平更加提高，并增加生活的情趣。所以，当我们热忱地追求生活的美满时，也不要过分地轻视制度，也许将来有一天某种好的制度会自动地把我们人类带到我们所梦想的完美的生活里。

　　我相信各种事物都有其多彩多姿的型相。每一个生物学家都知道，人类与他们本来遗传的特质有很大的不同；心理学也告诉我们，在世界的街道上熙来攘往的人，他们的型是多么不同，不管经过怎样的教育与劝导，要使外向型的人真正了解内向型的人还是相当困难的。同样的，要使善于动口的人了解喜欢动手的人，要非数学家或非音乐家了解数学家或音乐家的热情，也都是相当困难的一件事。我们可以设法去阻止某种心灵的态度，理论上我们也能够去除人类多彩的相异性，但这将是一种重大的损失，因为那多彩的相异性不仅是生命之盐，而且也是集体成就的基础。除了这多彩的相异性外，我们还需要容忍与了解,这并不是意味着我们必须把所有价值都等量齐观,我们必须对抗犯罪以保护社会,我们必须站起来对抗我们认为错的事情,但是正如我们在处理罪犯时,应该设法去感化他们而不是惩罚他们一样,我们也应该设法去了解为什么我们把别人的行为判断为错误,也就是说,在评判别人之前必须先设法了解我们自己心灵的活动,尽量减少我们自己的偏见。

最后,我认为我们绝对无法把我们的原则缩小成几个简单的字眼。人的存在永远是复杂与富于多变性的,我们必须以信仰来加强原则,而唯一最具体最可以理解的信仰就是在生命上——它的丰富性与进展性,总之,我最后的信仰是在生命上(My final belief is in life)。

我的人生信念

○ [德] 托马斯·曼

托马斯·曼(1875～1955) 德国小说家。生于大商人家庭。其作品有小说《堕落》、《布登勃洛克一家》、《魔山》、《特里斯坦》、《托尼奥·克勒格尔》和《威尼斯之死》。论著有《三十年论文集》。获一九二九年诺贝尔文学奖。

无论是简单地或详细地,我觉得非要将我对人生和世界的哲学概念或观点——或许应该说是我的信仰,或我的感情——有系统地阐述出来,是非常困难的一件事。通过图像和韵角间接表达我对世界和人生这种习惯总是并不适宜概括地说明。我现在的情况,倒有点像浮士德被格列卿问到他对宗教的观点时一样。

当然你的意思并非要拷问我,但事实上你的质询与此相似。因为就我个人而言,我认为要说出我对宗教的感受可以说比要说出我对哲学的感受容易些。真的,我否认我对精神方面的问题持有任何不切实际的态度。我一直惊奇于有些人为何那样轻易将"上帝"这两个字说出口,甚至写之于纸上。对我以及和我同类的人而言,在宗教上,某种程度的谦卑,甚至没有信心远比任何过度的自信更为合适。我们似乎只能用间接的方法来讨论这问题:利用比喻,即伦

人不是可以注入任何液体的空瓶。

——[俄]皮萨列夫

理的象征，这样可以使这概念与宗教脱钩，暂时脱掉教士袍，而只从事于合乎人性的精神问题的探究。

最近我读到一位博学的朋友讨论 religio 这个拉丁词的源头和历史的一篇论文。这个词的动词形为 relegerd 或 rel! ——gare，它的非宗教的意义是照顾、留心、记起等。它是 neglegere 或 negligere (疏忽之意) 的反义词，意指专心、挂虑和认真、谨慎、小心之态度——也就是一切不当心和疏忽的反义词。整个拉丁时代，religio 这个词似乎都保持着知觉、良心上的顾虑等意思。在最早的拉丁文学里，这个词的用法就是如此，并不一定与宗教或神的事情有所牵连。

读了这文章我觉得非常高兴。我对自己说，如果那样子便算信奉宗教，那么每位艺术家，仅依其艺术家的身份，都可大胆地自认为是笃信宗教之人了。因为还有什么会比不当心或疏忽更与艺术家的本性相反的呢？除了专心、认真、注意、深爱的关心——总而言之，仔细——之外，还有什么东西更能彰显出他的道德标准以及他天生的特质呢？艺术工作者当然是最仔细的人——智慧高的人都是如此，而艺术家以其创造性的才华建造人生和心智间的连接，只是此一类型的一种表白而已，或者我们应该说，一个特别令人欣悦的异物？是的，仔细就是这种人最明显的特质：他深切而敏感地注意着整个世界精神的意旨和行动，真理外衣的更换，正确而必要的事物，换言之，即上帝的意旨。有心智和精神的人，必须不顾那些愚钝，受到惊讶，依恋于当代颓废和罪恶事物的民众间所引起的厌恶感，而全心全意地为上帝服务。

然而，艺术家、诗人——由于他不但对自己的作品，而且对善、真和上帝的意旨都能全神贯注——可以说是一个对宗教虔诚的人了。当歌德用下列词句赞美人的高贵命运时，他的意思便是如此。

> "思想永远正确的人，永恒的完美而伟大。"

再换句话说：对我这种人而言，有人性才有对宗教的虔诚。我的意思并不是说人性来自对人类的神化——事实上这根本没有什么依据。当一个人的话日日与冷酷无情的事实互相矛盾时，他在观察我们这些疯狂的人类后，他还敢尽发乐观的豪言壮语吗？每日我们都看到人类在犯着十诫里的罪恶之事；日日我们都为他们的前途失望，我们非常了解为何天使们自创世以来一见到造物主对他那费解的手工显出不可思量的偏心时，他们就会面带轻蔑。然而——今天更甚以往——我觉得不管我们的怀疑如何有依据，我们绝对不能对人类心存讥讽和轻蔑。虽然人类的罪恶昭著，但我们也不能忘记他在艺术的形式，科学、真理的追求,美的创造,正义的概念等等方面所显露出来的伟大和可敬的本质。每当我们说出人类或人性这两个字眼儿时,我们便接触到一个"大神秘";如果我们对这"大神秘"已了然于心,那么我们便已经屈服于精神的死亡了。

精神的死亡。这几个字听来倒是很有宗教味道,而且令人有异常严肃的感觉。今天我们的时代特别严酷,人类的整个问题以及我们对它的看法都有着至关重要的严肃。对每个人而言,尤其是对艺术家,这是一个精神的存亡的问题;用宗教的术语来说,这是个救赎的问题。我深信:一位作家如果不能面对并且为他自己处理好人生问题,而致背叛精神界的事物,那么他自己本身已经是无法挽救的了。不可避免地,他将会发育不全,他的作品注定将蒙受损失,他的才能必将会退败,直到他不能赋予他的创作以灵魂。即使在他受责难以前所创造的作品,而且一度是上乘并有生命的东西,最后也将不再给人如此的感触。它将在人们眼前呈现完全崩颓的样子。以上这些便是我的信念,我的脑子里确有这样的例子。

当我说人类是一大神秘时,我是否夸大其词呢? 人类来自何处? 他来自自然,来自自然界的动物,而且行为与其同类毫无差异。但是在其身上,自然发觉到他自己。自然创造了他,不仅仅是要他主宰他自己。也在他身上,自然敞开胸怀承接精神的奥妙。他探询、赞赏和判断自己,就仿佛是在一个既是他自己又是属于更高一层的一个创造物身上。发觉自己,便是有良心,能辨别善恶,较人类低一层的自然不知道这些。他是"无罪的"。但在人类身上,他便有罪了——也就是"所谓堕落"。人类便是自然离弃纯洁之后的堕落,这不是下降,而是上升,也就是说,有良心之情况乃是高于无罪之状态。基督徒所谓的"原罪"不仅是使人们接受教会控制的一种策略。那是作为精神体的人对其天生的柔弱、犯错的倾向,以及在精神上能够超越这些弱点的一种深切的觉醒。这是对自然的不忠吗? 绝对不是。那是对自然最深邃的要求之反应。自然之创造出人类就是为了他本身的精神化之目的。

这些理念既合乎基督教义,又合乎人理,而且非常清楚的,如果我们今天特别强调我们西方文化的基督教性质,对我们将会更有益处。对于今天那些没有受足够教育而尝试"征服基督教"的一些人,我是最反感的。我同样坚信未来的人类——也就是现在正从各种的努力和试验中汲取着生命,且为当代优秀人才努力拼搏的目标,那是马上就要诞生的,包含全人类的一种新感触——在基督教信仰的精意里,在基督教的二元论(也就是灵和肉,精神和生命,真理与"此世界")中,这种人文主义将永不会让生命力枯竭。

我深信人类的全部努力,必须能有助于这种新的人类的知觉之产生,才能

人是可以控制行为的,但是却不能约束感情,因为感情是变化无常的。

——[德]尼 采

算是好的，值得的，当我们这个无望又无领导者的时代过去之后，所有人类将生活在这一知觉的庇佑与左右之下。我深信我这些分析和综合的努力，只有当它们与这即将来临的诞生相关时，它们才有意义和价值。而事实上，我相信一个新的、第三类人一定会出现，在面貌和基本性质上都将与其前一世代不同。他以达观的态度凝视人类，但他不过分夸耀人类，因为他有前人所没有的经验。他勇于面对人类的黑暗、凶残，这些极端蒙昧的一面，而对其超生物的精神价值也不无敬仰。这新的人将是全世界性的——他会有艺术家的触觉，就是说，他能认出人类伟大的价值和美好是在于人类是属于两大领域，物质界和精神界。他会知道在这一事实之内，并不含有浪漫的冲突与悲剧的二元论，而是命运和自由抉择之完美有效的结合。基于此，才有对人类的爱，而人类的悲观与乐观在此爱心中也会互相融合了。

年轻的时候，我迷茫于那将生活和精神、肉欲和超度互相对立的苦闷而浪漫的世界观。从这宇宙观中艺术得到一些最迷人的结果——虽是诱惑，但对人类而言，却没有什么真实的理念与合理的意义。简言之，我是华格纳的信徒。但是大概由于年龄增长的缘故，我的爱心和注意力逐渐地集中在一个更适当更完美的典范上：那便是歌德。他是恶魔和儒雅的混合体，也因此使他成为人类的骄傲。我并不是轻率地选择他作为我穷毕生之力以赴的史诗的英雄，他是一位得到天地万物祝福的人。

约瑟夫的父亲雅各曾对他如此祝福。当然这并不是说他真可以得到这样的赐福，而是说他就是这样子得到赐福，是希望他幸福的一个美好的愿望。就我而言，这是对我理想的人类最简单的说明。不管是在心灵和人格领域内的任何所在，只要我能发现我把这些理想表达出来，例如黑暗和光明，情感和理智，原始和文明，智慧和欢乐的心灵等之融合——简言之，即我们所谓人的那有人性的神秘之本原，我就献出我最诚挚的忠贞，我的心就有其安心的皈依。让我说得更确切些：我的意思并不是把浪漫变得更加微妙，也不是将野蛮变得更加细腻，我只是将自然阐述，那便是文化；作为艺术家的人，艺术乃是人类步向了解自己的蜿蜒道上的导游。

对人类的一切爱要面对未来，对艺术之爱更是如此。艺术也就是希望……我并不是断言人类未来的希望落在艺术家的臂膀之上，而是说艺术是所有人类希望的表现，是幸福而平衡的人类的影像和楷模。我常常这样想着：那个未来即将到来，那时一切非由智能控制的艺术，我们都将斥之为魔术，没有头脑不负责任的本能的产品。我们之所以斥责它，就如它在像我们现在所处的这样无能的时代里受到称赞一样。事实上，艺术并非完全是甜美和明亮的，它也不全然像地球深处那么漆黑、盲目与古怪，它不仅仅是"生活"。未来的艺术家对

大师谈人生书系

其艺术将有更加清晰、更加恰当的见解；艺术是天使的魔幻，它是生活和精神之间的有翅膀、有魔力、有幻影的调解者，因为一切调和之本身便是精神。

我　的　信　念

○ [法] 居里夫人

居里夫人(1867～1934)　原名玛丽亚·斯可罗多夫斯卡。法国物理学家、化学家。原籍波兰。最早荣获诺贝尔奖的女性。一九〇三年居里夫妇和贝可勒尔共同获得了诺贝尔物理学奖。一九一一年再获诺贝尔化学奖。她终生为人类的幸福献身科学，从不计较个人的私利和荣誉。

生活对于任何一个男女都非易事，我们必须有坚忍不拔的精神，最要紧的，还是我们自己要有信心。我们必须相信，我们对每一件事情都是有天赋的才能，并且，无论付出任何代价，都要把这件事完成。当事情结束的时候，你要能够问心无愧地说："我已经尽我所能了。"

有一年的春天，我因病被迫在家里休息数周，我注视着我的女儿们所养的蚕结着茧子。这使我感兴趣，望着这些蚕固执地、勤奋地工作着，我感到我和它们非常相似，像它们一样，我总是耐心地集中在一个目标。我之所以如此，或许是因为有某种力量在鞭策着我——正如蚕被鞭策着去结它的茧子一般。

在近五十年来，我致力于科学的研究，而研究，基本上是对真理的探讨。我有许多美好快乐的记忆。少女时期我在巴黎大学，孤独地度过求学的岁月。在那个时期，我丈夫和我专心致志地，像在梦幻之中一般，艰辛地坐在简陋的书房里研究，后来我们就在那儿发现了镭。

我在生活中，永远是追求安静的工作和简单的家庭生活。为了实现这个理想，所以后来我要竭力保持宁静的环境，以免受人事的侵扰和盛名的渲染。

我深信，在科学方面，我们是有对事而不是对人的兴趣。当皮埃尔·居里和我决定应否在我们的发现上取得经济上的利益时，我们都认为这是违反我们的纯粹研究观念的。因而我们没有申请镭的专利,也就抛弃了一笔财富。我坚信我们是对的。诚然,人类需要寻求现实的人,他们在工作中获得很大的报酬,但是,人类也需要梦想家——他们对于一件忘我的事业的进展,受了强烈的吸引,使他们没有闲暇、也无热情去谋求物质上的利益。我的唯一奢望,是在一个自由国家中,以一个自由学者的身份从事研究工作,我从没有视这种权益为理所当然的,因为在二十四岁以前,我一直居住在被占领和蹂躏的波兰。我估量过法国自由的代价。

我并非生来就是一个性情温和的人。我很早就知道,许多像我一样敏感的人,甚至受了一言半语的斥责,便会过分懊恼。他们尽量隐藏自己的敏感。从我丈夫的温和沉静的性格中,我获益匪浅。当他猝然长逝以后,我便学会了逆来顺受。我年纪渐老了,我愈会欣赏生活中的种种琐事,如栽花、植树、建筑,对诵诗和眺望星辰,也有一点兴趣。

我一直沉醉于世界的优美之中。我所热爱的科学,也不断增加它崭新的远景。我认定科学本身就具有伟大的美。

一位从事研究工作的科学家,不仅是一个技术人员,并且,他是一个小孩,在大自然的景色中,好像迷醉于神话故事一般。这种魅力,就是使我终生能够在实验室里埋头工作的主要因素了。

七十岁的人生总结(节选)

○ [英] 毛 姆

毛姆(1874～1965) 英国作家、文艺评论家。生于巴黎,曾在法、英、德等国受教育,后定居法国。作品受法国自然主义影响,著名的有自传体小说《人类枷锁》,长篇小说《月亮和六便士》、《寻欢作乐》、《刀锋》等,还有多部剧本和文艺评论。

有一个门类始终引起我老年的激情,那就是哲学,不是争辩和枯燥无味的学术性的哲学——"丝毫解决不了人间苦难的哲学家的言论是枉自空论的"，而是讨论我们人人面临的种种实际问题的哲学。柏拉图、亚里士多德(有人说他枯燥，可如果你有幽默感的话，你会发现他实多娱人之处)、普罗提诺[①]、斯宾诺莎[②]，还有许多现代哲学家，如布拉德利[③]和怀特海[④]，永远使我开怀，启发我深思。原来他们和那些希腊悲剧家所探讨的全都是对人生密切有关的问题，他们使人振奋，又使人安谧。阅读他们的著作犹如驾着一叶扁舟在阵阵微风中漂浮于散布着千百个岛屿的内陆海面上。

十年前我在《总结》中零零星星写下了我在生活中、阅读中、冥思玄想中所形成的关于上帝、生命不朽、人生的意义和价值等等方面的印象和观点[⑤]，我觉得在这些问题上后来并没有什么需要改变的想法。倘若我需要重写的话，我想该把当前迫切的关于价值的课题写得稍为深入具体些，另外还当更详细地谈谈关于本能的问题。有些哲学家在这个题目上面建造起了巍然的臆测的大厦，而在我看来，要在本能这个题目的基础上建造起一座比空中楼阁更坚实些的建筑物来，那将如打靶场里浮在喷水口上的乒乓球一样晃荡不定。

现在我离开死亡更近了十年，想到这一天的到来并不稍比当时多领悟些。有几天我确实觉得自己什么事情都做得太多了，认识了太多的人，读了太多的书，看了太多的油画、雕像、教堂和精致的建筑，听了太多的音乐。

我不知道上帝存在不存在。任何旨在证明他存在的说法都不能令人信服，而古时伊壁鸠鲁[⑥]说过，信仰须凭直觉。这种直觉我可从未有过。同时又从来没有人圆满地解释清楚何以恶与全能全善的上帝并存的道理。一度我被印度教的神秘的中性概念——即无始无终的存在、知识和福泽的概念所吸引[⑦]，觉得这比人们凭自己的意愿设想出来的任何其他的神祇都较为可信。不过我也只能把它看做是一种给人深刻印象的幻想。它不可能从终极原因依据逻辑推导出这个世界的森罗万象。当我想到茫茫的宇宙，想到无数的星辰和以千千万万光年计算的空间，我自不胜畏惧。但是我的想象力没法想象出一个造物主来。我愿意承认宇宙的存在是一个非人类的智慧所能解开的谜。

---

①普罗提诺 (约205~270)，古希腊哲学家，新柏拉图学派主要代表。

②斯宾诺莎 (1632~1677)，荷兰哲学家，唯理论的代表之一。

③布拉德利 (1846~1924)，英国唯心主义哲学家。

④怀特海 (1861~1947)，英国数学家、哲学家。

⑤指《总结》的最后部分，即俞亢咏译《毛姆随想录》中的《漫谈人生哲学》部分。

⑥伊壁鸠鲁 (前341~前270)，古希腊哲学家，强调感性认识的作用，主张人生目的是追求幸福。

⑦因而毛姆写《刀锋》，书中以整整一章(第六章)专门阐述这一方面和宗教哲学。

靠了"笑"这个才能，人比所有其他动物都优秀。

——[美]爱迪生

至于生命的存在，我倒相信有一种"心理物理物质"，它是生命的起源，其心理的一翼是复杂的进化活动的出处。但这一切的目的（如有目的的话）是什么，这一切的意义（如有意义的话）何在，我还是茫然无知。我所知道的只有一点，那就是：所有哲学家、神学家或神秘主义者在这方面所说的都不能使我信服。不过，假如上帝存在而又关心人类的事情，那么他当然必须相当地通情达理，如同一个通情达理的人一样，用宽厚的眼光看待人类的弱点。

　　还有关于灵魂是怎么说的呢？印度教徒称之为"阿特曼"①，他们认为它来自永恒之中，并将继续存在于永恒之中。这比认为灵魂是随着一个人形成胚胎和出生而产生的说法容易接受。他们主张它有"绝对实在"的性质，从"绝对实在"中来，最后回归"绝对实在"中去。这是一种可喜的幻想，人们也只能认为就是这么回事。于是人们相信轮回，从而更进一步对恶和祸②的存在提出了人类的智慧所能设想的唯一似乎有理的解释，因为它假定恶和祸是过去罪过的报应。它不解释为什么全智全善的造物主愿意或甚至还会制造罪过。

　　然而，灵魂是什么？从柏拉图以来，对这个问题的解答莫衷一是，而大多数仅是对他的设想的修改补充。我们经常使用这个词，应该相信我们必有所指。基督教作为一条信条，认为灵魂是上帝创造的一种简单而不朽的精神实质。我们可能并不相信，然而还是赋予这个词以一定的含义。当我问自己，我说的灵魂指的是什么，我只能回答，我指的是我的自我意识，即我中之我，也即我之为我的品格，这品格包含我的思想、我的感情、我的经历和我肉体的偶然因素。

　　我看很多人不信肉体的偶然因素影响灵魂的形成。就我自己而言，我对于这一点比谁都更确信无疑。假如我不是口吃，或者假如我身材高了四五英寸，我的灵魂就会大不一样；我有些突颚，在我小时候人们不懂得可以趁颚骨还柔韧的时候，给戴上个金托子予以矫正，假如当时他们那样做了，我的面貌就会变成另一个样子，我的伙伴们对我的反应就不同，因而我的性情、我对他们的态度也就不同了。但是能用一个齿科医疗器械矫正的灵魂，又算是什么东西呢？

　　我们全都知道，要不是只因似乎偶然的机会遇到了某一个人，或者在某个特定的时候到过某个特定的地方，我们的一生会有多大的变化，因而我们的性格——因而我们的灵魂，会和现在的迥然不同。

　　因为不管灵魂是品质、感情、癖性等等的混合物，或是一个单纯的精神实体，反正性格是它的可以觉察到的现象。我想每个人都会同意，痛苦，无论是精

①阿特曼，梵文 Atman 的音译，本义为"我"，印度哲学和印度教用以指灵魂的源头和最后归宿。
②恶和祸，原文为 evil。按英语中 good 既指善，也指福；evil 既指恶，也指祸。

148

神上的还是肉体上的,都影响性格。我认识一些人,他们在贫困和不得志的时候妒忌、狠毒、卑劣,但一旦获得成功,便变得和善和襟怀恢廓。银行里存了一点钱,社会上有了一点声誉,就能使他们灵魂高尚,岂不怪哉? 相反的,我认识一些原来正直可敬的人,到为贫病所困时,会变得虚伪、欺骗、好争吵、心地恶毒。因此我没法相信这样随肉体情况而变化的灵魂可能脱离肉体而单独存在。你看到死人的时候,自会觉得他们是彻底地死了。

有时有人问我,我高兴不高兴把我这一生重新再活一次。总的说来,我这一生是过得很好的,也许比大多数人过得都好,可我觉得重活一次没有意思。这会像是重看一遍一本以前已经看过的侦探小说一样无聊。不过,假定真有再生这么一回事——这是全人类的四分之三明确相信的——再假定一个人可以选择要不要再在地球上过一次新的生活,我有时候曾经这样想过:我应该试一试,也许有希望可以享受我因环境和自己精神或肉体上的特殊原因而没有享受到的种种乐趣,还可以学到许多我没有时间或机会学到的东西。但是现在我应该谢绝了。我已经活够了。我既不相信生命不朽,也不企求生命不朽。我只想死得快,死得没有痛苦。我乐于深信我的灵魂以及它的愿望和弱点都将随着我最后的一口气一起化为乌有。

我牢记着伊壁鸠鲁写给米诺西厄斯的信中说的话:

> "你该深信,死对于我们是无所谓的。因为一切善恶、祸福在于知觉,而死了没有知觉。所以,正确认识了死对于我们是无所谓的,有涯的生命就有意味,不是因为这个认识给生命添加了无限的延续,而是因为它消除了我们对于不朽的向往。一个人真正理解了不活并不可怕,那么他在生活中就无所畏惧了。"

我想用以上这些话来结束此文正合适。

真正积极的人,只能是会爱别人的人,高尚的人。
　　　　　　　　　　　　　　——[俄]车尔尼雪夫斯基

我的世界观

○ [美] 爱因斯坦

爱因斯坦 (1879～1955) 物理学家，现代物理学的开创者和奠基人。生于德国，一九四〇年入美国籍。在物理学的许多领域均有贡献，比如阐明布朗运动、建立狭义相对论并推广为广义相对论、提出光的量子概念，并用量子理论解释光电效应、辐射过程和固体比热。获一九二一年诺贝尔物理学奖。

我们这些总有一死的人的命运是多么奇特呀！我们每个人在这个世界上都只做一个短暂的逗留，目的何在，却无所知，尽管有时自以为对此若有所感。但是，不必深思，只要从日常生活就可以明白：人是为别人而生存的——首先是为那样一些人，他们的喜悦和健康关系着我们自己的全部幸福；然后是为许多我们所不认识的人，他们的命运通过同情的纽带同我们密切结合在一起。我每天上百次地提醒自己：我的精神生活和物质生活都依靠着别人（包括活着的人和已死去的人）的劳动，我必须尽力以同样的分量来报偿我所领受了的和至今还在领受着的东西。我强烈地向往着俭朴的生活，并且时常为发觉自己占有了同胞的过多劳动而难以忍受。我认为阶级的区分是不合理的，它最后所凭借的是以暴力为根据。我也相信，简单淳朴的生活，无论在身体上还是在精神上，对每个人都是有益的。

我完全不相信人类会有那种在哲学意义上的自由。每一个人的行为，不仅受着外界的强迫，而且还要适应内心的必然。叔本华说："人能够做他所想做的，但不能要他所想要的。"这句话从我青年时代起，就对我是一个非常真实的启示。在我自己和别人生活面临困难的时候，它总是使我们得到安慰，并且永远是宽容的泉源。这种体会可以宽大为怀地减轻那种容易使人气馁的责任感，也可以防止我们过于严肃地对待自己和别人，它还导致一种特别给幽默以应有地位的人生观。

要追究一个人自己或一切生物生存的意义或目的，从客观的观点看来，我总觉得是愚蠢可笑的。可是每个人都有一定的理想，这种理想决定着他的努力和判断的方向。就在这个意义上，我从来不把安逸和快乐看做是生活目的本身——这种伦理基础，我叫它猪栏的理想。照亮我的道路，并且不断地给我新的勇气去愉快地正视生活的理想，是善、美和真。要是没有志同道合者之间的亲切感情，要不是全神贯注于客观世界——那个在艺术和科学工作领域里永远达不到的对象，那么在我看来，生活就会是空虚的。人们所努力追求的庸俗的目标——财产、虚荣、奢侈的生活——我总觉得都是可鄙的。

我对社会正义和社会责任的强烈感觉，同我显然的对别人和社会直接接触的淡漠，两者总是形成古怪的对照。我实在是一个"孤独的旅客"，我未曾全心全意地属于我的国家、我的家庭、我的朋友，甚至我最接近的亲人。在所有这些关系面前，我总是感觉到有一定距离并且需要保持孤独——而这种感受正与日俱增。人们会清楚地发觉，同别人的相互了解和协调一致是有限度的，但这不足惋惜。这样的人无疑有点失去他的天真无邪和无忧无虑的心境，但另一方面，他却能够在很大程度上不为别人的意见、习惯和判断所左右，并且能够不受诱惑要去把他的内心平衡建立在这样一些不可靠的基础之上。

我的政治理想是民主主义。让每一个人都作为个人而受到尊重，而不让任何人成为崇拜的偶像。我自己受到了人们过分的赞扬和尊敬，这不是由于我自己的过错，也不是由于我自己的功劳，而实在是一种命运的嘲弄。其原因大概在于人们有一种愿望，想理解我以自己的微薄之力通过不断的斗争所获得的少数几个观念，而这种愿望有很多人却未能实现。我完全明白，一个组织要实现它的目的，就必须有一个人去思考，去指挥，并且全面担负起责任来。但是被领导的人不应当受到强迫，他们必须有可能来选择自己的领袖。在我看来，强迫的专制制度很快就会腐化堕落。因为暴力所招引来的总是一些品德低劣的人，而且我相信，天才的暴君总是由无赖来继承，这是一条千古不易的规律。就是这个缘故，我总是强烈地反对今天我们在意大利和俄国所见到的那种制度。像欧洲今天所存在的情况，使得民主形式受到了怀疑，这不能归咎于民主原则本身，而是由于政府的不稳定和选举制度中与个人无关的特征。我相信美国在这方面已经找到了正确的道路，他们选出一个任期足够长的总统，他有充分的权力来真正履行他的职责。另一方面，在德国的政治制度中，我所重视的是，它为救济患病或贫困的人做出了比较广泛的规定。在人类生活的壮丽行列中，我觉得真正可贵的，不是政治上的国家，而是有创造性的、有感情的个人，是人

人尽管生活在时间中，却要进一步生活到永恒中去，要努力放弃肉体的生活水准，而坚持精神水准。
——[英]赫胥黎

格;只有个人才能创造出高尚的和卓越的东西,而群众本身在思想上总是迟钝的,在感觉上也总是迟钝的。

讲到这里,我想起了群众生活中最坏的一种表现,那就是我所厌恶的军事制度。一个人能够洋洋得意地随着军乐队在四列纵队里行进,单凭这一点就足以使我对他轻视。他所以长了一个大脑,只是出于误会,单单一根脊髓就可满足他的全部需要了。文明国家的这种罪恶的渊薮应当尽快加以消灭。由命令而产生的勇敢行为、毫无意义的暴行,以及在爱国主义名义下一切可恶的胡闹,所有这些都令我深恶痛绝!在我看来,战争是多么卑鄙、下流!我宁愿被千刀万剐,也不愿参与这种可憎的勾当。尽管如此,我对人类的评价还是十分高的,我相信,要是人民的健康感情没有被那些通过学校和报纸而起作用的商业利益和政治利益如此有计划地败坏,那么战争这个妖魔早就该绝迹了。

我们所能有的最美好的经验是神秘的经验。它是坚守在真正艺术和真正科学发源地上的基本感情。谁要是体验不到它,谁要是不再有好奇心也不再有惊讶的感觉,他就无异于行尸走肉,他的眼睛是迷糊不清的。就是这种神秘的经验——虽然掺杂着恐怖——产生了宗教。我们认识到有某种为我们所不能洞察的东西存在,感觉到那种只能以其最原始的形式为我们感受到的最深奥的理性和最灿烂的美——正是这种认识和这种情感构成了真正的宗教感情。在这个意义上,而且也只是在这个意义上,我才是一个具有深挚的宗教感情的人。我无法想象一个会对自己的创造物加以赏罚的上帝,也无法想象它会有像在我们自己身上所体验到的那样一种意志。我不能也不愿去想象一个人在肉体死亡以后还会继续活着。让那些脆弱的灵魂,由于恐惧或者由于可笑的唯我论,去拿这种思想当宝贝吧!我自己只求满足于生命永恒的神秘,满足于觉察现存世界的神奇的结构,窥见它的一鳞半爪,并且以诚挚的努力去领悟在自然界中显示出来的那个理性的一部分,即使只是其极小的一部分,我也就心满意足了。

如果只能活半年

○ [美] 海伦·凯勒

海伦·凯勒(1880~1968)　女,美国盲聋作家、教育家。她在幼年时因为一次高烧而导致失明及失聪。在她的导师安妮·沙利文的帮助下她学会说话,并开始和其他人沟通,最终毕业于哈佛大学。著有《我的一生》、《我的天地》、《假如给我三天光明》等。

我十九岁那年,母亲患上卵巢癌,不久于人世。那时我刚读完大学一年级,但既然母亲垂危,我身为家中五名子女的长女,便辍学回到在郊区的家里煮饭,照顾母亲。

那一年学到的东西实在不少。我在九月回家,母亲翌年一月去世。到了四月,我忽然醒觉自己还不至于一无所有:我仍活着,还真正享受呼吸的感觉。我看着水仙花和杜鹃花,心想,感谢上帝,活着多好啊。

我重回大学念书,看到周围那些视生命如包袱的小伙子,便知道自己彻头彻尾改变了,因为我觉得生命不折不扣是天赐的礼物。

有时候我会失去这种感觉。生活总有悲欢离合,人生也像潮汐起伏。这个时代视悲观为时髦。有些日子,一觉醒来,在报纸的头版可以看到我们实在低估了人类虐待、毁灭的能力。

我们虽是活在烦恼中,但能够和朋友谈心,建立亲密关系,以至看到周遭的种种美景,都令人欣喜。正因如此,一旦生命将逝,我们心中感触便格外强烈。我们只要细心想想,便知道人生是多么奇妙。我们知道,如果自己的生命只剩下六个月,便会双手牢牢抓住每一天,每一个小时。

令人啼笑皆非的是:人类善忘。今天我们比以前有更多时间去品尝生命,却总是忽略了包围我们的高科技产品和种种物质条件,都是我们的父辈以为有钱人家才可以享有的东西。

人的意志和劳动,将创造奇迹般的奇迹。
——[俄]涅克拉索夫

我们不但没有庆幸，反而只想到自己物质享受不够丰富。我们过度忙于工作，使养儿育女也成了沉重的负担。

坦白些说吧，我们享有的物质多得惊人。生命很美，因此我们应该让日子过得更好。我们如今享有那么多，如果不予回报，便是有所亏欠。

有些人对自己说：我不能为他人多付出一分钟，每天时间都不够用。这种话很容易出口。每当我这样想，便会记起我和母亲共度的那一天。她每星期有两天在家附近一个穷人施膳处工作。她除了赚钱养家，还有繁重的家务。我站在洗涤盆边看着她削甘笋皮，问她怎么会有时间做那么多事情。她抬头望望外面排队的人群，答道："我怎么会没有时间？"

问题并不是我们要不要这么做，而是非做不可。首先我们必须认清楚自己拥有多少。生命是神圣的。我说的不是什么了不起的理论，而是生命中所有的小事情：牵着自己孩子手的那种感觉，丈夫在灯下阅读的情景，还有你喜欢的零食、爱读的小说。生命是由许多短暂时刻交织而成的，如果那种美妙时刻不请自来，当然最好，但我们每天都如此繁忙，这种事是不会发生的，所以必须预留时间让这种时刻来临。

正因如此，我给大家出个考题：试着快快乐乐地过日子，试着欣赏人生与世间万物之美。同时，也给一些回报，因为你曾饱尝其中甘美。

什么小事都应该好好珍惜，不要让它淹没于浮生喧嚣中。如果不是这些小事给我们带来内心的满足感，人生成就不过尔尔。关杜琳·布洛克斯写道：

> 珍惜生命每一刻，否则它会转瞬即逝。不管悲喜，它不会重现眼前。

有时候我们遗忘了生命的奇妙之感。有时候我们受过惨痛教训才又懂得珍惜，就像我的经历一样。母亲去世那一年，我才认识到生命的真义：生命是如此光辉灿烂，我们怎么可以不珍惜？

我的人生总结(节选)

○ [法] 萨　特

　　萨特(1905～1980)　　法国作家、哲学家。存在主义主要代表之一。巴黎高等师范学校哲学博士。曾留学德国。主要著作有《存在与虚无》、《辩证理性批判》和剧本《苍蝇》、《隔离》,小说《厌恶》等。

　　直到三十岁,我还以为自己不会死的,但是现在,不必我去思考死亡,我已经知道自己确定会死的。我知道自己已经处于生命的最后阶段,因而,有些工作已经不适合我去做了。这并非由于它们太难,而是由于它们规模太大,因为我觉得自己的智力水平与十年前是完全一样的。对我来说,重要的是那些应该做的已经做了——不管好或坏,这是无关紧要的。无论如何,我已经尝试过了。而且,剩下的还只有十年的时间。

　　你对自己的一生满意吗?

　　相当满意。虽然我认为,如果我运气更好的话,我将能探讨更多的问题,并做得更好。

　　我没有被任何事所欺骗,我也没有对任何事感到沮丧。我见识过人,好的和坏的——而且,坏也只是相对某种目标而言的。我写过书、我生活过,我没有什么可后悔的。

　　我没有犯罪感,这是真的。我没有任何形式的犯罪感。我从来没有犯罪感,也没有犯罪。

　　再没有什么东西能使我特别激动的。我把自己放在比较超脱的位置上……

　　人走进喧哗的群众里去,为的是要淹没他自己的沉默的呼号。

　　　　　　　　　　　　　　　　——[印度]泰戈尔

只要有爱，就值得活在世上

○ [智利] 聂鲁达

聂鲁达 (1904～1973)　　智利诗人。曾任智利驻外领事、大使等职，以及智利作家协会主席。其代表作品有《二十首情诗和一支绝望的歌》、《诗歌总集》、《地球上的居所》等，回忆录《我曾经生活过》。获一九七一年诺贝尔文学奖。

许多年前，我沿着朗科湖向内地走去，我觉得找到了祖国的发祥地，找到了既受大自然攻击又受大自然爱护的诗歌的天生摇篮。

天空从柏树高高的树冠之间露出来，空气飘逸着密林的芳香。一切都有响声，又都寂静无声。隐匿的鸟儿在窃窃低语，果实和树枝落下时擦响树叶，在神秘而又庄严的瞬间一切都停止了，大森林里的一切似乎都在期待什么。那时候一个新的生命即将诞生，诞生的是一条河流。我不知道这条河叫什么，但是它最初涌出的纯洁的、暗色的水流几乎无法看见，涓细而且悄然无声，正在枯死的大树干和巨石之间寻觅出路。

千年树叶落在它的源头，过去的一切都要阻挡它的去路，却只能使它的道路溢满芳香。年轻的河流摧毁腐朽的枯叶，满载着新鲜的养分在自己行进的路上散发。我当时想，诗歌的产生也是这样。它来自目力所不及的高处，源头神秘而又模糊，荒凉而又芳香，像河流那样容纳一切汇入的小溪，在群山中间寻觅出路，在草原上发出　琮的歌声。它浇灌田野，向饥饿者提供食粮。它在谷穗里寻路前进。赶路的人靠它解渴；当人们战斗或休息的时候，它就来歌唱。

它把人们联结起来，而且在他们中建立起村庄。它带着繁衍生命的根穿过山谷。

歌唱和繁殖就是诗。

它离开神秘的地下，繁殖着，唱着歌向前奔流。它以不断增长的运动产生出能量,去磨粉、鞣皮、锯木、给城市以光明。它造福,黎明时岸边彩旗飞扬:总要在会唱歌的河边欢庆节日。

我记得在佛罗伦萨时,有一天去参观一家工厂。在厂里我给聚集在一起的工人朗诵我的诗,朗诵时我极其羞怯,这是任何一个来自年轻大陆的人在仍然活在那里的神圣幽灵近旁说话时都会有的心情。随后,该厂工人送我一件纪念品,我至今仍然保存着。那是一本一四八四年版的彼特拉克①诗集。

诗已随河水流过,在那家工厂里歌唱过,而且已经同工人们一起生活了几个世纪。我心目中的那位永远穿着修士罩袍的彼特拉克,是那些淳朴的意大利人中的一员,而我满怀敬意捧在手里、对我具有一种新的意义的那本书,只不过是拿在一个普通人手里的绝妙工具。

我想,前来参加这个庆祝会的有我的许多同胞,还有一些别国的男女知名人士,他们绝不是来祝贺我个人,而是来赞扬诗人们的责任和诗的普遍发展。

我们大家在这里欢聚一堂,我很高兴。想到我的那些经历和写过的东西能使我们接近起来,我感到由衷的欣慰。确保全体人类相互认识和了解,是人道主义者的首要责任和知识界的基本任务。只要有爱,就值得去战斗和歌唱,就值得活在世上。

我知道,在我们这个被大海和茫茫雪山隔绝的国度里,你们不是在为我,而是在为人类的胜利而举行庆祝。因为,如果这些高山中最高的山,如果这汹涌的波涛,最激烈的太平洋波涛,曾经企图阻止我们的祖国向全世界发出自己的声音,曾经反对各国人民的斗争和世界文化的统一,现在这些高山被征服了,大洋也被战胜了。

在我们这个地处偏远的国家里,我的人民和我的诗歌为增进交往和友谊进行了斗争。

这所大学履行其学术职责,接待我们大家,从而确立了人类社会的胜利和智利这颗星辰的荣耀。

鲁文·达里奥在我们南极星的照耀下生活过。他来自我们美洲美妙的热带地区。他大概是在一个跟今天一样的天空澄碧、白雪皑皑的冬日来到瓦尔帕莱索的,来重建西班牙语的诗歌。

今天,我向他那星星般的壮丽,向他那仍在照耀我们的晶莹的魅力,寄予我的全部思念和敬意。

昨夜,我收到第一批礼物。其中有劳拉·罗迪格带给我的一件珍品,我十分

①波特拉克,意大利诗人,欧洲文艺复兴时期人文主义先驱之一。

最困难的职业就是怎样为人。

——[古巴]何塞·马蒂

激动地把它打开来。这是加夫列拉·米斯特拉尔的《死的十四行诗》的手稿,是用铅笔写的,而且通篇是修改的字迹。这份手稿写于1914年,但依然可以领略到她那笔力雄健的书法特色。

我认为,这些十四行诗达到了永恒雪山的高度,而且具有克维多①那样的潜在的震撼力。

此刻,我把加夫列拉·米斯特拉尔和鲁文·达里奥都当作智利诗人来怀念,在我年满五十周岁之际,我想说,是他们使真正的诗歌永远常青。

我感激他们,感激所有在我之前用各种文字从事笔耕的人。他们的名字举不胜举,他们有如繁星布满整个天空。

我生命的核心

○ [法] 罗 丹

罗丹(1840~1917) 法国著名雕塑家。十四岁开始学画,后学习雕塑。受米开朗琪罗作品的启发,确立了现实主义的创作手法。代表作品有《青铜时代》、《思想者》、《巴尔扎克》、《吻》、《夏娃》等。另有《艺术论》传世。他的创作对欧洲近代雕塑的发展有较大影响。

上帝创造天,并不是为了叫我们不要去看它。科学是块面罩:揭掉面罩,去看吧! 去寻找美!

美为野兽而存在,美吸引野兽。美促使它们选定各自的发情期。它们懂得美是信号,是幸福和健康的保障。可是,会思考并相信思考的人,如今却对野兽始终懂得的事情一无所知。人们造就我们,是为了让我们接受不幸。人们强加给我们的可恶的教育,从我们的孩提时代就向我们隐匿掉光明。

人到了能够概述自己不断体验美妙事物的年纪,是何等的快事!

---

① 克维多,西班牙作家、诗人。

人为什么活着——全球139位大师的答案

大自然的一切景象都是美妙的,只要去爱,就能洞察它们的奥秘。唯一的爱的思想,即热爱大自然,是我生命的核心。

环境决不会压倒精神,也决不会压倒法则。

审美感是必不可缺的,是不朽的。

在我感到自己的欣赏功能如此活跃时,我深信这一点。这一功能,人人都有。它会昏昏入睡,也会如梦初醒。

我也不是从来就认识全部真理的。我对那些向我揭示真理的力量多么由衷地感谢! 今天,通过这个花香四溢的春日清晨,我的回忆簇拥着我,把我送回我的过去,我想起漫长而美妙的学习:它们给了我生活的情趣,并把它的奥秘教给了我。

我从何处得到这一恩惠的?

起初,是从我穿过森林的多次远途散步中,散步使我发现了天。天,从前我自以为我每天都看见它,但是,有一天,我才看见了它。

以后,是从模特儿从活人模特儿身上。模特儿对我不言不语,却激发起我的热情,使我变得很有耐心,并给我以理解作为众花之花的这朵人类之花的欢欣。我的赞美之心总是越来越高涨,越来越博大,我的观察力也变得敏锐了……

对我来说,掌握一种手艺,可以使我向大自然倾诉我的爱,是何等的幸福! 啊! 这位模特儿,这座生命的圣堂……

这便是我在我的心中采集的蜜。我在永恒的感恩中看到,心的雄辩的使者纷纷飞向上帝,飞向上帝造出的妙人儿。另一些人愿意享受同样的幸福,而且,我深知,那些人,眼下,就像所有的世纪,和我一起,崇拜着美。美不会死去。

人真正的完美不在于他拥有什么,而在于他是什么。

——[英]王尔德

我的人生态度①

〇 贾平凹

贾平凹 原名贾平娃。一九五二年生,陕西丹凤人。中国当代作家。毕业于西北大学中文系。著有长篇小说《废都》、《秦腔》、《商州》、《白夜》、《浮躁》、《腊月·正月》、《天狗》、《高老庄》、《怀念狼》等。

对人生我确实不是特别乐观,但是你还得活下去,你总不能成天愁眉苦脸的,但总体上你感觉,人生苦难得很。我当年第二个孩子出生的时候,我就不主张再生孩子,我说大人都活得累,你何必再生个孩子? 不光是你把她养起来,咱也要受很多罪,孩子长大了也是,将来要活受罪。你说现在这孩子,七岁就得上学,自从七岁以后一直到她死,她就没有一天能过得轻松,受那个罪干啥? 当时我心里说,要生个孩子,还不如去种一棵树,树还无忧无虑的,种棵树总比你生个孩子要强。但是世俗吧,你不要孩子又不行,你还得过这种日子,那就过这种日子吧,那就只好这样受罪吧。小孩你要监管她,长大以后,上学、就业、结婚、生子……那事情是多得一塌糊涂,咱这一生就为那些奋斗了,不说奋斗,就挣扎了一辈子吧,生下那个娃又继续……但是你想一想,人类本来就是这样过来的,你总得……就像农村有句话说是,年儿好过,月儿好过,日子难过。这每一天它都难过,这每一天每一天都得要过去。你说现在我活得多痛快? 我倒不觉得活得多痛快着呢。但是死活总得要过下去,对人来说,小段小段的,它有它的欢乐在里头,但总体来说它不是欢乐的。换一个角度来讲吧,我看过托尔斯泰有一句话,他的意思是,原话不是这样的,"我们都诞生于爱的"。父母在做爱过程中才诞生我们的生命,他是从爱的角度来探索,我们活着的这个世上是充满爱心的,我们就来自爱。但是现在基本上好多年轻人要孩子吧,它不是爱,它是

①节选自女作家走走根据采访贾平凹的录音整理而得的《贾平凹谈人生》一书。题目为本书编者所加。

爱的附加品,它那是没办法的,无奈的结果。原来吧都是为了传宗接代,现在倒不谈这个传宗接代了。我老讲,传宗接代那个意义对现代人来讲已经淡漠了。你比如说,问你爷爷是谁,叫啥,一般人都不知道他爷爷叫啥,更不知道他爷爷那个父亲叫啥,你连你爷爷的名字都不知道,你怎么给他传宗接代? 所以说传宗接代对他爷爷或者对他父亲来说,是毫无意义的事情。一般人都是为了自己来活着,要一个孩子还是想为自己带来笑声、欢乐、玩耍啊、解脱这个苦闷啊,但是孩子长大以后,就为孩子开始奔波。现在好多父母都是为了孩子最后能有出息啊,瞎耗叨工夫。我看到那些吧,自己简直是觉得很可悲。但是轮到自己身上吧,自己不做那又不行。你比如说现在教育孩子,要按我那意思就叫孩子不学习,想玩就玩,多好啊,小孩嘛。但是又没办法,整个中国都是那样,你在教你孩子玩吧,你孩子学习不好就考不上大学,这个很矛盾。人这一生就是很矛盾的,很无奈地跟着人家朝着这个方向走。所以我在想吧,咱们或许就是芸芸众生,随大流,别人怎么走你就得走,你不走就不行。就像"文化大革命",你不去上街游行,你感觉自己都不是个人了,潮流到了这个时候就没办法了。不停地有对抗,但是最后它还是没办法的。

一个人的一生太渺小了,不是说对大自然,相对而言,它是渺小的。我总想吧,自己一转眼都五十多了,五十年都过去了,你还能活多少呢? 好像没干出个啥东西马上就老了。你看就包括这世界上多伟大多厉害的人物,他一生也就干了一两件事情,更多的人是一两件事也没干成。刚才看凤凰卫视陈鲁豫采访戈尔巴乔夫,作为一个个体生命来讲,每个人都是悲剧的,他不管当面多显赫……我没看完,我打开时已经放一半了,当时马上吸引我的是看一下他这个人本身,他作为一个总统来讲,或者在历史上有重要的一笔可以记载他,但是作为他的个体生命来说,很悲凉的,这辈子很可悲的。我看他一个月只拿两美元的退休金,叫现在咱一般人都想象不来。尤其是最后他到那个农场去,到老家去,那个老太太,他的亲属吧,他抱住她,他说我老了,为这样为那样……那一看就和咱平常自己生活差不多。平常他在位置上的时候,咱把他当成伟人,与咱们多么遥远,其实他也就是……每个人都有很可悲、悲凉的一面。其实任何人,不管他是干啥的,原来说一家不知一家难,你要他说起自己的事情,他都和咱一样的。

人是一个初生的孩子,他的力量,就是生长的力量。

——[印度]泰戈尔

遵 从 生 命

○ 冯骥才

冯骥才 当代作家。原籍浙江慈溪,一九四二生于天津。著有长篇小说《义和拳》(与李定兴合著)、《神灯前传》,中篇小说集《铺花的歧路》、《啊!》、《神鞭》、《三寸金莲》,短篇小说集《雕花烟斗》、《意大利小提琴》,电影文学剧本《神灯》等。部分作品已被译成英、法、德、日、俄等文字在国外出版。现任中国文联副主席、中国小说学会会长、中国民间文艺家协会主席等职。

一位记者问我:"你怎样分配写作和作画的时间?"

我说,我从来不分配,只听命于生命的需要,或者说遵从生命。他不明白,我告诉他:

写作时,我被文字淹没。一切想象中的形象和画面,还有情感乃至最细微的感觉,都必须"翻译"成文字符号,都必须寻觅到最恰如其分的文字代号,文字好比一种代用数码。我的脑袋便成了一本厚厚又沉重的字典。渐渐感到,语言不是一种沟通工具,而是交流的隔膜与障碍———一旦把脑袋里的想象与心中的感受化为文字,就很难通过这些文字找到最初那种形象的鲜活状态。同时,我还会被自己组织起来的情节、故事、人物的纠葛,牢牢困住,就像陷入坚硬的石阵中。每每这个时候,我就渴望从这些故事和文字的缝隙中钻出去,奔向绘画……

当我扑到画案前,挥毫把一片淋漓光彩的彩墨泼到纸上,它立即呈现出无穷的形象。莽原大漠,疾雨微霜,浓情淡意,幽思苦绪,一下子立见眼前。无须去搜寻文字,刻意描写,借助于比喻,一切全都有声有色、有光有影地迅速现于腕底。几根线条,带着或兴奋或哀伤或狂愤的情感;一块块水墨,真切切的是期待是缅怀是梦想。那些在文字中只能意会的内涵,在这里却能非常具体地看见。

绘画充满偶然性,愈是意外的艺术效果不期而至,绘画过程愈充满快感。从写作角度看,绘画是一种变幻想为现实、变瞬间为永恒的魔术。在绘画天地里,画家像一个法师,笔扫风至,墨放花开,法力无限,其乐无穷。可是,这样画下去,忽然某个时候会感到,那些难以描绘、难以用可视的形象来传达的事物与感受也要来困扰我。但这时只消撇开画笔,用一句话,就能透其精髓,奇妙又准确地表达出来,于是,我又自然而然地返回了写作。

所以我说,我在写作写到最充分时,便想画画;在作画作到最满足时,即渴望写作。好像爬山爬到峰顶时,纵入水潭游泳;在波浪中耗尽体力,便仰卧在滩头享受日晒与风吹。在树影里吟诗,到阳光里唱歌,站在空谷中呼喊。这是一种随心所欲、任意反复的选择,一种两极的占有,一种甜蜜的往返与运动。而这一切都任凭生命状态的左右,没有安排、计划与理性的支配,这便是我说的:遵从生命。

这位记者听罢惊奇地说,你的自我感觉似乎不错。

我说,为什么不。艺术家浸在艺术里,如同酒鬼泡在酒里,感觉当然良好。

我要向我的读者告别

○ [印度] 甘 地

甘地 (1869~1948) 印度现代民族解放运动的著名领袖。留学英国。倡导对英国殖民政府开展"非暴力不合作运动",一九四八年为印度教极右派分子刺死。著有《印度自治》、《自传——我体验真理的故事》等。在印度被尊称为"圣雄"。

我的生活,从以后,便是完全公开了,人们所不知道的只有极少数的琐碎事情。而且,从一九二一年开始,我与国大党的领导人在一起密切地工作,因此我在叙述此后阶段我的内心生活的历程时不得不提到我同他们之间发生的种种关系。今天,史罗昙纳吉、德希班度、哈钦·萨希布和拉拉吉虽然已与我们永

自然会循环,人类会前进。
——[法]杨 格

别了，可是我们很幸运地还能和很多其他老练的国大党领导人在一起共同生活和工作。国大党如何创建的历史，我在前文中已经有所叙述，而且它依然还在不断前进和创新的过程中。而我在最近7年中对于真理的主要体验，都是完全靠着国大党的支持，并且通过国大党而进行的。因此，如果我要继续叙述我此后的经历，我将不能不牵涉我同这些领导人的关系。而这一点我是不能这么做的，即使是仅仅因为礼貌，至少在目前我是不能这么做的，我也不愿意这么做。最后，我对于我目前所有的经验，还不能下确切的结论。因此，我觉得现在最好的办法是不提为妙。我以为我的简单的责任就是，在这里结束我的叙述。而且说实话，我的笔也已经本能地不让我再写下去了。

我不得不向读者告别，心里自然有些感触。我很尊重我的体验的价值。我不知道我是否能够表现出它的自身价值，并且能公正地对待它。在这里，我可以说明的是，我已经尽我所能对所有的事情都很忠实地叙述出来。我一直不懈地追求的是，把我所感觉到的和我所确切得到的结论，根据实际情况描述出来。这种尝试使我在内心上得到一种无法形容的宁静，因为我最真挚的愿望就是向给予怀疑者或信念薄弱的人以信心，使他们更坚定地信仰真理和非暴力。从我一生的经历给予我的经验，使我确信，除了真理以外，没有别的神灵。我在前面这篇文字中所叙述的种种事实与心路历程，都不外乎是要向读者说明实现真理的唯一办法就是非暴力。如果我没有能够充分地将这一思想表述出来，那么我花在这本书上的工夫几乎可以说是徒劳无用的。即使我在这方面的努力得不到结果，那也只能把它归结于方式而不是原则上的错误。虽然我是那么诚挚地致力于非暴力，但是终究还不能达到尽善尽美的地步。因此，仅根据我在一瞬间所瞥见的一点点真理的光辉，还很难把真理的无法形容的所有的光辉展现出万分之一，这光辉的强烈，实在比我们日常亲眼看见的太阳的光辉要强烈千万倍。实际上，我所瞥见的只不过是这个伟大的光明的最微弱的一线而已。然而我可以根据我的亲身体验确定地向读者证实说，要窥见真理的完全面目，只有完全地实行非暴力。

要想体会到普遍的和无所不在的真理的精神，仅仅净化自己是不行的，而必须爱护一切有生之物，甚至于对最卑微的生物也应如此。而一个有志于此的人，便不能对生活的任何方面采取超然的态度。这就是我为什么坚持不懈地追求真理而不得不投身于政治的原因。如果没有这种行动，我认为我的非暴力思想终归是一句空话。我可以确信地、并抱着最谦逊的态度这么说，那些抱着宗教与政治无关的看法的人，实际上并没有真正明白宗教的意义。要想和有生之物共同化为一体，而不进行自我净化，那是不可能的；没有自我净化的工作，要遵行非暴力的法则也必然是一种梦想；凡是心地不纯洁的人，是无法认识神灵的。因此，自我净化就是要净化生活中一切思想和行为。这种净化的过程是非常具有感染力的，一个人如果能做到自我净化，那么他必定会使周围的环境也自然净化起来。然而自我净化的道路是崎岖难行的。一个人为了要达到完全净化的境界，就应该超升到爱与恨的逆流之上，就必须从爱与憎等感情中解脱出来，在思想、言语及行为方面成为一个绝对没有过激倾向的人。我虽然常努力不懈，但是我知道自己还没有达到这三个方面的纯洁。所以世俗的荣耀不能使我感动，实际上它时常使我感到烦恼。我认为要克服微妙的情欲比用武器去征服客观世界要困难得多。自从我回到印度以后，我总感到情欲一直在我的内心潜伏着。这种感觉使我感到惭愧，但是从不为此而气馁。这些经验和尝试使我得以支撑下去，并给我以莫大的喜悦。但是我知道在我的面前横着一条崎岖的道路，我必须穿越它。我应该把自己化为零。一个人若不能自动地把自己列为同伴中最后的位置，那么他终究不能解脱，因为非暴力是最大限度的谦虚。

在向读者道别时，我请读者同我一起来向"真理之神"祈祷，求他赏赐我在思想言论和行为方面的非暴力的恩典。

我 的 四 季

○ 张　洁

张洁　女，当代著名作家。原籍辽宁，一九三七年生于北京。著有《爱是不能忘记的》、《祖母绿》等。其小说《沉重的翅膀》、《无字》分获第二届、第六届茅盾文学奖。是我国唯一荣获两届茅盾文学奖的作家。

生命如四季。

春天，我在这片土地上，用我细瘦的胳膊，紧扶着我锈钝的犁。深埋在泥土里的树根、石块，磕绊着我的犁头，消耗着我成倍的体力。我汗流浃背，四肢颤

当人是兽时，他比兽还坏。

——[印度]泰戈尔

抖,恨不得立刻躺倒在那片刚刚开垦的泥土之上。可我懂得我没有权利逃避,在给予我生命的同时给予我的责任。我无须问为什么,也无须想到有没有结果。我不应白白地耗费时间,去无尽地感慨生命的艰辛,也不应该自艾自怜命运怎么这样不济,偏偏给了我这样一块不毛之地。我要做的是咬紧牙关,闷着脑袋,拼去全身的力气,压到我的犁头上去。我绝不企望找谁来代替,因为在这世界上,每人都有一块必得由他自己来耕种的土地。

我怀着希望播种,那希望绝不比任何一个智者的希望更为谦卑。

每天,我望着掩盖着我的种子的那片土地,想象着它将发芽、生长、开花、结果,如一个孕育着生命的母亲,期待着自己将要出生的婴儿。我知道,人要是能期待,就能够奋力以赴。

夏日,我曾因干旱,站在地头上,焦灼地盼过南来的风,吹来载着雨滴的云朵。那是怎样地望眼欲穿、望眼欲穿啊!盼着、盼着,有风吹过来了,但那阵风强了一点儿,把那片载着雨滴的云朵吹了过去,吹到另一片土地上。我恨过,恨我不能一下子跳到天上,死死地揪住那片云,求它给我一滴雨。那是什么样的痴心妄想!我终于明白,这妄想如同想要拔着自己的头发离开大地。于是,我不再妄想,我只能在我赖以生存的这块土地上,寻找泉水。

没有充分的准备,便急促地上路了。历过的艰辛自不必说它,要说的是找到了水源,才发现没有盛它的容器。仅仅是因为过于简单和过于发热的头脑,发生过多少次完全可以避免的惨痛的过失——真的,那并非不能,让人真正痛心的是在这里:并非不能。我顿足,我懊恼,我哭泣,恨不得把自己撕成碎片。有什么用呢?再重新开始吧,这样浅显的经验却需要比别人付出加倍的代价来换取。不应该怨天尤人,会有一个时辰,留给我检点自己!

我眼睁睁地看过,在无情的冰雹下,我那刚刚灌浆、远远没有长成的谷穗,在细弱的稻秆上摇摇摆摆地挣扎,却无力挣脱生养它,却又牢牢地锁住它的大地,永远没有尝受过成熟是怎么一种滋味,便夭折了。

我曾张开我的双臂,愿将我全身的皮肉,碾成一张大幕,为我的青苗遮挡狂风、暴雨、冰雹……善良过分,就会变成糊涂和愚昧。厄运只能将弱者淘汰,即使为它挡过这次灾难,它也会在另一次灾难里沉没,而强者却会留下,继续走完自己的路。秋天,我和别人一样收获。望着我那干瘪的谷粒,心里有一种又酸又苦的欢乐。但我并不因为我的谷粒比别人干瘪便灰心或丧气。我把它们捧在手里,紧紧地贴近心窝,仿佛那是新诞生的一个自我。

富有而善良的邻人,感叹我收获的微少,我却疯人一样地大笑。在这笑声里,我知道我已成熟。我已有了一种特别的量具,它不量谷物只量感受。我的邻人不知和谷物同时收获的还有人生。我已经爱过、恨过、欢笑过、哭泣过、体味过，彻悟过……细细想来，便知晴日多于阴雨，收获多于劳作。只要我认真地活过，无愧地付出过，人们将无权耻笑我是入不敷出的傻瓜，也不必用他的尺度来衡量我值得或是不值得。

到了冬日，那生命的黄昏，难道就没有什么事情好做？只是隔着窗子，看飘落的雪花、落寞的田野，或是数点那光秃的树枝上的寒鸦？不，我还可以在炉子里加上几块木柴，使屋子更加温暖；我将冷静地检点自己：我为什么失败，我做错过什么，我欠过别人什么……但愿只是别人欠我，那最后的日子，便会心安得多！

再没有可能纠正已经成为往事的过错。一个生命不可能再有一次四季，未来的四季将属于另一个新的生命。

但我还是有事情好做，我将把这一切记录下来。人们无聊的时候，不妨读来解闷。恨我的人，也可以幸灾乐祸地骂声：活该！聪明的人也许会说这是多余。刻薄的人也许会演绎出一把利剑，将我一条条地切割。但我相信，多数人将会理解，他们将公正地判断我曾做过的一切。

在生命的黄昏里，哀叹和寂寞的，将不会是我！

想一想，世间还有关怀你的人吗？还有你所关怀的人吗？难道世间无任何温暖与善意，值得你眷恋？难道你已无法发出生命的热忱，去与别人感应？想一想，至少还有许多"曾经"爱过的人，如父母、亲人、老师、朋友……

幸福、献身和意义

Xing Fu Xian Shen He Yi Yi

人不可能让自己沉湎于当代幸福观所暗示的那种单调枯燥的生活状态，这是一个简单的真理。虽然人们普遍认为满足、悠闲、舒适、娱乐和达到全部目的就意味着幸福，但事实恰恰相反，这一切并没有给人带来幸福。

圣 洁 的 死 (节选)

○ [英] 耶利米·泰勒　　译/杨周翰

　　耶利米·泰勒(1613～1667)　　剑桥出身的高层教职人士。亲睹王权灭亡,又逢中年丧偶,遂形成独特的消极出世观念。后世著名诗人柯尔律治誉之为继莎士比亚、培根、弥尔顿后英国早期四大才子之一。《圣洁的生》和《圣洁的死》均为其宗教修身代表作。

　　有一句希腊谚语说,人是一个水泡,后来琉善①把它发展了,并具体化了,他说,整个世界是一场风暴,一代一代人的出现,就像从降雨的天帝那里,从上帝那里,从天上的露珠,从人的一滴泪,从大自然和神意那里,落下的水泡。有的立刻沉入他们的母亲——洪水之中,被一片水淹没,他们来到世界上不为其他,只是为了能死去才出生;有的浮沉两三遭,就突然消失,让位于其他水泡;在水面上活得最久的则不停地动荡,彷徨而不安,被云端落下的大雨滴击碎,辗平,变成碎末,这并非什么大变化,它本来是空无,所以也不可能更加空无。人莫不如此,人在空无中、在罪孽中诞生,他就像朝菌一样来到世上,不一刻就把菌头伸入上空,和同类的滋生物为侣,又过一刻就变成了泥土,为人所遗忘;还有一些人,与人间事几乎全然无涉,只不过使父母得到些许快乐,更多的痛苦;有的在风浪中浮沉得久一些,也许活了七个空虚的年头,随后,太阳可能热辣辣地照在他们头顶,他们就堕入下界阴间,被死亡覆盖,黑暗的坟墓把他们掩藏。设若这个水泡经受住了大水滴的冲击,度过了幼年的种种危险,如逃脱了奶娘的疏忽,没有被一桶水溺毙,或没有被一个昏睡的仆人用被子闷死,以及种种小事故,他成长为少年了,他就像一个水泡一样跳舞,空虚而欢乐,像鸽子的颈毛一样焕发光彩,又像彩虹的形象,没有实体。它的形状和色彩都是幻

---

① 琉善(125～180),希腊哲学家,以写讽刺对话录著称。

影,就这样,他的青春就在欢乐的舞蹈中消磨掉,但时时刻刻又身处于风暴之中,忍受着,无非是因为大雨点没有敲着他的头,没有因为吃肉太多不消化而胀死,或没有因为体液不调而窒息。一个人在这么多危机和不利条件下能活下来,真可算是奇迹,不亚于创造他的奇迹。保存一个人,不使他奔向寂灭,与最初从无中把他抽绎出来,两者都是万能主显能的结果。因此,世上的智者都各逞奇才,要用最恰当的字眼来描写人的处境如何虚幻短暂。荷马把人比做一片叶子①,它是一株生命短促、根扎不牢的植物上面的最小最弱的一部分。品达②,把人叫做影之梦,又叫做烟影之梦。圣雅各③说得更为神妙,他说,我们的生命不过是一团气,是受天体影响之后从大地里抽引出来的,是用烟或成色较轻的水做成的,随风俯仰,受高处的物体所推动,本身没有能动性,它或被托到上方,或停留在下方,全看它的义父太阳的高兴。但实际上它比这还轻。它不过是个现象,是气的幻影,是鬼影,没有实体,它甚至连一团雾也算不上,造不出一次阵雨来,也没有造一朵云的材料;它就像卡西欧庇亚的坐椅,佩洛普斯的肩④,天上的黄道现象,你找不出一个字眼更能真实地表达它的空无。不过,这个字眼总是越来越小,一团气、幻影,或者一个纯粹的现象,而且十分短暂;梦和幻象霎时间就消失了,就像消失了的影子,或像讲完了的故事,或醒后的梦;人是这样的空虚、这样飘忽、这样容易灭亡的一件东西,甚至在幻想中也不能存在很久;人走了,被人遗忘了,就像一个狂人做的梦。总而言之,你作为一个人,世界上没有任何事物,在升和降、光明与阴影、痛苦与愚蠢、笑与哭、呻吟与死亡等方面能和你相比。

　　为了增长智慧,为了一个人的精神,这方面的考虑是极有用极必要的。时间的嬗递,大自然的变易,阴阳的幻化,人间的亿万个偶然,每个人每个生物的种种意外,都是在为我们的葬礼宣讲,提醒我们去注意那掘墓老人"时间"怎样地在挖土掘墓,好让我们埋葬我们的罪孽或悲哀,把我们的尸体种下,等到美好的永恒,或难以忍受的永恒,再生长出来。太阳每绕世界一周就是生与死分割一次,而到第二天两部分都被死亡所占有,我们生活过的岁月已成过去,那时的我们可以说已经死去,我们再也不能过一次以往的岁月了,一直到上帝结

---

① 《伊利亚纪》六卷,一四六行。

② 品达,公元前六世纪希腊诗人。见他的《皮提亚颂歌》第八首九五行。

③ 《新约·雅各书》第四章十四节。

④ 卡西欧庇亚,希腊神话中的埃塞俄比亚王后,因夸耀自己的美貌,被罚成为星座,呈一妇人坐在椅上两手伸向上苍作祈祷状。佩洛普斯是希腊神话中的人物,他的肩被吃掉(后来又安上一个象牙假肩)。坐椅与肩部都谓不存在的事物。

　　　　　人类,犹如一支浮标,任何风浪也无法使它沉没。相反,它终将找到自己的安全港。

　　　　　　　　　　　　　　　　　　——[美]梭　罗

束我们的寿命。最初，当我们从母胎出生，感受到太阳的温暖，我们可以说是换了一个世界。然后，我们又入睡，进入形似死亡的境界，对世界的变易漠不关心，即使我们的母亲、奶娘死了，或野猪毁了我们的葡萄园，或我们的国王生病了，我们都不在意，就像我们的眼睛被大地里流泪的泥土封闭了一样。过了七岁，我们的乳牙掉了，在我们还未死时就死去了，就像一出悲剧必要的序曲一样，此后每隔七年都有可能变成我们生命的最后一幕①，可能由于自然原因，或偶然原因，或自己作孽，我们的身体瓦解，一部分衰弱了，一部分松弛了，我们也尝到了坟墓的滋味，庄严葬礼的滋味。开始是我们身体的作孽的那些部分，继而是作为装饰的那些部分，不用很久，那些必不可少的部分也变得无用了，像一个破钟的齿轮那样搅成一团。发秃不过是我们葬礼的准备，适合于哀吊的装饰，适合于一个已经深入到死亡的领域或领地的人的装饰物。此外，我们还有许许多多具有同样意义的东西，如白发、朽牙、模糊的目力、抖颤的关节、气短、肢僵、皮皱、记忆力差、食欲不振。每天，我们都需要补偿夜晚失掉的一部分，因为我们晚上躺在死神的怀抱里，睡在他的外间屋，他整夜蚕食我们。我们的精神也消耗去我们每天吃的面包和肉的一部分，我们每进餐一次，就是从死亡中得救一次，并准备着下一次的死亡。每当我们产生一个念头时，我们在死去，敲钟的时辰，就是在计算我们的"永恒"；我们用我们的鼻息吐字说话，我们每说一个字，就少一分赖以生存的东西。

　　大自然就是这样用导致死亡的事与物引我们去考虑死亡，上帝用各种表象显示天意，使我们到处在各种不同的环境都看到死亡；尽管死亡的装扮不同，每个人运用想象有意去寻找，都能看到它。大自然每年给我们一次收获，而死亡给我们两次，春季和秋季把成群的男女送到骷髅间去②，等到天狗星升起③，夏天热得要死，秋天把收获的果实储藏起来准备做一年的粮食，于是收获的人就大吃，吃得胀死，粮食对他也无用了，他自己也被"储藏"起来了，等候"永恒"；侥幸不死的人，挨到了冬天，那也无非是挨到另一个死的机会，冬天的恶劣气候也有种种使他致死的方法。可见，我们的每时每刻都受死亡的统治。秋天的果实给我们准备了疾病，冬季的寒冷使我们的疾病加重，春天的花朵用来洒在我们的灵车上，夏天的绿草和荆棘覆盖着我们的坟墓。热病、贪食、恶寒、疟疾相当于一年的四季，都导致死亡，不论你走在何处，你都会踏着死者的骸骨。

①在据传是索伦(公元前七世纪)写的诗里，把人生七十岁分为十个阶段，后来又有人分为七个阶段，三世纪犹太教密西拿法又分为十四个阶段。莎士比亚《皆大欢喜》杰奎斯把人生分为七个阶段。
②指堆积掘墓人挖出的骷髅的场所。
③七八月间。

庞特隆纽斯①书里的那个狂人抱着一张破桌子从一条沉船上脱险，躺在岩石上晒太阳，忽然看见一个人躺在海浪上飘动，他的衣褶里满是沙砾，坠着他，被他彬彬有礼的仇人——大海，推向岸边去找一片墓地。这景象不禁使他陷入悲哀的沉思：也许这个死者的妻子在大陆的某处，安全而温暖，正在盼望良人下个月归来；他的儿子也许根本不知道有过这场风暴；他的老父还在回忆儿子告别时温存地吻他面颊的情景，想到他所疼爱的儿子又将回到慈父的怀抱，快活得流下热泪。这些都是凡人的思考，是他们一切心愿的总归：一个厄运的引航人、汹涌的大海、扯断了的缆绳、一块坚硬的岩石、一阵暴风，把一家人的全部幸福击得粉碎，由于这不幸的事件而哭得最响的那些人，虽然没有遭遇风暴，却已经遭受到了沉船的痛苦。那人看了看这具尸体，认出他就是船长，这船长前一天还在计算他的产业和买卖，还在说某天某天他可以到家了。现在，请看两天前还在发脾气的这个人，现在却漂在水里，他的七情六欲也随着风暴的平息而平息了，他的账也算完了，他的忧虑结束了，他的航程已到了尽头，他的收获却是死亡结的果，且不说他的收获是好是坏，活着的人很少花点精力去考虑死者的利益了。

光荣的荆棘路

○ [丹麦] 安徒生　译/叶君健

安徒生 (1805～1875)　丹麦著名童话作家，世界童话文学创始人。代表作有《海的女儿》、《野天鹅》、《丑小鸭》、《影子》、《卖火柴的小女孩》、《幸运的贝儿》等。他的童话体现了丹麦文学中的民主传统和现实主义倾向，脍炙人口，到今天还为世人传诵。

从前有一个古老的故事："光荣的荆棘路：一个叫做布鲁德的猎人得到了

---

①庞特隆纽斯，公元一世纪罗马作家，著有讽刺小说《萨蒂里康》。

无上的光荣和尊严，但是他却长时期遇到极大的困难和冒着生命的危险。"我们大多数的人在小时已经听到过这个故事，可能后来还谈到过它，并且也想起自己没有被人歌颂过的"荆棘路"和"极大的困难"。故事和真事没有什么很大的分界线，不过故事在我们这个世界里经常有一个愉快的结尾，而真事常常在今生没有结果，只好等到永恒的未来。

世界的历史像一个幻灯。它在现代的黑暗背景上，放映出明朗的片子，说明那些造福人类的善人和天才的殉道者在怎样走着荆棘路。

这些光耀的图片把各个时代、各个国家都反映给我们看。每张片子只映几秒钟，但是它却代表整个一生——充满了斗争和胜利的一生。我们现在来看看这些殉道者行列中的人吧——除非这个世界本身遭到灭亡，否则这个行列是永远没有穷尽的。

我们现在来看看一个挤满了观众的圆形剧场吧。讽刺和幽默的语言像潮水一般从阿里斯托芬的"云"喷射出来。雅典最了不起的一个人物，在人身和精神方面，都受到了舞台上的嘲笑。他是保护人民反抗三十个暴君的战士，他名叫苏格拉底，他在混战中救援了阿尔西比亚得和生诺风，他的天才超过了古代的神仙。他本人就在场。他从观众的凳子上站起来，走到前面去，让那些正在哄堂大笑的人可以看看，他本人和戏台上嘲笑的那个对象究竟有什么相同之处。他站在他们面前，高高地站在他们面前。

你，多汁的、绿色的毒胡萝卜，雅典的阴影不是橄榄树而是你！

七个城市国家在彼此争辩，都说荷马是在自己城里出生的——这也就是说，在荷马死了以后！请看看他活着的时候吧！他在这些城市里流浪，靠朗诵自己的诗篇过日子。他一想起明天的生活，他的头发就变得灰白起来。他，这个伟大的先知者，是一个孤独的瞎子。锐利的荆棘把这位诗中圣哲的衣服撕得稀烂。

但是，他的歌仍然是活着的，通过这些歌，古代的英雄和神仙也获得了生命。

图画一幅接着一幅地从日出之国，从日落之国现出来。这些国家在空间和时间方面彼此的距离很远，然而它们却有着同样的光荣的荆棘路。生满了刺的蓟只有在它装饰着坟墓的时候，才开出第一朵花。

骆驼在棕榈树下面走过。它们满载着靛青和贵重的财宝。这些东西是这国家的君主送给一个人的礼物——这个人是人民的欢乐，是国家的光荣。嫉妒和诽谤逼得他不得不从这国家逃走，只有现在人们才发现他。这个骆驼队现在快要走到他避乱的那个小镇。人们抬出一个可怜的尸体走出城门，骆驼队停下来了。这个死人就正是他们所要寻找的那个人:费尔杜西——光荣的荆棘路在这儿告一结束!

在葡萄牙的京城里,在王官的大理石台阶上,坐着一个圆面孔、厚嘴唇、黑头发的非洲黑人,他在向人乞讨。他是加莫恩的忠实的奴隶。如果没有他和他乞讨得到的许多铜板,他的主人——叙事诗《路西亚达》的作者——恐怕早就饿死了。

现在加莫恩的墓上立着一座贵重的纪念碑。

还是一幅图画!

铁栏杆后面站着一个人。他像死一样的惨白,长着一脸又长又乱的胡子。

"我发明了一件东西——一件许多世纪以来最伟大的发明,"他说,"但是人们却把我关在这里二十多年!"

"他是谁呢?"

"一个疯子!"疯人院的看守说,"这些疯子的怪想法才多呢!他相信人可以用蒸汽推动东西!"

这个人名叫萨洛蒙·德·高斯,黎士留读不懂他的预言性的著作,因此他死在疯人院里。

现在哥伦布出现了。街上的野孩子常常跟在他后面讥笑他,因为他想发现一个新世界——而且他居然发现了。欢乐的钟声迎接他的胜利归来,但嫉妒的钟声敲得比这还要响亮。他,这个发现新大陆的人,这个把美洲黄金的土地从海里捞起来的人,这个把一切贡献给他的国王的人,所得到的报酬是一条铁链。他希望把这条链子放在他的棺材上,让世人可以看到他的时代所给予他的评价。

图画一幅接着一幅地出现,光荣的荆棘路真是没有尽头。

在黑暗中坐着一个人,他要量出月亮离山岳的高度,他探索星球与行星之间的太空。他这个巨人懂得大自然的规律。他能感觉到地球在他的脚下转动。这人就是伽利略,老迈的他,又聋又瞎,坐在那儿,在尖锐的苦痛中和人间的轻视中挣扎。他几乎没有气力提起他的一双脚:当人们不相信真理的时候,他在灵魂的极度痛苦中曾经在地上跺着这双脚,高呼道:"但是地在转动呀!"

这儿有一个女子,她有一颗孩子的心,但是这颗心充满了热情和信念。她在一个战斗的部队前面高举着旗帜,她为她的祖国带来胜利和解放,空中起了一片狂乐的声音,于是柴堆烧起来了:大家在烧死一个巫婆——冉·达克。是的,在接着的一个世纪中,人们唾弃这朵纯洁的百合花,但智慧的鬼才伏尔泰却歌颂"拉·比塞尔"。

无论谁,对于别人来说,毫无疑问,都是谜,而且正因为这样,才吸引人。

——[法]罗曼·罗兰

在微堡的宫殿里，丹麦的贵族烧毁了国王的法律，火焰升起来，把这个立法者和他的时代都照亮了，同时也向那个黑暗的囚楼送进一点彩霞。他的头发斑白，腰也弯了；他坐在那儿，用手指在石桌上刻出许多线条。他曾经统治过三个王国。他是一个民众爱戴的国王，是市民和农民的朋友：克利斯仙二世。他是一个莽撞时代的有性格的莽撞人。敌人写下他的历史。我们一方面不忘记他的血腥的罪过，一方面也要记住：他被囚禁了二十一年。

有一艘船从丹麦开出去了。船上有一个人倚着桅杆站着，向汶岛做最后的一瞥，他是杜却·布拉赫。他把丹麦的名字提升到星球上去，但他所得到的报酬是讥笑和伤害。他跑到国外去，他说："处处都有天，我还要求什么别的东西呢？"他走了，我们这位最有声望的人在国外得到了尊荣和自由。

"啊，解脱！只愿我身体中不可忍受的痛苦能够得到解脱！"好几个世纪以来我们就听到这个声音。这是一张什么画片呢？这是格里芬菲尔德——丹麦的普洛米修士——被铁链锁在木克荷尔姆石岛上的一幅图画。

我们现在来到美洲，来到一条大河的旁边。有一群人集拢来，据说有一艘船可以在坏天气中逆风行驶，因为它本身具有抗拒风雨的力量。那个相信能够做到这件事的人名叫罗伯特·富尔登。他的船开始航行。但是它忽然停下来了。观众大笑起来，并且还"嘘"起来——连他自己的父亲也跟大家一起"嘘"起来：

"自高自大！糊涂透顶！他现在得到了报应！应该把这个疯子关起来才对！"

一根小钉子摇断了——刚才机器不能动就是因了它的缘故。转子转动起来了，轮翼在水中向前推进，船在开行，蒸汽机的杠杆把世界各国间的距离从钟头缩短成为分秒。

人类啊，当灵魂懂得了它的使命以后，你能体会到在这清醒的片刻中所感到的幸福吗？在这片刻中，你在光荣的荆棘路上所得到的一切创伤——即使是你自己所造成的——也会痊愈，恢复健康、力量和愉快；嘈音变成谐声；人们可以在一个人身上看到上帝的仁慈，而这仁慈通过一个人普及到大众。

光荣的荆棘路看起来像环绕着地球的一条灿烂的光带。只有幸运的人才被送到这条带上行走，才被指定为建筑那座连接上帝与人间的桥梁的、没有薪水的总工程师。

历史拍着它强大的翅膀，飞过许多世纪，同时在光荣的荆棘路的这个黑暗背景上，映出许多明朗的图画，来鼓起我们的勇气，给予我们安慰，促进我们内心的平安。这条光荣的荆棘路，跟童话不同，并不在这个人世间走到一个辉煌和快乐的终点，但是它却超越时代，走向永恒。

自 由 的 死

○ [德] 尼 采 译/楚图南

尼采（1844～1900） 德国哲学家,唯意志论和生命哲学主要代表之
一。主要著作有《悲剧的诞生》、《查拉图斯特拉如是说》、《强力意志》等。

许多人死得太晚,许多人又死得太早了。这教理的声音还是新奇:在适当
的时候死去。

"在适当的时候死去！"查拉图斯特拉如是教人。

否,没有在适当的时候生,如何能在适当的时候死？但愿这样的人不被诞
生吧！我如是劝告剩余的人们！

但即使剩余的人们,也把死当做一件大事。最空的胡桃也渴望着被击碎。

一切人称死为一件大事,但死不是一个庆典,人民还没有学会圣化最美好
的庆典。

我示你们以成就之死,那对于生者是一个刺激和一个期许。

成就的人之死,如同一个胜利者,被希望和可期许的人们围绕着。

所以人当学习死,死者不能圣化生者的誓言,就不当有这样的一个庆典！

以此死是至善,其次死于战争,而倾注出一个强大的灵魂。

但战士和胜利者一样憎恨的是你们的切齿的死——那如同主人一样的来
到,却如一个窃贼似的悄悄临近。

我对你们赞美我的死,那自由的死,当我愿意死,死就来到。

我在什么时候愿意死呢？——那有一个目标和一个嗣子的人,愿意为他
的目标和嗣子在适当的时候死去。

为尊敬这目标和这嗣子,他当不再悬挂萎黄的花圈在生命之圣殿。

真的,我不是如造绳者,引绳愈长,他们愈向后退。

许多人为他们的真理和胜利长得太老了。一个没有牙齿的嘴已不再有对

正是人才是至高无上的,人是整个世界——复杂的、有趣的、深刻的世界。
——[苏联]高尔基

于一切真理的发言权。

要有荣名,须在适当的时候与光荣告别,须在适当的时候实行这种告别之艰难的技艺。

饱食盛馔,适可而止:这是久欲为人爱者所知道的。

诚然,有着酸的苹果,它们的命运是等待着直到秋天的末日:即刻它们成熟,黄烂,生皱。

有些人心先老了,别的人精神先老;有些人少年斑白,但后时的青年保持长久的年轻。

对于许多人来说,生命是一个失败,是一种在他们心里咬啮的毒虫。让他们看透了他们的死,却是更大的成功。

许多人永不会甜熟,他们甚至于夏天腐烂,但怯懦使他们固附在枝头。

许多过剩的人们生活而且太久悬挂在他们的枝头,但愿一阵暴风雨吹来,从树上摇落了一切这些腐物和蛀虫吧!

但愿有速死之说教者来到!那些当时需要来摇撼生命树的暴风雨!但我只听见宣传着缓慢的死和宣传着忍耐世俗的一切。

唉!你们宣传着忍耐"世俗"的一切么?这样的世俗才是太容忍了你们,你们亵渎者哟!

真的,那些缓死之说教者所尊崇的那个希伯来人死得太早了:他太早的死对于许多人来说成了一种灾祸。

因为他仅知道眼泪和希伯来人的恶欲和善人与正义者之憎恨——这希伯来的基督:遂为死之渴望所追及了。

假使他只是留在旷野,远离了善人和正义者! 或者他会知道生,知道爱大地——也知道大笑!

兄弟们哟,相信我! 他死得太早了。假使他达到了我的年龄,他自己当会反对他的教义! 他的高贵足够反对他的教义!

但你仍然是不成熟。这青年不成熟地爱,也不成熟地仇恨人和大地。他的灵魂和他的精神的翅膀仍是被锁着而沉重!

但成人的童心多于青年,而悲欲却少于青年:他对于生死理解得更多。

自由而死和死于自由,当肯定已非时,便是一个神圣的否定者:如果他理解了生和死。

朋友们哟,我从你们的灵魂恳求着:你们的死须不是对于人类和大地的谩渎!

当你们死,你们的精神和道德当辉煌灿烂着如落霞之环照耀着世界,否则你们的死是失败的。

我如是愿意死，使你们因我之故而更爱大地，我愿意复返于地，使我于诞生我者之地中得享安息。

真的，查拉斯图拉有一个目标：他向那里投掷着他的球。现在，朋友们，做我的目标的嗣子吧！我向你们投掷了这金球。

最妙是我看着你们，我的朋友们，投掷着球！

所以我仍然在大地上待一会——原谅我！

查拉图斯特拉如是说。

死亡与永生 (节选)

○ [俄] 别尔嘉耶夫　译/张百春

别尔嘉耶夫 (1874～1948)　二十世纪最有影响的俄国思想家。以理论体系庞杂、思想精深宏富享誉西方世界。一生共发表有四十三部著作、五百多篇文章。代表作有《自由精神的哲学》、《论人的奴役与自由》、《论人的使命》、《精神与实在》、《精神王国与恺撒王国》等。

死亡问题是生活中最深刻和最显著的事实，这个事实能使必死的人中的最卑贱的一个超越生活的日常性和庸俗。只有死亡的事实才能深刻地提出生命的意义问题。这个世界上的生命之所以有意义，只是因为有死亡，假如在我们的世界里没有死亡，那么生命就会丧失意义。意义与终点相关。假如没有终点，也就是说在我们的世界上存在着无限的生命，那么在这样的生命中就不会有意义。意义在封闭的此世之外，因此获得意义就要以这个世界的终结为前提。值得注意的是，在死亡面前应该体验到恐怖，在死亡里应该看到极端的恶的人们，还是把彻底地获得意义同死亡联系在一起。作为最后的恐怖和极端的恶的死亡却是从令人厌恶的时间走向永恒的唯一出路。永生的和永恒的生命只有通过死亡才能获得。人的最后期待与死亡相关，而死亡显示的是恶在世界

人类只有在实现自己美好理想的过程中才能前进。

——[俄]季米里亚捷夫

上的统治，这就是死亡最大的悖论。根据基督教信仰，死亡是罪的结果，是必须克服的最后一个敌人，是极端的恶。与此同时，在我们罪恶的世界里，死亡是件好事，是价值。死亡引起我们无法表达的敬畏，这不但因为它是恶，而且还因为在死亡里有深刻性和伟大之处，它们震撼着我们的日常世界，超越在我们的此世生活中积累的，只适合此世生命法律的力量。要正确地理解死亡，正确地对待死亡，必须要有非凡的精神努力，需要有精神的启蒙。可以说，人一生中的道德体验的意义就在于使人达到理解死亡的高度，使人正确地对待死亡。当柏拉图教导说，哲学无非就是对死亡的准备，他是对的。但不幸的只是哲学自身不知道应该如何死，应该如何战胜死。关于永生的哲学学说找不到这样的路。可以这样说，就自己的最高成就而言，伦理学在更大程度上是死亡的伦理学，而不是生命伦理学，因为死亡展示生命的深度，显现终点，只有终点才能赋予生命以意义。生命是高尚的，这只是因为在其中有死亡，有终点，这个终点证明人的使命是另外的一种更高的生命。假如没有死亡和终点，那么生命就将是卑鄙的，就将是无意义的。在无限的时间里，意义永远也不能被揭示，意义在永恒之中。但是，时间中的生命和永恒中的生命之间是深渊，越过这个深渊只有通过死亡的途径，通过对中断的恐惧。在被理解为封闭的、自足的和完满的此世里，一切都是无意义的，因为一切都是暂时的，即死亡和死的特征永远属于这个世界，是此世和此世里所发生的一切事物之所以无意义的根源。这是向有限的和封闭的视野所展现的真理的一半。海德格尔是正确的，他说，日常性(das Man)能使与死亡相关的忧郁麻木。日常性所引起的是面对死亡的鄙俗的恐惧，对作为无意义的根源的死亡的战栗。但还有另一半真理，它不向日常的视野敞开。死亡不但是此世生命的无意义，生命的腐朽，而且还是从深处来的标志，它指明存在着生命的最高意义。不是鄙俗的恐惧，而是深刻的忧郁和由死亡引起的敬畏表面，我们不但属于表面，而且还属于深处，我们不但属于时间中的生活日常性，而且还属于永恒。永恒在时间中不但能够吸引人，而且还能产生敬畏和忧郁。能够引起敬畏和忧郁的不但是有终结的和有死亡的东西，对我们来说是珍贵的，是我们所留恋的东西，而且在更大的程度上，在更深刻的意义上，是在时间和永恒之间所裂开的深渊。敬畏和忧郁与跨越深渊相关，它们也是人的希望，是一种期待，所期待的是，最终的意义将显现和实现。死亡不仅是人的敬畏，而且也是人的希望，尽管人并不总是意识到这一点，也不能直接面对它。来自于另外一个世界的意义对此世之人的作用更加严酷，并要求人经历死亡。死亡不仅仅是生物学和心理学上的事实，而且也是精神现象。死亡的意义在于，在时间中不可能有永恒，在时间中没有终点就是无意义。

　　但是,死亡是生命的现象,它还在生命的此岸,是生命的一种反应,是对来自生命方面的对时间终点的要求的反应。不应该把死亡仅仅理解为生命的最后一个瞬间,即在它之后到来的或者是非存在,或者是死后的存在。死亡是波及整个生命的现象。我们的生命充满着死亡。生命是不断的死亡,是对一切方面的终点的体验,是永恒对时间的不断的审判。生命是同死亡的不断斗争,是人的身体和灵魂的局部死亡。我们生命内部的死亡是由于不可能在时间和空间中容纳完满而造成的。时间和空间是能够带来死亡的,它们所导致的分裂就是对死亡的局部体验,当人的情感在时间中消失的时候,这就是对死亡的体验。当在空间中发生着与人、家、城市、花园、动物的分离,这种分离总是伴随着这样一种感觉,也许你再也不能见到它们了,那么,这就是对死亡的体验。对时间和空间中的一切分离和分裂的忧郁都是对死亡的忧郁。我还记得痛苦的忧郁经验,在我还是小孩的时候,在任何一次分别中我都体验到这样的忧郁。这一点具有如此普遍的特征,许多事情都能引起我对死亡的忧郁,比如,我再也见不到一个与我毫不相干的人,一个与我格格不入的人;我再也见不到一个我偶然路过的城市, 以及我在其中只停留了几天的房间;我永远也见不到这棵树,我偶然遇到的这条狗,等等。当然,这就是关于生命内部死亡的经验。在不能容纳完满,注定要分裂和分离的时间和空间中,生命里占统治地位的总是死亡,死亡所意味的是,意义在永恒之中,在完满之中,意义在其中占统治地位的生命不再体验分裂和分离,不再体验人的情感和思想的腐朽和死亡。对我们来说,死亡不仅仅是当我们死的时候才到来,而且在我们的亲人死亡时,死亡对我们而言也已经到来。在生命中我们拥有对死亡的体验,尽管不是最终的体验。我们不能容忍死亡,不但不能容忍人的死亡,而且也不能容忍动物、花朵、树木、物品和房屋的死亡。全部存在的永恒就是生命的实质。同时,到达永恒只能通过经历死亡的途径,死亡是这个世界上的一切的结局,而且生命越复杂,生命层次越高级,它受死亡的威胁也越大。山比人活得会更长久,尽管山的生命就自己的质而言不那么复杂和高尚。勃朗峰比圣徒和天才更长寿。无生命的物体比有生命的存在物更稳定。

　　我们这一代最伟大的革命便是发现人类能借着改变内心的态度,从而改变外在生活的各方面。

——[美]詹姆斯

死 之 默 想

○ 周作人

周作人(1885~1967)　原名周櫆寿,字启明,晚年改名遐寿。浙江绍兴人。近代著名散文家。曾任北京大学等校教授。参与筹组文学研究会,倡导为人生而艺术的现实主义文学。著有《苦茶随笔》、《苦竹杂记》和《风雨谈》等散文集。

四世纪时希腊厌世诗人巴拉达思作有一首小诗道:

"你太饶舌了,人啊,不久将睡在地下;
住口吧,你生存时且思索那死。"

这是很有意思的话。关于死的问题,我无事时也曾默想过(但不坐在树下,大抵是在车上),可是想不出什么来,这或者因为我是个"乐天的诗人"的缘故吧。但其实我何尝一定崇拜死,有如曹慕管君,不过我不很能够感到死之神秘,所以不觉得有思索十日十夜之必要,于形而上的方面也就不能有所饶舌了。

窥察世人怕死的原因,自有种种不同,"以愚观之"可以定为三项,其一是怕死时的苦痛,其二是舍不得人世的快乐,其三是顾虑家族。苦痛比死还可怕,这是实在的事情。十多年前有一个远房的伯母,十分困苦,在十二月底想投河寻死(我们乡间的河是经冬不冻的),但是投了下去,她随即走了上来,说是因为水太冷了。有些人要笑她痴也未可知,但这却是真实的人情。倘若有人能够切实保证,诚如某生物学家所说,被猛兽咬死痒苏苏地很是愉快,我想一定有许多人裹粮入山去投身饲饿虎了。可惜这一层不能担保,有些对于别项已无留恋的人因此也就不得不稍为踌躇了。

顾虑家族,大约是怕死的原因中之较小者,因为这还有救治的方法。将来如有一日，社会制度稍加改良，除施行善种的节制以外，大家不问老幼可以各尽所能，各取所需，凡平常衣食住，医药教育，均由公给，此上更好的享受再由个人的努力去取得，那么这种顾虑就可以不要，便是夜梦也一定平安得多了。不过我所说的原是空想，实现还不知在几十百千年之后，而且到底未必实现也说不定，那么也终是远水不救近火，没有什么用处。比较确实的办法还是设法发财，也可以救济这个忧虑。为得安闲的死而求发财，倒是很高雅的俗事；只是发财大不容易，不是我们都能做的事，况且天下之富人有了钱便反死不去，则此亦颇有危险也。

人世的快乐自然是很可贪恋的，但这似乎只在青年男女才深切地感到，像我们将近"不惑"的人，尝过了凡人的苦乐，此外别无想做皇帝的野心，也就不觉得还有舍不得的快乐。我现在的快乐只是想在闲时喝一杯清茶，看点新书（虽然近来因为政府替我们储蓄，手头只有买茶的钱），无论他是讲虫鸟的歌唱，或是记贤哲的思想，古今的刻绘，都足以使我感到人生的欣幸。然而朋友来谈天的时候，也就放下书卷，何况"无私神女"（Atropos）的命令呢？我们看路上许多乞丐，都已没有生人乐趣，却是苦苦地要活着，可见快乐未必是怕死的重大原因，或者舍不得人世的苦辛也足以叫人留恋这个尘世吧。讲到他们，实在已是了无牵挂，大可"来去自由"，实际却不能如此，倘若不是为了上边所说的原因，一定是因为怕河水比彻骨的北风更冷的缘故了。

对于"不死"的问题，又有什么意见呢？因为少年时当过五六年的水兵，头脑中多少受了唯物论的影响，总觉得造不起"不死"这个观念来，虽然我很喜欢听荒唐的神话。即使照神话故事所讲，那种长生不老的生活我也一点儿都不喜欢。住在冷冰冰的金门玉阶的屋里，吃着五香牛肉一类的麟肝凤脯，天天游手好闲，不在松树下着棋，便同金童玉女厮混，也不见得有什么趣味，况且永远如此，更是单调而且困倦了。又听人说，仙家的时间是与凡人不同的，诗云"山中方七日，世上已千年"，所以烂柯山下的六十年在棋边只是半个时辰耳，哪里会有日子太长之感呢？但是由我看来，仙人活了二百万岁也只抵得人间的四十春秋，这样浪费时间无裨实际的生活，殊不值得费尽了心机去求得他；倘若二百万年后劫波到来，就此溘然，将被五十岁的凡夫所笑。较好一点的还是那西方凤鸟（Phoinix）的办法，活上五百年，便尔蜕去，化为幼凤，这样的轮回倒很好玩的——可惜他们是只此一家，别人不能仿作。大约我们还只好在这被容许的时光中，就这平凡的境地中，寻得些许的安闲悦乐，即是无上幸福，至于"死后如何？"的问题，乃是神秘派诗人的领域，我们平凡人对于成仙做鬼都不关心，于此自然就没有什么兴趣了。

如果人仅仅是动物，而不是奇迹的创造者，那么他也就不可能是自己内心深处和谐的创造者。

——[苏联]高尔基

谈弘一法师临终偈语

○ 叶圣陶

叶圣陶(1894～1988)　名绍钧。作家、教育家、出版家和社会活动家。江苏苏州人。曾组织文学研究会,任商务印书馆编译所和开明书店编辑等职。后主编《小说月报》和《中学生》杂志。代表作有《倪焕之》、《潘先生在难中》,著有童话集《稻草人》,小说集《隔膜》、《火灾》等。

我不参佛法,对于信佛的人只能同情,对于自己,相信永远是"教宗勘慕信难起"(拙诗《天地》一律之句)的了。也曾听人说过修习净土的道理,随时念佛,临命终时,一心不乱,以便往生净土。话当然没有这么简单,可是几十年来我一直有个总的印象:净土法门教人追求"好好的死"。我自信平凡,还是服膺"未知生,焉知死"的说法。"好好的死"不妨放慢些,我们就人论人,最要紧的还在追求"好好地活"。修习净土的或者都追求"好好地活",只是我很少听见说起。

弘一法师临终作偈两首,第二首的后两句是"华枝春满,天心月圆"。照我的看法,这是描绘他的生活,说明他的生活体验:他入世一场,经历种种,修习种种,到他临命终时,正当"春满""月圆"的时候。这自然是"好好的死",但是"好好的死"源于"好好地活"。他临终前又写了"悲欣交集"四字,我以为这个"欣"字该作如下解释:一辈子"好好地活"了,到如今"好好的死"了,欢喜满足,了无缺憾。无论信教不信教,只要是认真生活的人,谁不希望他的生活达到"春满""月圆"的境界?而弘一法师真的达到这种境界了。他的可敬可佩,照我不参佛法的人说,就在于此。我曾作四言两首颂赞他,就根据这个意思,现在重抄在这儿。

"华枝春满,天心月圆"。

其谢与缺,罔非自然。

至人参化,以入涅槃。

此境胜美，亦质亦玄。

"悲欣交集"，遂与世绝。
悲见有情，欣证悼悦。
一贯真俗，体无差别。
嗟哉法师，不可言说。

老人和太阳

○ [西班牙] 阿莱桑德雷

阿莱桑德雷(1898~1984)　西班牙诗人，曾被认为是一个存在主义者，一个神秘主义泛神论者和一个新浪漫主义者。在他的诗中可以看到其受弗洛伊德的影响——下意识联想和梦呓般的意象。性爱、孤独、时间和死亡是阿莱桑德雷作品的主题。代表作品有《毁灭或爱情》、《大地之恋》等。一九七七年诺贝尔文学奖获得者。

他已经活了很久。

他靠在那里，老态龙钟，靠着一根树干，一根极粗的树干，在迟暮，在夕阳下山的时候。

那时刻，我正好路过，便停下脚步，把他端详。

我看到——

他老了，满脸皱纹，那双眼睛暗淡甚于忧伤。

他靠着树干，阳光先朝他移来，轻轻吞噬着他的双脚。除了他脚踩着的地方没有阳光外。

在那儿，像蜷缩着，停留了片刻。

然后上升，把他沉浸，把他淹没。

缓缓地从他那儿移开，把他和自己的美丽光芒合成一体。把他抱在自己的里面。

啊，年老的生命，年老的存在，他在溶解！

整个的火，悲哀的历史，皱纹的残余，受侵蚀的皮肤的痛苦，正怎样地啃啮自己，毁掉自己！

像毁灭性洪流中的一块岩石正在渐渐销蚀，向最响亮的爱屈服，老人就这样，在那静寂之中，漫漫消失，慢慢退隐。

我目睹着强大的太阳怀着深深的爱恋慢慢把他吞下，叫他长眠。比老人更老的太阳对他像对待一个小孩。

就这样一点一点把他带走，就这样在自己的光芒中一点一点把他溶解，像水中溶解放入的糖分，像一个妈妈把自己的孩子温柔地重又抱在怀中。

我路过，我亲眼看见了他，可有时候我只看见一点最微妙的残余。几乎不是生命的最微细的痕迹。

留下的只是这个，当那深情可爱的老人，成了光芒，像世间其他无形的东西，随着夕阳的余晖无比缓慢地离去。

夕阳带走了自己的秘密。

老人也带走了自己的秘密。

他们的离去是自己抹掉了自己。

生 与 死

○ [苏联] 肖斯塔科维奇

　　肖斯塔科维奇(1906～1975)　苏联著名作曲家。他的音乐语言极为复杂和异乎寻常的大胆。电影音乐和歌曲的风格淳朴、明朗、清澈。对各种各样的主题形象——悲剧性的、喜剧性的——他都有极大兴趣，他的音乐既充满感情又富有深刻的哲理性。被誉为二十世纪以来世界上最有成就的音乐家之一。

　　在我还比较年轻的时候，我与朋友们交谈，常用赌神罚咒的语言，随着年月的增长,这种语言越来越少了。我老了,死亡临近了,可以说我已经看到了死神的眼睛。所以,现在我认为我对自己的过去更理解了。我的过去也和我更接近了,我同样能看到它的眼睛了。

当我们还是朋友的时候,尤里·奥廖沙,曾用教导的口吻对我讲了一个寓言。一只甲虫爱上了一只毛虫,毛虫也向他报以爱情,但是她死了,躺着不动了,卷在茧里,甲虫悲伤地扑在他爱人的身上。突然,茧裂开了,飞出来一只蝴蝶。甲虫决心杀死这只蝴蝶,因为她扰乱了他对死者的哀思。他向她冲去,看到蝴蝶的眼睛是他所熟悉的——这是毛虫的眼睛。他差一点杀了她。因为除了眼睛以外毕竟一切都是新的。蝴蝶和甲虫从此永远快乐地生活在一起。

但是,要达到这个境界,你需要正视事物的眼睛。这不是每个人都能做到的。要做到这一点,有时候用一生的时间都嫌不够。

人生何处无归处

○ [日] 黑泽明

黑泽明(1910～1998)　日本著名电影导演、编剧。是西方世界影响最大的东方电影导演,被台前幕后的合作者称为片场上的"天皇"。代表作品有《生之欲》、《七武士》、《战国英豪杰》、《天国与地狱》、《影子武士》等。

《续姿三四郎》公映的同月,我结婚了。

准确地说,一九四五年,我三十五岁时,和女演员矢口阳子(本名加藤喜代)于明治神宫结婚礼堂举行了婚礼。

媒人是山本嘉次郎夫妇。

父母已经疏散到秋田老家去了,所以未能出席我们的婚礼。

婚礼后的第二天早晨,美军飞机空袭东京。当天夜里,B29 部队大规模轰炸东京,明治神宫起火。所以,我们没有结婚纪念照。

婚礼是在异常紧张中匆匆举行的,婚礼进行中就听到了空袭警报。

人类终日在思索着事物。

——[美]爱默生

当时，申报结婚的能领到特别配给的一瓶酒，只够喝"三三见九"交杯酒而已。我领来之后，去礼堂之前尝了尝，原来是糟得很的合成酒。

然而在礼堂里喝"三三见九"交杯酒时，我喝的却不是合成酒，而是非常好的酒，我真想多喝两盅。

妻子娘家举行的喜宴上，只拿出一瓶"三得利"牌子的方瓶酒。

谈结婚典礼而只谈酒，可能会惹得妻子不高兴，但为了如实写出当时的婚礼情况，我认为这些话也是必须说和必须写的。

总而言之，连婚礼都如此简单、草率，那么婚礼之前的情况当然也就没什么浪漫的了。

事情的起因是，父母疏散到老家去了，森田先生（当时任制作部长）看我生活辛苦，就跟我说，是否该考虑结婚了。

我问他："对象呢？"森田先生说："矢口不是挺好吗？"

我也觉得确实不错。可是拍《最美》时净和她吵架，因此，我就说此人不大好对付。森田先生则笑眯眯地说："你找这个对象正合适。"

我觉得说的也是，所以决定向她求婚。

她的回答是："考虑考虑。"

这样，我为了推动婚事尽快有个眉目，就托了一位要好的朋友，请他成全这件好事。托是托了，可是事情却毫无进展。

我实在等得不耐烦了，就对矢口说："你到底是行还是不行，就说个痛快话吧。"这完全是占领新加坡时山下奉文同对手谈判的口气。

这时她说："最近几天就答复你。"说完我们就分手了。下一次见面时，矢口交给我一大叠信，她说："你看看吧，我怎么能和这样的人结婚呢？"

那些信是我托的那个朋友写给矢口的，看了这些信，我简直惊得目瞪口呆。

那些信的内容全都是骂我的。此人在骂人上堪称天才，信中充满憎恨我的字眼儿，使人感到鬼气森森。

他答应成全我们的婚事，但却以百倍热情加以破坏。而且此人经常和我一起造访矢口的家，在我面前，他极力装出一副热心玉成美事的面孔。

矢口的母亲看了那些信问她："骂人的人和相信那人并一直挨他骂的那人，两者你相信哪个？"

结果，矢口和我结了婚。

我俩结婚之后，那家伙仍然若无其事地来访，矢口的母亲坚决不让他进家门。

　　直到今天我还不懂，我根本没有干过招他如此憎恨的事，人的心灵深处究竟隐藏着什么呢？

　　后来我见识过许多人，有骗子、财迷、剽窃者……但是他们都有一张人的面孔，这就不好办了。

　　啊！原来只有这帮家伙才总是一副讨人喜欢的面孔，说的话总是那么八面见光、滴水不漏，这就更不好办了。

　　我们开始了婚后生活，这对于妻子来说，似乎是件很为难的事。

　　妻子因为结婚就不再当演员了，可是我的薪水还不到她的三分之一。她似乎做梦也没想到导演的薪水如此之低，生活过得如此艰苦。

　　《姿三四郎》的剧本稿费给了一百元，导演费一百元。后来，《最美》和《续姿三四郎》的稿费、导演费各提高了五十元，但是多半用做出外景时的酒资了，所以生活上很拮据。

　　拍《姿二四郎》时，公司和我正式签订了导演合同。这就是说，之前这一段时间我是公司职员，但按规定，从此以后我算退职职员。为酬答职员在职时的功劳，应发给退职金，可是当我请发退职金时，公司却说，为了我将来的生活考虑，钱必须积存在公司里，不予支付。

　　这笔退职金直到今天还未给我。

　　是为了我将来的生活给我存的吗？我欠东宝不少账，大概是想拿这笔钱顶账吧。

　　总之，退职金拿不到，我们新婚不久就为生计而发愁了。所以，除了写剧本赚钱别无他法，为此，我曾经同时写过三个剧本。

　　大概是因为年纪轻才能这样干吧，不过那时也同样累得筋疲力尽。三个剧本写完的当天夜里，我喝着喝着酒，禁不住泪如雨下……

人类的心灵需要理想甚于需要物质。

——[法]雨　果

迟　暮

○ 张爱玲

张爱玲(1920～1995)　女,原名张瑛,笔名梁京。祖籍河北丰润,生于上海。二十世纪四十年代上海著名作家。她的作品几乎都是以上海、香港作为背景,主要作品有散文集《流言》,中短篇小说集《传奇》,长篇小说《半生缘》等。晚年从事中国文学评价和《红楼梦》研究。

多事的东风,又冉冉地来到人间,桃花支不住红艳的酡颜而醉倚在风姨的臂弯里,柳丝趁着风力,俯了腰肢,搔着行人的头发,成团的柳絮,好像春神足下坠下来的一朵朵轻云,结了队儿,模仿着二月间漫天舞出轻轻的雪,飞入了处处帘栊。细草芊芊的绿茵上,沾濡了清明的酒气,遗下了游人的屐痕车迹。一切都兴奋到了极点,大概有些狂乱了吧——在这缤纷繁华目不暇接的春天!

只有一个孤独的影子,她,倚在栏杆上。她的眼,才从青春之梦里醒过来的眼还带着些朦胧睡意,望着这发狂似的世界,茫然地像不解这人生的谜。她是时代的落伍者了,在青年的温馨的世界中,她在无形中已被摈弃了,她再没有这资格、心情,来追随那些站立时代前面的人们了!在甜梦初醒的时候,她所有的唯有空虚、怅惘,怅惘自己的黄金时代的遗失。

咳!苍苍者天,既已给予人们的生命,赋予人们创造社会的青春,怎么又吝啬地只给我们仅仅十余年最可贵的稍纵即逝的创造时代呢?这样看起来,反而是朝生暮死的蝴蝶最为可羡了。它们在短短的一春里尽情地酣足地在花间飞舞,一旦春尽花残,便爽爽快快地殉着春光化去,好像它们一生只是为了酣舞与享乐而来的,倒要痛快些。像人类呢,青春如流水一般长逝之后,数十载风雨绵绵的灰色生活又将怎样度过?

她,不自觉地已经坠入了暮年人的园地里,当一种暗示发现时,使人如何地难堪!而且,电影似的人生,又怎样能挣扎?尤其是她,十年前痛恨老年人的她!她曾经在海外漫游,在崇山峻岭上长啸,在冻港内滑冰,在厂座里高谈。但现在呢?往事悠悠,当年的豪举都如烟云一般霏霏然地消散,寻不着一点的痕迹。她也唯有付之一叹,青年的容颜、盛气,都渐渐地消磨去。她怕见旧时的挚友。她改变了容貌、气质,无非添加他们或她们的惊异和窃议罢了。为了躲避,才来到这幽僻的一隅,而花、鸟、风、日,还要逗引她愁烦。她开始诅咒这逼人太甚的春光了……

灯光绿黯黯的,更显出夜半的苍凉。在暗室的一隅,发出一声声凄切凝重的磬声,和着轻轻的喃喃的模模糊糊的诵经声,"黄卷青灯,美人迟暮,千古一辙"。她心里千回百转地想接着,一滴冷的泪珠流到嘴唇上,封住了想说话又说不出的颤动着的口。

追寻充实的生命

○巴　金

巴金(1904~2005)　原名李尧棠。四川成都人。现当代小说家、散文家。曾任中国作家协会主席。代表作有《灭亡》、《家》、《春》、《秋》、《春天里的秋天》、《萌芽》、《爱情进行曲》等。被鲁迅称为"一个有热情的有进步思想的作家,在屈指可数的好作家之列的作家"。

我常常做梦。无月无星的黑夜里我的梦最多。有一次我梦见了龙。

我走入深山大泽,仅有一根手杖做我的护身武器,我用它披荆棘,打豺狼,它还帮助我登高山,踏泥沼。我脚穿草鞋,可以走过水面而不沉溺。

在一片大的泥沼中我看见一个怪物,头上有角,唇上有髭,两眼圆睁,红亮亮像两个灯笼。身子完全陷在泥中,只有这个比人头大过两三倍的头颅浮出污泥之上。

我走近泥沼,用惊奇的眼光看这个怪物。它忽然口吐人言,阻止我前进:

"你是什么? 要去什么地方? 为什么来到这里? "

"我是一个无名者,我寻求一样东西。我只知道披开荆棘,找寻我的道路。"

人就是一个奇迹,是大地上唯一的奇迹。

——[苏联]高尔基

我昂然回答,对着这个怪物我不需要礼貌。

"你不能前进,前面有火焰山,喷火数十里,伤人无数。"

"我不怕火,为了得到我所追求的东西,我甘愿在火中走过。"

"你仍不能前进,前面有大海,没有船只载你渡过白茫茫一片海水。"

"我不怕水,我有草鞋可以走过水面。为了得到我所追求的东西,甚至溺死,我也毫无怨言。"

"你仍不能前进,前面有猛兽食人。"

"我有手杖可以打击猛兽。为了得到我所追求的东西,我愿与猛兽搏斗。"

怪物的两只灯笼似的眼射出火光,从鼻孔里突然伸出两根长的触须,口大张开,露出一嘴钢似的亮牙。它大叫一声,使得附近的树木马上落下大堆绿叶,泥水也立刻沸腾起泡。"你这顽固的人,你究竟追求什么东西?"它厉声问道。

"我追求生命。"

"生命? 你不是已经有了生命?"

"我要的是丰富的、充实的生命。"

"我不明白你的意思。"它摇摇头。

"我活着不能够做一件有益的事情。我成天空谈理想,却束手看着别人受苦。我不能给饥饿的人一点饮食,给受冻的人一件衣服;我不能揩干哭泣的人脸上的眼泪。我吃着,谈着,睡着,在无聊的空闲中浪费我的光阴——像这样的一个人怎么能说是有生命? 在我,若得不到丰富的、充实的生命,那么活着与死亡又有什么区别?"

怪物想了想,仍然摇头说:"我怕你会永远得不到你所追求的东西,或许世界上根本就没有这样的东西。"

我在它那张难看的脸上见到一丝同情。我说:

"不会没有,我在书上见过。"

"你这傻子,你居然相信书?"

"我相信,因为书上写得明白,讲得有道理。"

怪物叹息地摇摆着头:"你这顽强的人,我劝你立刻回头走。你不知道前面路上还有些什么东西等着你。"

"我知道,但是我还要往前走。"

"你应该仔细想一下。"

"你为什么这样不厌其烦地阻止我? 我同你并不相识,我甚至不知道你的名字。告诉我,你究竟叫什么名字!"

"已经很久没有人提起我的名字了,我自己也差不多忘记了它。现在我告诉你:我是龙,我就是龙。"

我吃了一惊。我望着那张古怪的脸。

"你是龙,怎么会躺在泥沼中?据我所知,龙是水中之王,应该住在大海里。你又为什么不能乘雷上天?"我疑惑地问道。这时天空响起一声巨雷,因此我才有后一句话。我看看它的身子,黄黑色的污泥盖住了它的胸腹和尾巴。泥水沸腾似的在发泡,从水面不断地冒起来难闻的臭气。

龙沉默着,它似乎努力在移动身子,但是身子被污泥粘着,盖着,压着,不能够动弹。它张开嘴哀叫一声,两颗大的泪珠从眼里掉下来。

它哭了! 我惶恐地望着它的头,我想,这和我在图画上看见的龙头完全不像,它一定对我说了假话,它不是龙。"我也是为了追求丰富的生命才到这里来的,"它止了泪开始叙述它的故事。它的话是我完全料不到的。这对我是多大的惊奇!

"我和你一样,也不愿意在无聊的空闲中浪费我的光阴。我不愿意在别的水族的痛苦上面安放我的幸福的宝座,我才抛弃龙宫,离开大海,去追求你所说的那个丰富的、充实的生命。我不愿意活着只为自己,我立志要做一些帮助同类的事情。我飞上天空,又不愿终日与那些飘浮变化的云彩为伍,也不愿高居在别的水族之上。我便落下地来。我要访遍深山大泽,去追寻我在梦里见到的东西。在梦中我的确见过充实的、有光彩的生命。结果我却落在污泥里,不能自拔。"它闭了嘴,从灯笼眼里流出几滴泪珠,颜色鲜红,跟血一样。

"你看,现在污泥粘住了我的身子,我要动一下也不能够。我过不了这种日子,我宁愿死!"它回过头去看它的身子,但是眼前仍然只是那一片污泥。它痛苦地哀叫一声,血一样的眼泪又流了下来。它说:"可是我不能死,而且我也不应该死。我躺在这里已经过了不知多少万年了。"

我的心因同情而痛苦,因恐惧而猛跳。多少万年! 这样长的岁月! 它怎么能够熬过这么些日子?我打了一个冷噤。但是我还能够勉强地再问它一句:"你是怎样陷到污泥里来的?"

"你不用问我这个。你自己不久就会知道,你这顽固的年轻人。"它忽然用怜悯的眼光望我,好像它已经预料到,不幸的遭遇就会降临到我身上来似的。我没有回答。它又说:"我想打破上帝定下的秩序,我想改变上帝的安排,我去追求上帝不给我们的东西,我要创造一个新的条件。所以我受到上帝的惩罚。为了追求充实的生命,我飞过火焰山,我斗过猛兽,我抛弃了水中之王的尊荣,历尽了千辛万苦。但是我终于逃不掉上帝的掌握,被打落在污泥里,受着日晒、雨淋、风吹、雷打。我的头、我的脸都变了模样,我成了一个怪物。只是我的心还是从前的那一颗,并没有丝毫的改变。""那么,你为什么阻止我前进,不让我去追寻生命?"

人类就像江河一样:木杖刚把波浪划开,波浪又立刻流到一起去了。

——[德]歌 德

"顽固的人,我不愿意你也得着厄运。你是人,你不能活到万年。你会死,你会很快地死去,你甚至会毫无所获而失掉你现在有的一切。"

"我不怕死,得不到丰富的生命我宁愿死去。我不能够像你这样,居然在污泥中熬了多少万年。我奇怪像你这样的生活还有什么值得留恋?"

"年轻人,你不明白。我要活,我要长久活下去。我还盼望着总有那么一天,我可以从污泥中拔出我的身子,我要乘雷飞上天空。然后我要继续追寻丰富、充实的生命。我的心在跳动,我的意志就不会消灭。我的追求也将继续下去,直到我的志愿完成。"

它说着,泪水早已干了,脸上也没有了痛苦的表情,如今有的却是勇敢和兴奋。它还带着信心似的问我一句:"你现在还要往前面走?"

"我要走,就是火山、大海、猛兽在前面等我,我也要去!"我坚决地甚至热情地回答。

龙忽然哈哈地笑起来。它的笑声还未停止,一个晴空霹雳突然降下,把四周变成漆黑。我伸出手也看不见五根指头。就在这样的黑暗中,我听见一声巨响自下冲上天空,泥水跟着响声四溅。我觉得我站的土地在摇动了,我的头发昏。

天渐渐地亮开来。我的眼前异常明亮。泥沼没有了。我前面横着一片草原,新绿中点缀了红白色的花朵。我仰头望天。蔚蓝色的天幕上隐约地现出淡墨色的龙影,一身鳞甲还是乌亮乌亮的。

幸福、献身和意义

○ [美] 霍华德·加德纳　译/彭吉象

霍华德·加德纳　一九四三年生,美国著名发展心理学家。被誉为"多元智能理论"之父。《纽约时报》称他为美国当今最有影响力的发展心理学和教育学家。

假如今天的青年人没有被当前广为流行的那种对"追求幸福"的幼稚解释

人为什么活着——全球 139 位大师的答案

所迷惑的话,他们可能会更加容易理解"献身"在生活中的地位。任何一个人,只要他在智力和道德的发展上已经超过刚刚出生三个星期的婴儿,就不大可能真正接受当代关于幸福的观念。我们这样说并不见得过分苛刻。从亚里士多德到杰弗逊,所有曾经认真思考过人类幸福的人,一旦发现人们今天对这个字眼儿的解释时,肯定都会大吃一惊。

人不可能让自己沉湎于当代幸福观所暗示的那种单调枯燥的生活状态,这是一个简单的真理。虽然人们普遍认为满足、悠闲、舒适、娱乐和达到全部目的就意味着幸福,但事实恰恰相反,这一切并没有给人带来幸福。尽管经过了有史以来最狂热的努力,美国人并没有捉住象征幸福的青鸟。其原因在于:使人能够充分满足的幸福并不是一种人们可以渴求的生活状态。我们运用了空前未有的动力,结果却获得这样一种静止呆板的状况,这本身就是一种嘲讽。

一个穷困的国家可能抱有这样的错误想法,即认为幸福仅仅是舒适、快乐和拥有足够的各种物质。但是我们已经尝试过了,所以我们知道得更清楚。

任何人都可以接受上述事实,同时又不必低估生活中使人感到快乐的东西。对于那些劝告穷人应当满足于贫穷或者对饥者宣扬饥饿使人高尚的道学家,人们理所当然要表示怀疑。每一个人都应该有机会享受美好生活给人带来的舒适和愉快,但我们在这里所要指出的是,仅仅这些是不够的。假如舒适和快乐的生活就足够了的话,那么有不少的美国人应当说是极度幸福了。在历史上,还从未有过像美国人这样普遍地沉溺于自己的幻想。他们应当相互诉说自己的安宁的喜悦,而不是像他们现在这样彼此交换镇静剂的药方。

这样,我们就达到一种与流行小说鼓吹的见解根本不同的幸福观。小说宣扬的是满足欲望,而我们这种更正确的幸福观是指,人们朝着有意义的目标而进行的艰苦奋斗。这些目标使个人与更广泛更远大的人生目的联系起来。小说所说的幸福不过是乏味的无所事事,而正确的观点则是孜孜不倦地追求和有目的地努力。小说的幸福包括各种形式的百无聊赖的愉快,而真正的幸福却是指一个人能够充分发挥自己的力量和才能。这两种幸福观都包括爱情,不过小说强调的是被爱,而正确的观点则更强调能爱。

我们这种更加成熟和更有意义的观点揭示出了这样一种可能性,即一个人在致力于履行其道德责任时也可能获得幸福。这种情形绝不可能在那些受到当前流行的幸福观影响的人身上出现,除非他们的道德责任碰巧是异乎寻常的有趣。

请注意,我们在说到那种因朝着有意义的目标奋斗而产生的幸福时,我们并不是说一定要达到这些目标。人类某些奋斗的特点正是在于其目标是不可

人对于既成事实总是经过一个时期才接受的!

——[英]约翰·高尔斯华绥

能实现的。那些为建立一个理想政权或者为战胜人间疾苦而献身的人，可能也会享受到一些小小的胜利，但他们不可能赢得长期的斗争。目标会在他们的面前向后退去，始终是可望而不可即。正如奥尔波特所说，这样的奋斗"赋予人格以稳定不变性，但这绝不是达到目的后产生的稳定不变性，不是静谧安适所带来的稳定不变性，也不是紧张减轻后所导致的稳定不变性"。

正因为如此，富有自我更新精神的人从不感到自己已经达到目的。他明白，真正重要的事业是不可能完成的，可能有间断，但决不会有终点。一切有意义的目标都会随着人向它们的迈进而往后退去。那些自以为已经达到目标的人恰恰是丧失了目标，或许他们一开始就没有什么目标。

人们普遍认为，处于自然状态的人只愿意从事那些对于满足生理需求来说是必要的活动，但是，每一个人类学家都可以证明这种看法并不正确。原始人对于他所属的社会群体和他所承认的道德秩序有着强烈的义务感。人类一定在人为的文明大染缸中经过相当时间的浸泡后，才可能想象得出只有那种沉迷于生理满足的生活方式才是完美无缺的。

任何头上长着眼睛的人都能够看到，大多数人（包括男人和女人）为了一个有意义的目标，都愿意承担艰难困苦，而且他们也确实这样做了。事实上，他们常常为了自己的信仰而承受苦难。蒙田写道："安适会使美德落空，美德只有在充满荆棘的崎岖小道上求得。"

这并不是说，人们所抱有的任何超越自我需要的目的都一定能得到我们的赞同。这些目的可能具有最高的理想主义特征，但也可能是残酷的，甚至是邪恶的。这是我们讨论的问题的一个突出特点。如果我们错误地以为人只需要满足其物质需求而不给他提供任何有意义的东西，那么他就会轻率地抓住出现在面前的头一个"有意义的东西"，不管它是多么肤浅和愚蠢。他可能献身于虚假的神明、毫无理性的政治运动、狂热的崇拜和一时的风尚。因此，如何把人的献身精神引导到有价值的对象上，这一点至关重要。

如果认为人是无私的生物，只希望服务于高尚的理想，那也是错误的。我们已经反对了那种把人性看做是一味追求物质享受的、自私自利的过分简单的观点，但我们也不能陷入另一种相反的错误中。人是一种复杂而矛盾的存在。他以自我为中心，但又不可避免地要与自己的同类交往。他是自私的，但他又可以做到最高的无私。他为自身的需要所控制，但又发现只有使自己与自身需要以外更广泛的东西联系起来，他的生活才会有意义。这是人的自我中心主义和道德倾向之间的紧张冲突，正是这种紧张冲突给人类历史增添了不少戏剧色彩。

人生的最后智慧

○ 余秋雨

余秋雨 一九四六年生,浙江余姚人。当代艺术理论家、中国文化史学者、散文作家。曾任上海戏剧学院院长,后专职从事写作,代表作有《文化苦旅》、《山居笔记》、《行者无疆》、《千年一叹》、《文明的碎片》、《借我一生》等。

回安曼的第一件事,是去瞻仰前国王侯赛因的陵墓。

本来,现代政治人物不是我这次寻访的对象,但到约旦之后,越来越觉得需要破破例了。

几乎所有的人都用最虔诚的语言在怀念他。我们队伍里有一位小姐,在一家礼品商店买了一枚他的像章别在胸前,只想作一个小小的纪念,没想到被一位保护我们的警察看见,这位高个子的年轻人感动得不知怎么才好,立即从帽子上取下警徽送给小姐,一是感谢中国小姐尊重他们的伟人,二是要用自己的警徽来保卫国王的像章,他知道,国王的像章将要做跨国旅行。

他们说,当国王病危从美国飞回祖国时,医院门口有几万普通群众在迎接,天正下着雨,没有一个人打着伞。

他出殡那天,很多国家的领袖纷纷赶来,美国的现任总统和几任退休总统都来了,病重的叶利钦也勉强赶来,天又下雨,没有一个外国元首用伞。

出殡之后,整整四十天举国哀悼,电视台取消一切节目,全部诵读《可兰经》,为他祈祷。

人们尊敬他是有道理的。约旦区区小国,在复杂多变的中东地面,只能在夹缝中求生存。谁的脸色都要看,谁的嗓音都要听,要硬没有资本,要软何以立身,真是千难万难。

大国有大国的难处,但与那种举手可以被扼住喉管、一夜之间可以被人吞并的小国比，毕竟没有太多的旦夕之忧。侯赛因国王明白这一点，多年来运用柔性的政治手腕，不固执、不褊狭、不极端、不抱团、不胶粘，反应灵敏，处世圆熟，把四周的关系调理得十分匀当。可以说他"长袖善舞"，但他甩动的长袖后面还是有主体、有心灵的，人们渐渐看清，他多彩多姿的动作真诚地指向和平的进程和人民的安康，因此已成为这个地区的一种理性平衡器。

这种角色可以做小也可以做大，他凭着自己的教育背景和交际能力，使这种角色一次次走到国际舞台中央。结果，世界各国对这一地区深深皱眉，他与约旦，反而成了一条渡桥。这使他由弱小而变得重要，因重要而获得援助，因重要而变得安全。

我曾两次登上安曼市中心的古城堡四下鸟瞰，也曾北行到杰拉西 (Jerash) 去瞻仰声势夺人的罗马广场，知道这个国家在立国之前，一直是外部势力潮来潮去的通道。山谷间小小的君主，必须练就一身技巧才能勉强地保境安民。我对本地历史知之甚少，但从山势遗迹已可找到这种技巧的印痕，而侯赛因国王，则是方士智慧的集大成者。如果要评选二十世纪以来小国家的大政治家，他一定可以名列前茅。

很早以前我们还不知道约旦在哪里，却已经在国际新闻广播中听熟了"约旦国王侯赛因"。这个专用名词几乎成为一个现代国际关系的术语，含义远超某一个国家某一个人。这，正是我非要去拜谒陵墓不可的原因。

陵墓在王宫，王宫不是古迹而是真实的元首办公地，因而要通过层层警卫。终于到了一堵院墙前，进门见一所白屋，不大，又朴素，觉得不应该是侯赛因陵墓，也许是一个门楼或警卫处？一问，是侯赛因祖父老国王的陵寝。屋内一副白石棺，覆盖着绣有《可兰经》字句的布幔，屋角木架上有两本《可兰经》，其他什么也没有了。蹑手蹑脚地走出，询问侯赛因自己的陵墓在哪里，我是做好了以最虔诚的步履攀援百级台阶、以最恭敬的目光面对肃穆仪仗的准备的，但不敢相信的事情发生了——就在他祖父陵寝的门外空地上，有一方仅仅两平方米的沙土，围了一小圈白石，上支一个布篷，也没有任何人看管，领路人说，这就是侯赛因国王的陵寝。

我和陈鲁豫都呆住了，长时间地盯着领路人的眼睛，等待他说刚才是开玩笑。当确知不是玩笑后，又问是不是临时的，回答又是否定，我们只得轻步向前。

沙土仅是沙土，一根草也没有，面积只是一人躺下的尺寸。代替警卫的，是几根细木条上拉着的一条细绳。最惊人的是没有墓碑和墓志铭，整个陵墓不着一字，如同不着一色，不设一阶，不筑一亭，不守一兵。

人为什么活着——全球 139 位大师的答案

198

　　我想这件事不能用"艰苦朴素"来解释。侯赛因国王生前并不拒绝豪华,却让生命的终点归于素净和清真。我一直认为,如何处理自己的墓葬,体现一代雄主的最后智慧。侯赛因国王没有放弃这种智慧,用一种清晰而幽默、无虞又无声的方式,对自己的信仰作了一个总结。

　　这次陪我们去的,有一位在约旦大学攻读伊斯兰教的中国学生马学海先生,他说,我们立正,向他祈祷吧。我们就站在那方沙土跟前,两手在胸口向上端着,听小马用阿拉伯文诵读了《可兰经》的开端篇。我在心里默诵:国王,没想到你以这样一种方式在休息,请接受一个万里而来的中国人的敬意。

清　贫

○ 方志敏

　　方志敏(1899～1935)　　无产阶级革命家、军事家。江西弋阳人。一九二四年加入中国共产党。创建赣东北革命根据地和中国工农红军第十军。曾任中共闽浙赣省委书记,赣东北省和闽浙赣省苏维埃政府主席等职。一九三五年在南昌英勇就义。遗著有《可爱的中国》等。

　　我从事革命斗争,已经十余年了。在这长期的奋斗中,我一向是过着朴素的生活,从没有奢侈过。经手的款项,总在数百万元,但为革命而筹集的金钱,是一点一滴地用之于革命事业。这在国民党的伟人们看来,颇似奇迹,或认为夸张,而矜持不苟,舍己为公,却是每个共产党员具备的美德。所以,如果有人问我身边有没有一些积蓄,那我可以告诉你一桩趣事:

　　就在我被俘的那一天——一个最不幸的日子,有两个国民党军的兵士,在树林中发现了我,而且猜到我是什么人的时候,他们满肚子热望在我身上搜出一千或八百大洋,或者搜出一些金镯金戒指一类的东西,发个意外之财。哪知道从我上身摸到下身,从袄领捏到袜底,除了一只时表和一枝自来水笔之外,一个铜板都没有搜出。他们于是激怒起来了,猜疑我是把钱藏在哪里,不肯拿

　　人只有献身于社会,才能找出那短暂而有风险的生命的意义。

　　　　　　　　　　　　　　　　　　　　——[美]爱因斯坦

出来。他们之中有一个左手拿着一个木柄榴弹，右手拉出榴弹中的引线，双脚拉开一步，作出要抛掷的姿势，用凶恶的眼光盯住我，威吓地吼道：

"赶快将钱拿出来，不然就是一炸弹，把你炸死去！"

"哼！你不要作出那难看的样子来吧！我确实一个铜板都没有存，想从我这里发洋财，是想错了。"我微笑着淡淡地说。

"你骗谁！像你当大官的人会没有钱！"拿榴弹的兵士不相信。

"绝不会没有钱的，一定是藏在哪里，我是老出门的，骗不得我。"另一个兵士一面说，一面弓着背重来一次将我的衣角裤裆过细的捏，总企望着有新的发现。

"你们要相信我的话，不要瞎忙吧！我不比你们国民党当官的，个个都有钱，我今天确实是一个铜板也没有，我们革命不是为着发财啦！"我再向他们解释。

等他们确知在我身上搜不出什么的时候，也就停手不搜了，又在我藏躲地方的周围，低头注目搜寻了一番，也毫无所得，他们是多么的失望啊！那个持弹欲放的兵士，也将拉着的引线，仍旧塞进榴弹的木柄里，转过来抢夺我的表和水笔后。彼此说定表和笔卖出钱来平分，才算无话。他们用怀疑而又惊异的目光，对我自上而下地望了几遍，就同声命令地说："走吧！"

是不是还要问问我家里有没有一些财产？请等一下，让我想一想，啊，记起来了，有的有的，但不算多。去年暑天我穿的几套旧的汗褂裤，与几双缝上底的线袜，已交给我的妻放在深山坞里保藏着——怕国民党军进攻时，被人抢了去，准备今年暑天拿出来再穿，那些就算是我唯一的财产了。但我说出那几件"传世宝"来，岂不要叫那些富翁们齿冷三天?！

清贫，洁白朴素的生活，正是我们革命者能够战胜许多困难的地方！

关于死的反思

○ 萧　乾

萧乾 (1910~1999)　　现代著名作家、记者、文学翻译家。曾任职于《大公报》。采访过欧洲战场、联合国成立大会、波茨坦会议等。晚年写出了三百多万字的回忆录、散文、特写、随笔及译作。主要作品有短篇小说集《篱下集》，长篇小说《梦之谷》，译著《莎士比亚戏剧故事集》、《尤利西斯》等。

死对我并不陌生。还在三四岁上，我就见过两次死人：一回是我三叔，另一回是我那位卖烤白薯的舅舅。印象中，三叔是坐在一张凳子上咽的气。他的头好像剃得精光，歪倚在婶婶胸前。婶婶一边摆弄他的头，一边颤声地责问："你就这么狠心把我们娘儿几个丢下啦！"接着，那脑袋就耷拉下来了。后来，每逢走过剃头挑子，见到有人坐在那里剃头，我就总想起三叔。舅舅死得可没那么痛快。记得他是双脚先肿的。舅母泪汪汪地对我妈说："男怕穿靴，女怕戴帽。我看他是没救了。"果然，没几天他就蹬了腿儿。

真正感到死亡的沉痛，是当我失去自己妈妈的那个黄昏。那天恰好是我生平第一次挣钱——地毯房发工资。正如我在《落日》中所描绘的，那天一大早上上工时，我就有了不祥的预感。妈一宿浑身烧得滚烫，目光呆滞，已经不大能言声儿了。白天干活我老发愣。发工资时，洋老板刚好把我那份给忘了。我好费了一番周折才拿到那一块五毛钱。我一口气就跑到北新桥头，胡乱给她买了一蒲包干鲜果品。赶回去时，她已经双眼紧闭，神志迷糊，在那里捯气儿哪。我硬往她嘴里灌了点荔枝汁子。她是含着我挣来的一牙苹果断的气。

登时我就像从万丈悬崖跌下。入殓时，有人把我抱到一只小凳子上，我喊了她最后一声"妈"——亲友们还一再叮嘱我可不能把泪滴在她身上。在墓地上，又是我往坑里抓的第一把土。离开墓地，我频频回首：她就已经成为一个尖

人最凶恶的敌人，就是他的意志力的薄弱和愚蠢。
——[苏联]高尔基

尖的土堆了。从那以后，我就开始孤身在茫茫人海中漂浮。

我的青年时期大部分是在战争中度过的，死人还是见了不少。"八·一三"事变时，上海大世界和先施公司后身掉了两次炸弹，我都恰好在旁边。我命硬，没给炸着。可我亲眼看到一辆辆大卡车把血淋淋的尸体拉走。伦敦的大轰炸就更不用说了。

死究竟是咋回事？咱们这个民族讲求实际，不喜欢在没有边际的事上去费脑筋。"未知生焉知死！"十分干脆。英国早期诗人约翰·邓恩曾说："人之一生是从一种死亡过渡到另一种死亡。"这倒有点像庄子的"生也死之徒，死也生之始"，都把生死看做连环套。

文学作品中，死亡往往是同恐怖联系在一起的。它不是深渊，就是幽谷。但丁的《神曲》与弥尔顿的《失乐园》中的地狱同样吓人。英国作家中，还是哲人培根来得健康，他认为死亡并不比碰伤个指头更为痛苦，而且人类许多感情都足以压倒或战胜死亡。"仇隙压倒死亡，爱情蔑视死亡，荣誉感使人献身，巨大的哀痛使人扑向死亡"。他蔑视那些还没死就老在心里嘀咕死亡的人，认为那是软弱怯懦，并引用朱维诺的话说："死亡是大自然赐给人类的恩惠之一，它同生命一样，都是自然的产物。""人生最美的挽歌莫过于当你在一种有价值的事业中度过了一生。"这与司马迁的泰山与鸿毛倒有些异曲同工之妙。

死亡，甚至死的念头，一向离我很远。第一次想到死是在1930年的夏天。其实，那也只在脑际闪了一下。那是当《梦之谷》中的"盈"失踪之后，我孤身一人坐了六天六夜的海船，经上海、塘沽回到北京的那次。那六天我不停地在甲板上徘徊，海浪朝我不断龇着白牙。作为统舱客，夜晚我就睡在甲板上，我确实萌生过纵身跳下去的念头，挽住我的可并不是什么崇高的理想。我只是想，妈妈自己出去佣工把我拉扯这么大，我轻生可对不起她。我又是个独子，这就仿佛非同一般。其实，归根结底，还是我对生命有着执著的爱，那远远超出死亡对我的诱惑。

只有在一九六六年的仲夏，死才第一次对我显得比生更为美丽，因为那样我就可以逃脱无缘无故的侮辱与折磨。坐在牛棚里，有一阵子我成天都在琢磨着各种死法。我还总想死个周全、妥善，不能拖泥带水。首先就是不能牵累家人。为此，我打了多少遍腹稿，才写出那几百字无懈可击的遗嘱。我还要确保死就死个干脆，绝不可没死成反而落个残疾。我甚至还想死个舒展。所以最初我想投河自尽：两口水咽下去，就人事不省了。那天下午我骑车到自己熟稔的青年湖去，可那里满是戴红箍的。我也曾想从五层楼往下跳，并且还勘察过——下面倒是洋灰地，但我仍然不放心。所以那晚我终于采取了双重保险的死法：

先吞下一整瓶安眠药,再去触电。我怕家人因救我而触电,所以还特意搬出孩子们写作业的小黑板,用粉笔写上"有电!"两个大字,我害怕临时对自己下不去手,就先灌下半瓶二锅头才吞安眠药的。没等我扎到水缸里去触电,就倒下失掉了知觉。

我真有一副结实的胃!也谢谢隆福医院那位大夫。十二个小时以后,我又坐在出版社食堂里啃起馒头了。对于又重返人世,我感到庆幸,尽管周围的红色恐怖没有什么改变。我太热爱生活了,那次自尽是最大的失误。我远远地朝着饭厅另一端也在监视之下、可望而不可即的洁若发誓:我再也不寻死了。

从一九六六年至今,又快三十年了,我越活越欢势,尤其当我记起自己这条命——这段辰光,真正是白白捡来的。当年,隆福医院大夫满可以不收我这个"阶级敌人",勒令那辆平板三轮把我拉走了事。那时,这样做还最合乎立场鲜明的标准。即便勉强收下,也尽可以马马虎虎,敷衍了事。没有人会为一个"阶级敌人"给自己找麻烦,然而那位正直的大夫却收下了我。当然,他只好往我的病历上写下了"右派畏罪自杀"几个字(我是后来看到的)。这是必要的自卫措施,但是他认真地为我洗了胃,洗得干干净净。

人在一场假死之后,对于生与死有了崭新的认识。从此,它使我正确地面对人生了。死,这个终必到来的前景,使我看透了许多,懂得生活中什么是可珍贵的,什么是粪土;什么是持久,什么是过眼浮云。我再也不是雾里看花了,死亡使生命对我更为透明的了。

死亡对我还成为一个巨大的鞭策力量,所以一九七九年重新获得艺术生命之后,我才对自己发誓要"跑好人生这最后一圈"。"最后"二字就意味着我对待死亡的坦荡胸怀。我清醒地知道剩下的时间不会很长了。我并不把死看做深渊或幽谷。它只不过是运动场上所有跑将必然到达的终点,也即是天下没有不散的筵席。所以在医院里散步每走过太平间,我一点也不胆怯。两次动全身麻醉的大手术,我都是微笑着被推入手术室的。心里想,这回也许是终点,也许还不是。及至开完刀,人又活过来之后,我就继续我的跑程。

我的姿势不一定总是好的,有时还难免会偏离了跑线。然而我就像一匹不停蹄的马,使出吃奶的劲头来跑。二十世纪三十年代上海有过跑狗场,场上,一个电动的兔子在前头飞驰,狗就在后边追。死亡之于我,就如跑道上的电兔子和追在后边的那只狗。

有人会纳闷我何以在写完《未带地图的旅人》之后,还有兴致又写了文学回忆录。一九五七年大小报纸对我连篇累牍地揭批以及那位顶头上司后

人,是有着利用别人经验的特殊能力的动物。
　　　　　　　　　　　　——[英]柯林伍德

来写的《萧乾是个什么人》，对我起了激励作用。我就是要认认真真地交代一下自己。

这十二年，我同洁若真是马不停蹄地爬格子。就连在死亡边缘徘徊的那八个月，肾部插着根橡皮管子，我也没歇手，还是把《培尔·金特》赶译了出来。当时我确实是在跟死亡拼搏，无论如何不愿丢下一部未完成的译稿。是死神促使我奋力把它完成。

我已经好几年没进百货公司了，却热衷于函购药物及医疗器械。我想尽可能延年益寿。每逢出访或去开会，能直直地躺在宾馆大洋瓷澡盆里痛痛快快洗个热水澡，固然是一种有益于健康的享受，我却不愿意为此而搬家，改变目前的平民生活。

我酷爱音乐，但只愿守着陪我多年的双卡半导体，无意添置一套音响设备。奇怪，人一老，对什么用多年的旧东西都产生了执著的感情。

儿女都不急于结婚，我膝下至今没有第三代。但我身边有一簇喊我"萧爷爷"的年轻人。他们不时来看我，我从他们天真无邪的言谈笑声中，照样也得到温馨的快乐。

死亡的必然性还使我心胸豁达，懂得分辨生活中各种事物的性质和分量，因而对身外之物越看越淡。我经常对自己也对家人说："什么也带不走！"物质上不论占有多少，荣誉的梯阶不论爬得多高，最终也不过化为一撮骨灰。倒是每听到一支古老而优美的曲子就想：哪怕一生只创作出一宗悦耳、悦目或悦心的什么，能经得起时间的磨损，也不枉此生。在自己的生活位置上尽了力，默默无闻地做了有益于同类的事，撒手归去，也会心安理得。

在跑最后一圈时，死亡这个必将使我与家人永别的前景，还促进了家庭中的和睦。由于习惯或对事物想法的差异，紧密生活在一起的家人有时难免会产生一瞬间的不和谐。遇到这种时刻和场合，最有力的提醒就是"咱们还能再相处几年啦！"任何扣子都能在这一前景下，迎刃而解，谁也不愿说日后会懊悔的话，或做那样的事。

怕死，以为人可以永远不死或者死后还能带走什么，都是彻头彻尾的唯心主义。死亡神通广大，它能促使人奋勇前进，又能看透事物本质。我想来想去，唯一的解释就是：死亡的前景最能使人成为唯物主义者，因而也就无所畏惧了。"人只有一辈子好活"。认识了死，才能活得更清醒，劲头更足，更有目标。

愿与天下老人共勉之。

匆　匆

○ 朱自清

朱自清(1898～1948)　号秋实,字佩弦。原籍浙江绍兴,生于江苏东海。著名散文家,诗人。一九三二年任清华大学中文系主任。抗战时期随校南迁,任西南联大教授,讲授《宋诗》、《文辞研究》等课程。一九四六年返京任清华大学中文系主任。主要著作有诗歌《睡罢,小小的人》、《毁灭》等,散文《桨声灯影里的秦淮河》、《背影》、《荷塘月色》等。

燕子去了,有再来的时候;杨柳枯了,有再青的时候;桃花谢了,有再开的时候。但是,聪明的你,告诉我,我们的日子为什么一去不复返呢? ——是有人偷了他们罢:那是谁? 又藏在何处呢? 是他们自己逃走了吧?现在又到了哪里呢?

我不知道他们给了我多少日子,但我的手确乎是渐渐空虚了。在默默地算着,八千多日子已经从我手中溜去,像针尖上一滴水滴在大海里,我的日子滴在时间的暗流里,没有声音,也没有影子。我不禁头涔涔而泪潸潸了。

去的尽管去了,来的尽管来着,去来的中间,又怎样地匆匆呢? 早上我起来的时候,小屋里射进两三方斜斜的太阳。太阳他有脚啊,轻轻悄悄地挪移了,我也茫茫然跟着旋转。于是——洗手的时候,日子从水盆里过去;吃饭的时候,日子从饭碗里过去;默默时,便从凝然的双眼前过去,我觉察他去的匆匆了,伸出手遮挽时,他又从遮挽着的手边过去;天黑时,我躺在床上,他便伶伶俐俐地从我身上跨过,从我脚边飞去了。等我睁开眼和太阳再见,这算又溜走了一日。我掩着面叹息,但是新来的日子的影儿又开始在叹息里闪过了。

在逃去如飞的日子里,在千门万户的世界里的我能做些什么呢? 只有徘徊罢了,只有匆匆罢了;在八千多日的匆匆里,除徘徊外,又剩些什么呢? 过去的日子如轻烟,被微风吹散了,如薄雾,被初阳蒸融了;我留着些什么痕迹呢,我何曾留着像游丝样的痕迹呢？我赤裸裸来到这世界，转眼间也将赤裸裸的回去吧？但不能平的，为什么偏要白白走这一遭啊？

你聪明的，告诉我，我们的日子为什么一去不复返呢？

不 死 鸟

○ (台湾) 三 毛

三毛(1943～1991) 女，本名陈平。台湾著名作家。曾定居西属撒哈拉沙漠迦纳利岛，并以当地的生活为背景，写出一连串脍炙人口的作品。生平著作和译作十分丰富，共有二十四种。著作有《撒哈拉的故事》、《稻草人手记》、《梦里花落知多少》等。

一年多前，《爱书人》杂志给我出了一个题目"如果你只有三十天的寿命，你将会做些什么？"

我一直没有动笔。

荷西听我说起这件事情，也曾好奇地问过我："你会做些什么呢？"

当时，我正在揉面，我举起了沾着白粉的手，温和地摸摸他的头发，慢慢地说："傻子，我不会死的，因为还得给你做饺子呢！"

以后，我们又谈起这份欠着的稿子，我的答案仍是那么的简单而固执："我一样地守这个家，有责任的人是没有死亡的权利的。"

虽然预知死亡是我喜欢的一种生命结束的方式，可是我仍然不能死，在这个世界上有三个与我个人存亡紧紧相连的人。那便是我的父亲、母亲还有荷西，如果世界上有他们活着一日，我便不可以死，连神也不能将我取去，因为我不肯。

让我父母在渐入高年时失去爱女，那么他们一生的幸福和慰藉，会因为这一件事情完全崩溃，这样尖锐的打击不可以由他们来承受，那是过分残酷也过分不公平了。

要荷西半途折翼,失去他相依为命的爱妻,那么在他日后的心灵上会有什么样的伤痕,什么样的烙印? 如果因我的消失而使得荷西的余生不再有一丝笑容,那么我便更不能死。

这些,又一些,因我的死亡而将使父母及丈夫所遭受到的大劫难。每想起来,便是不忍,不忍,不忍又不忍。

毕竟,先走的是比较幸福的,留下的并不是强者,可是想到这彻心切肤的病痛,我仍是要说——为了爱的缘故,这永别的苦杯,还是留给我来喝下吧。

我愿意在父亲、母亲及荷西的生命圆环里,做最后离世的一个,如果我先去了,而将永远的哀伤留给世上的他们,那么是死不瞑目的,因为我的爱有多深,我的牵挂便有多长。

所以,我几乎没有选择地做了暂时的不死鸟,我的羽毛虽然因为荷西的先去,已经完全脱落,无力再飞,可是那颗碎掉的心,仍是父母的珍宝。再痛,再伤,他们也不肯我死去,我也不忍放掉他们啊。

总有那么一天,在金色的彼岸,会有六张爱的手臂张开了在迎我进入永生,那时,我方肯含笑狂奔而去了。

这份文字本是为着另一个题目写的,可是我拒绝了只有一月寿命的假想,生的艰难,尘世的苦,死别时一刹那的碎心又碎心,还是由我一个人来承担吧。

父亲、母亲、荷西、我的亲人,我爱你们胜于自己的生命,那么我便护着你们的幸福,不轻言消失吧!

人应该是自由的,而且经常应该根据自己的选择来行动。

——[法]萨 特

　　人的一生虽然有长有短，但是客观的衡量未说明时间对一个人的意义。有人无所事事，有人忙碌不堪。前者须杀时间来过日子，后者则以抢时间来安排生活。现代人日益走上第二条路，流行"无事忙"，结果由忙而盲，由盲而茫。

充满选择的人生

Chong Man Xuan Ze De Ren Sheng

依然在人生的大门口徘徊逡巡，踌躇着不知该走哪条路的人们。记住吧，等到岁月流逝，你们在黝黑的山路上步履跟跄时，再来痛苦地叫喊："青春啊，回来！还我韶华！"那只能是徒劳的了。

论 命 运

○ [法] 伏尔泰

伏尔泰 (1694～1778) 　法国启蒙思想家、哲学家、史学家、文学家。十八世纪法国资产阶级启蒙运动的旗手,被誉为"思想之王"、"法兰西最优秀的诗人"。代表作有《欧第伯》、《老实人》、《路易十四时代》等。他的《哲学通信》被称为"投向旧制度的第一颗炸弹"。

在所有流传下来的西方书籍中,《荷马史诗》是最古老的。正是在《荷马史诗》中我们发现了不敬神的古代风俗、世俗的英雄和以人的形象出现的世俗的诸神。可是也是在那里,我们发现了哲学的开端,其最重要的是命运的概念,因为命运是诸神的主人,如同诸神是世界的主人。

当高尚的赫克托尔寸步不让地坚持要和高尚的阿基琉斯战斗,并且为此在战斗前竭尽全力绕城跑三圈以增加活力;当荷马把追逐赫克托尔的步履轻捷的阿基琉斯比做一个在睡觉的人时 (达西埃夫人对这段描写的艺术和深刻含义心醉神迷地欣赏);当朱庇特想拯救赫克托尔,但这是徒劳时;他请教了命运,他在天平上称了赫克托尔和阿基琉斯的命运,他发现这特洛伊人注定要被这个希腊人杀掉,他无法抵抗。从那时起,赫克托尔的保护神阿波罗就被迫抛弃了他。

荷马的诗歌里确实含有大量截然相反的思想,这在古代是允许的,可他是第一个描写了命运这个概念的人。因此,这个概念在他的时代必定是非常流行的。

小小的犹太人中的法利赛人直到七个世纪以后才接受了命运的概念,因为这些法利赛人是第一批识字的犹太人,他们自己也刚刚出现不久。在亚历山大,他们把斯多葛派的部分教义和古代犹太人的思想混合了起来。圣哲罗姆甚至断言他们的教派不比公元早多少时候。

　　哲学家们不需要用《荷马史诗》和法利赛人来使自己相信：所有事件都是受不可改变的规律制约的，一切都是安排好的，一切都是一个必然的结果。

　　世界要么靠它自己的本性和它的物质规律而存在，要么是一个万能的主根据他至高无上的规律造就了世界。在这两种情况下，这些规律都是不可改变的，而且一切都是必然的。重体向地心落，它不能停留在空中；梨树绝对长不出菠萝；长毛垂耳狗的本能不可能是鸵鸟的本能；一切都是安排好的、搭配好的、并受到限制的。

　　人类只能有一定数量的牙齿、头发和思想。总有一天他必须失去牙齿、头发和思想。

　　说昨天的情况不代表昨天，今天的情况不代表今天是矛盾的，说必然发生的事不一定发生也是矛盾的。

　　如果你能改变一只苍蝇的命运，就没有什么东西能阻挡你创造所有其他苍蝇、所有其他动物、所有人和所有自然的命运。当一切都说了并做了以后，你就会发现你自己比上帝更强大。

　　傻瓜说："我的医生把我的婶婶从一个致命的病中救活了，他使她比命中注定的要多活了十年。"假装比前者懂得多的傻瓜说：谨慎的人创造自己的命运。

　　"如果我们明智的话，命运就不会有神力，是我们让她成了女神，并把她放在天堂里的。"

　　"命运什么都算不上，崇拜它是徒劳的。谨慎是我们唯一应该向之祈祷的神。"①

　　但是谨慎的人根本不能创造自己的命运，他们往往是屈服于命运的，也就是说谨慎的人是由命运创造的。

　　渊博的政治家们说，如果克伦威尔、拉德路、登尔顿和其他十几个国会议员在查理一世被砍头前一周被谋杀，这个国王就会继续活下去，并在床上寿终正寝。他们说得对。他们也能宣称：如果整个英国被大海淹没，这个君主就不会死在白房间的断头台上。可是事情就是这样安排的，查理一世必须被砍头。

　　多塞特红衣主教无疑比珀蒂特——迈松里的一个疯子要更谨慎，可是聪明的奥萨特的器官和疯子的器官构造是不同的，就像狐狸的器官和鹤与云雀的器官不同一样，这难道不是很明显的吗？

---

①引自罗马讽刺诗人尤维纳利斯的讽刺诗。

人类本质里最深远的驱策力就是：希望具有重要性。

——[美]约翰·杜威

你的医生救了你婶婶的命，可他这样做肯定没有否定自然的意愿，他只是服从了它。很显然，你的婶婶不能阻止自己出生在一个特定的镇上，她不能阻止自己在一个特定的时间生某种疾病，而那个医生也只能在他所在的镇上；你的婶婶不得不去请他，他不得不开治愈了她病的药。

农民认为冰雹是偶然落到他田里的，可哲学家知道没有偶然，由于世界是像目前这样组成的，冰雹不可能不在那天落到那个地点上。

有些人害怕这个真理，只接受一半，就像欠债的人把一半钱还给债主，要求免掉剩下的一半那样。他们说，有必然的事件，还有其他不是必然的事件。这个世界的一部分是安排好的，另外一部分则不是，如果说发生的一切的一部分是必然发生的，另一部分则不是必然发生的，那是可笑的。当人们仔细研究这一点时，就可以看到反对命运的学说是荒谬的。可有许多人命中注定其思考能力很差，而其他人命中注定根本不需要思考，还有人命中注定要迫害思考的人。

有些人告诉你："不要相信宿命论，因为，如果一切都显得是不可避免的，你就不会致力于任何事；你就会对一切都漠不关心；你将不会喜爱财富、荣誉和赞美；你将不想获得任何东西；你将相信自己既没有价值、也没有力量；你将不去培养才能；一切将在漠然中消失。"

不用害怕，先生们。我们将永远拥有激情和偏见，因为受偏见和激情的支配是我们的命运。我们非常清楚：能否拥有许多优点和杰出才能并不取决于我们自己，就如同能否拥有一头秀发和漂亮的手不取决于我们自己一样。我们深信不该对任何事情存有虚荣心，可我们将永远是虚荣的。

我写这文章时必定有激情，而你，谴责我时也有激情，我们两人都同样愚蠢，同样是命运的玩物。你的本性是作恶，我的本性是热爱真理，不管你的看法如何，戏都要把真理写出来。

在窝里吃老鼠的猫头鹰对夜莺说："不要在你那棵荫凉的树上唱歌了，到我洞里来让我吃掉你。"夜莺回答说："我生来就是为了在这里唱歌并嘲笑你的。"

你问我自由意志的情况如何，我不理解你，因为我不知道你说的这个自由意志是什么。关于它的本质你和别人已争论了这么长时间，因此你肯定本知道它。如果你想心平气和地和我探讨它是什么，或者说如果你能够这样做，去看看字母 L。①

---

①自由意志的法语词是 liberte。

人为什么活着——全球 139 位大师的答案

不自由，毋宁死

——在弗吉尼亚议会上的讲演

○ [美] 帕特里克·亨利 译/高 健

帕特里克·亨利（1736～1799） 苏格兰裔美国人。美国独立战争时期杰出的自由主义者、演说家和政治家。在反英斗争中发表过许多著名演说，被普遍传诵的警句"不自由，毋宁死"就出自他的演说。

主席先生：

我个人对刚才在议会上讲过话的各位先生们的忠诚与才能实在非常重视，不减他人。但是不同的人对同一问题的看法却往往会有所不同，因此，如果由于我个人对一些问题持有相反看法，因而不能不和盘托出、毫无保留时，但愿这一番话不致视为对前面各位先生的一种不敬。目前已不是雍容揖让的时候。议会所面临的问题乃是一个非同一般的严重问题。而依照个人看法，它其实就是要自由还是要奴役的问题。既然问题是这么重大，讨论这项问题时的自由也就不能不更多一些。唯有这样，我们才有可能认清事态真相，以便使我们无负于对上帝和对这片土地所肩负的重大责任。处在这种时刻，如果我因为畏惧开罪于人便把该说的话按下不说，那才真是对自己乡国的最大不忠，对上帝的最大不忠，而我对上帝的钦崇则远在对世间的一切帝王之上。

主席先生，人们往往容易沉溺于虚妄的希冀之中而心存幻想。我们往往紧闭双眼而不敢正视痛苦的现实。而就在我们被妖女的艳歌弄得飘飘然的时候，我们早已不再是我们自己，而被化为牲畜。这难道是亲自参加为自由而战这场伟大而艰巨的战斗的有识之士所应有的行事吗？难道我们在这件与自己世间得救关系极密的事情上，竟属于那种有眼而不能见，有耳而不能闻的糊涂人吗？对我来说，不管这件事在精神上的代价是如何惨重，我都要求得知事情的全部真相和最坏后果，并对这一切做好思想准备。

指引我前进步伐的明灯只有一盏，那便是经验之灯。帮助我判断未来的方

人既是他正在是的那种人，同时又是他向往成为的那种人。

——[美]马斯洛

法只有一件，那便是过去的事。因此，如果鉴往可以知来的话，那么我很想知道，过去十年来英政府的所作所为又有哪一桩哪一件足以使我们各位先生与全体议员稍抱乐观和稍可自慰？是最近我们请愿书递上时接受人的那副狞笑吗？不可相信它啊，先生，那只会是使我们堕入陷阱的圈套。不可因为人家给了你假惺惺的一吻便被人出卖。请各位好好想想，一方面是我们请愿书的蒙获恩准，一方面却是人家大批武装的暗我水陆，这两者也是相称的吗？难道战舰与军队也是仁爱与修好所必需的吗？难道这是因为我们存心不肯和好，所以不得不派来武力，以便重新赢得我们的爱戴吗？先生们，我们决不可再欺骗自己了。这些乃是战争与奴役的工具，是帝王们骗人不过时的最后一招。请让我向先生们提一问题，如果这些阵容武备不是为了迫我屈从，那么它的目的又在哪里？各位先生还能另给它寻个什么别的理由吗？难道大不列颠在这片土地上还另有什么可攻之敌，因而不得不向这里广集军队，大派舰船吗？不是吧，先生，英国在此地并没有其他敌人。这一切都是冲着我们而来，而不是冲着别个。这一切都是英政府长期以来便已打制好的种种镣铐，以便把我们重重束缚起来。而我们又能用什么来抵御他们呢？靠辩论吗？先生们，辩论我们已经用过十年。在这个问题上我们还能提出什么新的东西来吗？提不出的。我们已经把这个问题从各个可能想到的方面都提出过，但却一概无效。靠殷殷恳请和哀哀祈求吗？一切要说的话不是早已说尽了吗？因此我郑重敦请各位，我们再不能欺骗自己了。先生们，为了避免这场行将到来的风暴，我们确实已经竭尽了我们的最大努力。我们递过申请、提过抗辩、作过祈求；我们匍匐跪伏过国王阶前，哀告过圣上制止政府与议会的暴行。但是，我们的申请却只遭到了轻蔑，我们的抗辩招来了更多的暴行与侮辱，我们的祈求根本没有得到人家的理睬，我们所得到的不过是在遭人百般奚落之后，一脚踢开阶下了事。在经过了这一切之后，如果我们仍不能从那委曲求和的迷梦当中清醒过来，那真是太不实际了。现在已不存在着半点幻想的余地。如果我们仍然渴望得到自由，如果我们还想使我们这么多年一直在奋斗谋求的那些重大权利不遭侵犯，如果我们还不准备使我们久久以来便辛苦从事并且矢志进行到底的这场伟大斗争半途而废——那么我们就必须战斗！我再重复一遍，先生们，我们必须战斗！我们要诉诸武力，诉诸那万军之主，这才是留给我们的唯一前途！

有人对我们讲了，先生们，我们的力量太弱，不足以抵御这样一支强敌。那么请问要等到何时才能变强？等到下月还是下年？等到我们全军一齐解甲，家家户户都由英军来驻守吗？难道迟疑不决、因循错误，便能蓄积力量、转弱为强吗？难道一枕高卧、满脑幻想、直至敌来、束手就擒，便是最好的却敌之策吗？先

人为什么活着——全球 139 位大师的答案

生们,我们的实力并不软弱,如果我们能将上帝赋予我们手中的力量充分发挥出来,三百万军民能够武装起来,为着自由这个神圣事业而进行战斗,而且转战于我们这么辽阔的幅员之上,那么敌人派来的军队再大再强,也必将无法取胜;再有,先生们,我们绝不是孤军奋战。主宰着国家命运的公正上帝必将为我做主,他必将召来友邦,助我作战。而战争的胜利,先生们,并不一定属于强者,它终将属于那机警主动、英勇善战的人们。更何况,先生们,我们已经被逼得走投无路。即使我们仍想很不光彩地退出斗争,现在也已为时过晚。屈服与奴役之外,我们再也没有别的退路!我们的枷锁已经制成!镣铐的丁当声已经响彻波士顿的郊原!一场杀伐已经无可避免——既然事已如此,那就让它来吧!我再重复一遍,先生们,让它来吧!

先生们,一切缓和事态的企图都是徒劳的。有些先生们也许仍在叫嚷和平和平,但现在已经没有和平。战火实际上已经爆发!兵器的轰鸣即将随着阵阵的北风不绝地传到我们的耳边!我们的兄弟们此刻已经开赴战场!我们岂可在这里袖手旁观,坐视不理?请问一些先生们到底心怀什么目的?他们到底希望得到什么?难道性命就是那么值钱,求和就是那么美妙,因而只能以镣铐和奴役为代价来换取吗?全能的上帝啊,但愿你能出来制止!我不知道其他人在这件事上有何高见,但是在我自己来说,不自由则毋宁死!

两 条 路

○ [德] 让·保尔 译/罗务恒

让·保尔(1763~1825) 德国作家。作品多反映人民的贫苦、社会的不平、妇女的地位等问题,常以幽默的笔调嘲讽德国当时的社会,但带有感伤情调。主要作品有长篇小说《年少气盛的岁月》、《巨神》等,论著《美学入门》等。

新年的夜晚。一位老人伫立在窗前。他悲戚地举目遥望苍天,繁星宛若玉

人是他自己生命的主宰,人也是他自己死亡的主宰。
——[阿根廷]博尔赫斯

色的百合漂浮在澄静的湖面上。老人又低头看看地面,几个比他自己更加无望的生命正走向它们的归宿——坟墓。老人在通往那块地方的路上,也已经消磨掉六十个寒暑了。在那旅途中,他除了有过失和懊悔之外,再也没有得到任何别的东西。他老态龙钟,头脑空虚,心绪忧郁,一把年纪折磨着老人。

年轻时代的情景浮现在老人眼前,他回想起那庄严的时刻,父亲将他置于两条道路的入口:一条路通往阳光灿烂的升平世界,田野里丰收在望,柔和悦耳的歌声四方回荡;另一条路却将行人引入漆黑的无底深渊,从那里涌流出来的是毒液而不是泉水,蛇蟒到处蠕动,吐着舌箭。

老人仰望昊天,苦恼地失声喊道:"青春啊,回来! 父亲哟,把我重新放回人生的入口吧,我会选择一条正路的!"可是,父亲以及他自己的黄金时代却一去不复返了。

他看见阴暗的沼泽地上空闪烁着幽光,那光亮游移明灭,转瞬即逝了,那是他轻抛浪掷的年华;他看见天空中一颗流星陨落下来,消失在黑暗之中,那就是他自身的象征。徒然的懊丧像一支利箭射穿了老人的心脏,他记起了早年和自己一同踏入生活的伙伴们,他们走的是高尚、勤奋的道路,在这新年的夜晚,载誉而归,无比快乐。

高耸的教堂钟楼鸣钟了,钟声使他回忆起儿时双亲对他这浪子的疼爱。他想起了发蒙时父母的教诲,想起了父母为他的幸福所作的祈祷。强烈的羞愧和悲伤使他不敢再多看一眼父亲居留的天堂。老人的眼睛黯然失神,泪珠儿潸然坠下,他绝望地大声呼唤:"回来,我的青春! 回来呀!"

老人的青春真的回来了。原来,刚才那些只不过是他在新年夜晚打盹儿时做的一个梦。尽管他确实犯过一些错误,眼下却还年轻。他虔诚地感谢上天,时光仍然是属于他自己的,他还没有堕入漆黑的深渊,尽可以自由地踏上那条正路,进入福地洞天,丰硕的庄稼在那里的阳光下起伏翻浪。

依然在人生的大门口徘徊逡巡,踌躇着不知该走哪条路的人们,记住吧,等到岁月流逝,你们在黢黑的山路上步履跟跄时,再来痛苦地叫喊:"青春啊,回来! 还我韶华!"那只能是徒劳的了。

门 槛——梦

○ [俄] 屠格涅夫 译/巴 金

屠格涅夫(1818～1883)   俄国十九世纪批判现实主义作家。他是一位有独特艺术风格的作家,既擅长细腻的心理描写,又长于抒情。小说结构严整,情节紧凑,人物形象生动,尤其善于细致雕琢女性艺术形象,对大自然的描写也充满诗情画意。代表作有《罗亭》、《贵族之家》、《前夜》、《父与子》、《烟》、《处女地》等。

我看见一座大厦。

正面一道窄门大开着,门里一片阴暗的浓雾。高高的门槛前站着一位女郎……一位俄罗斯女郎。

望不透的黑暗中散发着寒气,随着寒气从大厦里面传出来一个慢吞吞的不响亮的声音:

"啊,你想跨进这门槛来做什么? 你知道有什么在等着你?"

"我知道。"女郎这样回答。

"寒冷,饥饿,憎恨,嘲笑,蔑视,侮辱,监狱,疾病,甚至于死亡?"

"我知道。"

"跟人们疏远,完全的孤独?"

"我知道……我准备好了。我愿意忍受一切的痛苦,一切的打击。"

"不仅是你的敌人,你的亲戚,你的朋友也都要给你这些痛苦、这些打击?"

"是……就是他们给我这些,我也要忍受。"

"好,你也准备牺牲吗?"

"是。"

"这是无名的牺牲,你会灭亡,甚至没有人……没有人知道,也没有人会尊敬地怀念你。"

求知是人类的本性。

——[古希腊]亚里士多德

"我不要人感激,不要人怜悯。我也不要名声。"

"你甘心去犯罪?"

女郎埋下了她的头……

"我也甘心……去犯罪。"

里面的声音停了一会,然后又问下去。

"你知道吗,将来在困苦中你会否认你现在的这个信仰,你会以为你是白白地浪费了你的青春。"

"这我也知道。然而我还是要进来。"

"进来吧!"

女郎跨进了门槛———一幅厚的门帘放下来掩住了她。

"傻瓜!"有人在后面咬牙切齿地咒骂。

"一位圣人!"不知从什么地方传来了这一声回答。

抉　　择

○ [英] 大卫·休谟

大卫·休谟(1711~1776)　英国哲学家、历史学家、经济学家与美学家,近代不可知论的著名代表。著有《人性论》、《人类理智研究》和死后出版的《论灵魂不死》等。

一个人在选择他的生活道路时,可以根据他的兴趣爱好进行选择。为确保比另一个追求相同目标的人更加成功,却可以采取许多办法。

如果你追求的主要目标是财富,那你就要专心你那一行,以获得熟练技能;要勤勉地实际练习它;要扩大你的朋友和熟人的范围;要避免享乐和花哨;决不要做无谓的慷慨大方,而要想到你必须节俭才能得到更多的钱。

如果你想得到公众的好评,你就要避免过谦和狂妄这两种极端,显出你是自尊的,但也没有轻视别人。如果你陷入这两种极端之一,那你就会由于你胆小如鼠的谦卑和你似乎喜欢说些低声下气的话让别人看不起你，或会由于你的傲慢而激起人们对你的傲慢或者态度。

你可能认为这些不过是教人遇事斟酌，小心谨慎罢了。每个孩子都受过这方面的教育，每个头脑健全的人在他选定的生活道路上都是这样做的。可是，你还想得到的更多东西又是什么呢？是的，我们应该怎样选择我们的生活目的，而不是达到这些目的的手段。因为我们不知道选择什么志向能使我们满意，什么情感我们应当依从，什么嗜好我们应当迷恋。

充满选择的人生

○ [法] 罗曼·罗兰

罗曼·罗兰(1866～1944) 法国作家、音乐学家、社会活动家。二十世纪初连续写了《贝多芬传》、《米开朗琪罗传》、《托尔斯泰传》等名人传记，并发表长篇小说《约翰·克利斯朵夫》，该小说于一九一三年获法兰西学院文学奖金，由此被认为是法国当代最重要的作家。一九一五年被授予诺贝尔文学奖。

人生常常有许多决定命运的时刻，永恒的火焰在昏暗的灵魂中燃着了，好似电灯在都市的夜里突然亮起来一样。只要一颗灵魂中蹦出一点火星，那个期待着的灵魂就能借此灵火燃烧。

如果人们的眼睛已经想不起阳光就要在自己心中重新找到阳光的热力，你先得使周围变成漆黑，闭着眼睛，往下走到矿穴里，走到梦中的地道里。在那儿，你才能看到往日的太阳。

当一个人在人生中更换躯壳的时候，同时也换了一颗心。而这种蜕变并非总是一天一天、慢慢儿来的，往往在几小时的剧变中一切就立刻更新了，老的躯壳蜕下来了。

在那些苦闷的日子里，一个人自以为一切都完了，殊不知一切才刚刚开始呢。一个生命死了，另外一个已经诞生了。

我相信进步。同时我又十分相信，人类具有决定幸福的能力。

——[德]海 涅

人生三路向

○钱 穆

钱穆 (1895～1990)　著名历史学家、国学家。江苏无锡人。曾任燕京大学、北京大学、清华大学等校教授。后到香港创办新亚书院,一九六七年移居台北,任中国文化书院历史所教授、台北故宫博物院特聘研究员。著有《国学概论》、《中国近三百年学术史》、《国史大纲》、《中国文化史导论》等。

人生只是一个向往,我们不能想象一个没有向往的人生。

向往必有对象。那些对象,则常是超我而外在。

对精神界向往的最高发展有宗教,对物质界向往的最高发展有科学。前者偏于情感,后者偏于理智。若借用美国心理学家詹姆士的话,宗教是软心肠的,科学是硬心肠的。由于心肠软硬之不同,而所向往发展的对象也相异了。

人生一般的要求,最普遍而又最基本者,一为爱情,二为财富。故孟子说:"食色性也。"追求爱情又是偏情感,软心肠的;而追求财富是偏理智,硬心肠的。

追求的目标愈鲜明,追求的意志愈坚定,则人生愈带有一种充实与强力之感。

人生具有权力,便可无限向外伸张,而获得其所求。

追求逐步向前,权力逐步扩张,人生就逐步充实。随之而来者,是一种欢乐愉快之满足。

近代西方人生,最足以表明像上述的这一种人生之情态。然而这一种人生,有它本身内在的缺憾。

生命自我之支撑点,并不在生命自身之内,而安放在生命自身之外,这就造成了这一种人生一项不可救药的致命伤。

你向前追求而获得了某种程度的满足,并不能使你的向前停止。停止向前即是生命空虚。人生的终极目标,变成了并不在某种的满足,而在无限地向前。

满足转瞬成空虚。愉快与欢乐,眨眼间变为烦闷与苦痛。逐步向前,成为不断的扑空。强力只是一个黑影,充实只是一个幻觉。

人生意义只在无尽止的过程上,而一切努力又安排在外面。

外面安排,逐渐形成为一个客体。那个客体,终至于回向安排它的人生宣布独立了。那客体的独立化,便是向外人生之僵化。

人生向外安排成了某个客体,那个客体便回身阻挡人生之再向前,而且不免要回过头来吞噬人生,而使之销毁。

西洋有句流行语说:"结婚为恋爱之坟墓",大可报告我们这一条人生进程之大体段的情形了。

如果恋爱真是一种向外追求,恋爱完成才开始有婚姻。然而婚姻本身便要阻挡恋爱之再向前,并且回头把恋爱销毁。

故自由恋爱除自由结婚外,又包括着自由离婚。

资本主义的无限制进展,无疑地要促起反资本主义,即共产主义。

知识即是权力,又是西方从古相传的格言。从新科学里产生新工业,创造新机械。机械本来是充当人生之奴役的,然而机械终于成为客体化了,于是机械僵化而向人生宣布独立了,人生转成机械的机械,转为被机械所奴役。现在是机械役使人生的时代了。

其无从人生发出权力,现在是权力回过头来吞噬人生。由于精神之向外寻求而安排了一位上帝,创立宗教,完成教会之组织。然而上帝、宗教和教会也会对人生翻脸,也会回过身来,阻挡人生,吞噬人生,禁止人生之再向前,使人生感受到一种压力,而向之低头屈服。

西方人曾经创建了一个罗马帝国,后来北方蛮族把它推翻。中古时期又曾创建了一种圆密的宗教与教会组织,又有文艺复兴的大浪潮把它冲毁。

此后则又借科学与工业发明,来创建金圆帝国和资本主义的新社会,现在又有人要联合世界上无产阶级来把这一个体制打倒。

西方人生,始终挟有一种权力欲之内感,挟带着此种权力无限向前。

权力客体化,依然是一种权力,但像是超越了人类自身的权力了。于是主体的力和客体的力相激荡,相冲突,相斗争,轰轰烈烈,何等地热闹,何等地壮观呀!然而又是何等地反复,何等地苦闷呀!

印度人好像自始即不肯这样干。他们把人生向往彻底翻一转身,转向人生之内部。

印度人的向往对象,似乎是向内寻求的。

人是生活在时间之中,生活在不断的连续之中。

——[阿根廷]博尔赫斯

说也奇怪,你要向外,便有无限的外展开在你的面前,你若要向内,又有无穷的内展开在你的面前。

你进一步,便可感到前面又有另一步,向外无尽,向内也无尽。人生依然是在无限向前,人生依然是在无尽止的过程上。或者你可以说,向内的人生,是一种向后的人生。然而向后还是向前一般,总之是向着一条无限的路程不断地前进。

你前进一步,要感到扑着一个空,因而使你不得不再前进一步,而再前进一步,又还是扑了一个空,因而又使你再继续不断地走向前。

向外的人生,是一种涂饰的人生;而向内的人生,是一种洗刷的人生。向外的要在外建立,向内的则要把外面拆卸,把外面遗弃与摆脱。外面的遗弃了,摆脱了,然后你可走向内。换言之,你向内走进,自然不免要遗弃与摆脱外面的。

向内的人生,是一种洒落的人生,最后境界则成一大脱空。佛家称此为涅槃。涅槃境界究竟如何呢?这是很难形容了。约略言之,人生到达涅槃境界,便可不再见有一切外面的存在。

外面一切没有了,自然也不见有所谓内。内外俱泯,那样的一个境界,究竟是无可言说的。倘你坚持要我说,我只说是那样的一个境界,而且将永远是那样的一个境界,佛家称此为如如不动。

依照上述,向内的人生,就理说,应该可能有一个终极宁止的境界,而向外的人生,则只有永远向前,似乎不能有终极,不能有宁止。

向外的人生,不免要向外面物上用工夫。而向内的人生,则只求向自己内部心上用工夫。然而这里同样有一个基本的困难点,你若摆脱外面一切物,遗弃外面一切事,你便将觅不到你的心。

你若将外面一切涂饰通统洗刷净尽了,你若将外面一切建立通统拆卸净尽了,你将见本来便没有一个内。

你若说向外寻求是迷,内明己心是悟,则向外的一切寻求完全袪除了,亦将无己心可明。因此禅宗说迷即是悟,烦恼即是涅槃,众生即是佛,无明即是真如。

如此般的人生,便把终极宁止的境界,轻轻的移到眼前来。所以说立地可以成佛。

中国的禅宗,似乎可以说守着一个中立的态度,不向外,同时也不向内,屹然而中立。可是这种中立态度,是消极的,是无为的。

西方人的态度,是在无限向前,无限动进。佛家的态度,同样是在无限向前,无限动进。你不妨说,佛家是无限向后,无限静退,这只是言说上不同。总之这两种人生,都有他辽远的向往。

中国禅宗则似乎没有向往。他们的向往即在当下,他们的向往即在不向往。若我们再把禅宗态度积极化,有为化,把禅宗态度再加上一种向往,便走上了中国儒家思想里面的另一种境界。

中国儒家的人生,不偏向外,也不偏向内。不偏向心,也不偏向物。他也不屹然中立,他也有向往,但他只依着一条中间路线而前进,他的前进也将无限。但随时随地,便是他的终极宁止点。

因此儒家思想不会走上宗教的路,他不想在外面建立一个上帝。他只说人性由天命来,性善,说自尽己性,如此则上帝便在自己的性分内。

儒家说性,不偏向内,不偏向心上求。他们亦说食色性也,饮食男女,人之大欲存焉,他们不反对人追求爱,追求富,但他们也不想把人生的支撑点,偏向到外面去。

他们也将不反对科学。但他们不肯说战胜自然,克服自然,知识即权力。他们只肯说尽己之性,然后可以尽物之性,而赞天地之化育。他们只肯说天人合一。

他们有一个辽远的向往,但同时也可以当下即是。他们虽然认有当下即是的一境界,但仍不妨碍其有对辽远向往之前途。

他们悬至善为人生之目标。不歌颂权力。

他们是软心肠的。但他们这一个软心肠,却又要有非常强韧而坚定的心力来完成。

这种人生观的一般通俗化,形成一种现前享福的人生观。

中国人常喜欢祝人有福,他们的人生理想好像只在享福。

福的境界不能在强力战斗中争取,也不在辽远的将来,只在当下的现实。

儒家思想并不反对福,但他们只在主张福德俱备。只有福德俱备那才是真福。

无限的向外寻求,乃及无限的向内寻求,由中国人福的人生观的观点来看,他们是不会享福的。

福的人生观似乎要折损人们辽远的理想,似乎只注意在当下现前的一种内外调和、心物交融的情景中,但也不许你沉溺于现实之享受。

飞翔的远离现实,将不是一种福,沉溺的迷醉于现实,也同样不是一种福,有福的人生只要脚踏实地,安稳向前。

印度佛家的新人生观,传到中国,中国人曾一度热烈追求过。后来慢慢地中国化了,变成禅宗,变成宋明的理学,近人则称之为新儒学。

人都向往知识,一旦知识的渴望在他身上熄灭,他就不再成为人。

——[挪威]南 森

现在欧美传来的新人生观，中国人正在热烈追求。但要把西方的和中国的两种人生观亦来融化合一，不是一件急速容易的事。

中国近代的风气，似乎也倾向于向外寻求，倾向于权力崇拜，倾向于无限向前。但洗不净中国人自己传统的一种现前享福的旧的人生观。

要把我们自己的一套现前享福的旧人生观和西方的权力崇拜向外寻求的新人生观相结合，流弊所见，便形成现在社会的放纵与贪污，形成了一种物欲横流的世纪末的可悲的现象。

如何像以前的禅宗一样，把西方的新人生观综合于中国人的性格和观念，而转身像宋明理学家似的把西方人的融合到自己身上来，这该是我们现代关心生活和文化的人来努力了。

以上的话，说来话长，一时说不尽。而且有些是我们应该说、想要说，而还不知从何说起的，但又感到不可不说。我们应该先懂得其中的苦处，才能指导当前的人生。

暂时脱离尘世

○ 丰子恺

丰子恺(1898～1975)　原名丰润、丰仁。浙江桐乡人。李叔同弟子。著名画家、文学家、美术和音乐教育家。一九二四年首次发表画作《人散后，一钩新月天如水》。其后他的画在《文学周报》上陆续发表，并冠以"漫画"的题头，中国始有"漫画"一词。著有《音乐入门》、《缘缘堂随笔》等。

夏目漱石的小说《旅宿》（日本名《草枕》）中有一段话："苦痛、愤怒、叫嚣、哭泣，是附着在人世间的。我也在三十年间经历过来，此中的味道尝得够腻了。腻了还要在戏剧、小说中反复体验同样的刺激，真吃不消。我所喜爱的诗，不是鼓吹世俗人情的东西，是放弃俗念，使心地暂时脱离尘世的诗。"

夏目漱石真是一个最像人的人。今世有许多人外貌是人，而实际很不像人，倒像一架机器。这架机器里装满着苦痛、愤怒、叫嚣、哭泣等力量，随时可以应用，即所谓"冰炭满怀抱"也。他们非但不觉得吃不消，并且认为做人应当如此，不，做机器应当如此。

我觉得这种人非常可怜，因为他们毕竟不是机器，而是人。他们也喜爱放弃俗念，使心地暂时脱离尘世。不然，他们为什么也喜欢休息，喜欢说笑呢？苦痛、愤怒、叫嚣、哭泣，是附着在人世间的，人当然不能避免。但请注意"暂时"这两个字，"暂时脱离尘世"是快适的，是安乐的，是营养的。

陶渊明的《桃花源记》，大家知道是虚幻的乌托邦，但是大家喜欢一读，就为了他能使人暂时脱离尘世。《山海经》是荒唐的，然而颇有人爱读。陶渊明读后咏了许多诗。这仿佛白日做梦，也可暂时脱离尘世。

铁工厂的技师放工回家，小酌一杯，以慰尘劳，举头看见墙上挂着一幅《冶金图》，此人如果不是机器，一定感到刺目。军人出征回来，看见家中挂着战争的画图，此人如果不是机器，也一定感到厌烦。从前有一科技师向我索画，指定要画儿童游戏；有一律师向我索画，指定要画西湖风景。此种微小事情，也竟有人萦心注目。二十世纪的人爱看表演千百年前故事的古装戏剧，也是这种心理。人生真乃意味深长！这使我常常怀念夏目漱石。

人生的诱惑与青年修养

○ 经亨颐

　　经亨颐(1877～1938)　　近代著名教育家、画家。浙江省上虞人。曾赴日留学，专攻教育与数理。创办上虞私立春晖中学。晚年与何香凝、柳亚子、张大千等在上海组织"寒之友社"，以诗言志，以画喻节。著有《经颐渊金石诗书画合集》等。

今天承夏先生邀我讲演，知道本校每逢星期六晚上，有一种课外讲演会。这会的主旨在于辅导学生，我非常赞成。且因在校之时不多，得与诸君谈话机

我觉得人都应有信仰，或者都应当去追求信仰，不然，他的生活就空洞了。

——[俄]契诃夫

会也少。现在虽则身体不好，很愿意来讲，不过今晚所讲的是一个很普泛的问题，我觉得近来青年修养，很有问题！有什么问题？

诸君当然是青年，我虽年纪稍大，也自认为青年。但近来于"青年"二字之上，为什么再加一个"新"字。"新青年"的对面，就是"老顽固"。这两个名同，已成为牢不可破的对待名词了。我前次过上海遇到旧同事陈望道先生，又听到一个很奇怪的名词。他说："我现在不敢与一般新青年讲话，所以和他们不接触了许久，现在他们竟赐我一个徽号，叫做'新顽固'！"我听了他的话，大为感触！我想诸君对于陈先生或许知道一些，他对于各种问题，都有研究，都有贡献。《民国日报》里的《觉悟》栏，时常有他的意见发表，也可算提倡新文化很有成绩的人。现在一般新青年，加他这样的头衔，并非陈先生的思想上有改变，或者在讨论上加以一种相当的制限，一般急进的青年，就因此歧视了。

环境与人生是很有关系的，而且很容易被他诱惑，这种诱惑，到处都有。乡村有乡村的诱惑，如绅士、少爷等种种恶劣的风气；商场有商场的诱惑，如上海有流氓、拆白等坏习气；都城有都城的诱惑，如北京有腐败官僚气。你们青年，偶有不慎，便是被他诱惑。在乡间，就于不知不觉之间，养成一种绅士气；在商场，便与流氓同化；在都城，即熏染腐败官僚气。这便是被环境诱惑了！假使平日很有修养，可以静眼观察，非但不致被环境同化，简直可以利用环境。在都城是政治的中心点，便可以研究许多政治的知识；在商场是交际很好的场所；在乡村可以涵养幽美清静的趣味。扩而大之，以世界为所在地，在门户开放的环境当中，诱惑自然更加复杂了。什么社会问题呀，男女自由恋爱问题呀，资本革命呀……种种很有价值的问题，假使在迎受的时候，没有彻底的研究，那么便以自由恋爱为兽性冲动时可以假为泄欲的唯一美名词，遂使老生辈骂詈，视为禽兽行为。资本家对革命以及共产，误以为人家的钱拿给我用，可以不劳而食。种种很好的问题，遂被这一般人弄糟了。

我有很好的一个例子来比方这一件事。中国人的吃小菜，素来讲究，颇负名于各国。请客一席，美酒佳肴之多，那更不消说了！总计分量，定是数倍于胃之容积。终以美味进口，遂拼命大嚼。口是快乐，无如胃苦痛了！所以中国人有胃病的很多。至于外国人，正与我们成一个反比例。他们所吃的东西，尽有初食不适口的，而入胃以后，就能消化营养。所以同是吃东西，一方面能够惹病，一方面能有益于身体，这完全由吃的人是不是被诱惑，就可断定。现在的新青年，在偌大的一个环境之中，什么问题都是蜂拥澎湃而来。男女问题，可比美酒；社会问题，可比佳肴。此时正如将美酒佳肴杂陈在我的面前。假使我因为饥饿，只管吃的时候的滋味，狂饮大嚼，到那喝得烂醉，吃得胃涨的时候，到底他人也不能为你负责任了。总之,以胃为单位,胃能容积多少,口就吃多少,以口服从胃,便是有益无病。反之,以胃服从口,因为味美,尽量吃下去,不管胃涨,便是无益有害。读书也要以胃为本位,不可以口为本位,就是教师给你们学生知识,也是如此。你们饿了,吃是应该给你们吃的,好的也该给你们吃些。但是不能够因为你们要吃、好吃,就给你们尽量吃下去,不管吃下去以后会不会成病,没有顾到,是不好的,本校教师和你们很接近,所以时时刻刻通知你们,指导你们,是以你们的胃为标准,不以你们的口为标准。如以你们的口为标准,那么任听你们滥吃,其结果一如食物犯胃病,所以新青年多半犯精神病。民国八年的时候,我在杭州首先发起成立一个学生自治会。但是结果,和我的宗旨相差太远了。可以说是教师不负责任,就是任听他们滥吃,完全不对的。所以我很希望将来在白马湖,成立一个春晖中学校理想的学生自治会。本校的教育方针,当然不以教师为本位,是以你们学生为本位,就是任你们要吃的一定给你们吃。但是以学生为本位,又要分为以学生的口为本位和以学生的胃为本位。本校是以学生的胃为本位,不是以学生的口为本位的。就是要吃坏的,吃得太多不好的,应当很诚意地通知你们。这是我今天特地郑重声明,你们要记着!

大事业大学问者的境界[①]

○ 王国维

王国维(1877～1927)　字静安、伯隅,号观堂。浙江海宁人。近代著名学者,杰出的古文字、古器物、古史地学家,诗人,文艺理论学,哲学家。代表作有《人间词话》、《叔本华与尼采》等。其一生著述大部分收入《海宁王静安先生遗书》中。

古今之成大事业、大学问者必经三种境界:
"昨夜西风凋碧树,独上高楼,望尽天涯路",此第一境也;
"衣带渐宽终不悔,为伊消得人憔悴",此第二境也;
"众里寻她千百度,蓦然回首,那人却在灯火阑珊处",此第三境也。

———

① 节选自《人间词话》,题目为本书编者所加。

　　我曾经羡慕别人有才华、有学识、有文笔、有口才，甚至有家世、有财力、有名气、有地位，但是谈到但愿与谁交换生命，则曾有过这种妄想。因为那不仅毫无可能，也毫无意义。每一个人都有自己的舞台与自己的时空，轮到我上场时，我就尽量演好我自己。我可以向许多人学习，使自己日益成长，但是真正在乎的，还是我自己。

人生的思索

Ren　Sheng　De　Si　Suo

生命究竟是什么?我在某个时候来到这个世界,不久又要去另外的地方。不存在什么常住之世,常住之地,常住之家。我发现只有流转和无常才是生的明证。

人生的一个象征——蜉蝣

○ [美] 本杰明·富兰克林

本杰明·富兰克林(1706～1790)　美国启蒙运动的开创者、政治家、科学家、实业家和独立革命的领导人之一。参加起草《独立宣言》；发明避雷针，在研究大气电方面作出贡献。

我亲爱的朋友，上次在芍丽磨坊举行游园会的那天，我们玩得很痛快。那天良辰美景，到会者个个是风雅仕女，可是你也许还记得，我们在散步的时候，我曾经在路上停留了一会儿，落在大家后面。原因是园里有很多蜉蝣的残尸——所谓蜉蝣，是苍蝇一类的小昆虫——有人指给我们看了；而且据说它们的寿命很短，一天之内，生生死死好几代就过去了。我听到之后，信步走去，在一片树叶上面，发现了这种小虫有一群之多。它们似乎在讨论什么东西——你知道我是善知虫语的；我和你往来这么久，可是你们贵国美妙的语言我学来学去，始终进步很少，我如何能替自己解嘲呢？只好说我研究虫语用心过度了。现在这批小虫在举行辩论，我动了好奇心，不免凑上前去偷听一番；可是虫虽小，它们的心却很大，开起口来都是三四只一起来的，因此听来很不清楚。偶尔断断续续也可听清一两句，原来它们正在热烈讨论两位外国音乐家的优劣比较——那两位，一位是蚋先生，一位是蚊先生；讨论得非常热烈，它们似乎忘记了"虫生"的短促，好像很有把握可以活满一个月似的。你们多快乐呀，我这么想，你们的政府一定是贤明公正、宽仁待民的，你们没有牢骚可发，你们也用不着闹党派斗争，你们竟有闲情逸致在这里讨论外国音乐的优劣。我转过头来，看见另一片树叶上有只一头白发的老蜉蝣，它一个劲儿正在自言自语。我听得很有趣，因此把它笔录下来。我的好朋友的深情厚谊，我已领受很多，她的清风明月的风度，她的妙音雅奏，一向使我倾倒不已，我这一段笔记，无非博她一粲，聊做报答而已。

老蜉蝣说道："我们的哲人学者,在很久很久以前,以为我们这个宇宙(即是所谓芍丽磨坊),其寿命不会超过十八小时的。我想这话不无道理,因为自然界芸芸众生,无不依赖太阳为生,但是太阳正在自东往西地移动,就在我的这一生,很明显的太阳已经落得很低,快要沉到地球尽处的海洋里去了。太阳西沉,被大地周围的海洋所吞,世界变成一片寒冷黑暗,一切生命无疑都将灭亡,地球归于毁灭。地球的寿命一共十八小时,我已经活了七个小时了,说起来时间也真不少,足足有四百二十分钟呢! 我们之间有几个能够如此刻享高寿的呢? 我看见几代蜉蝣出生、长大,最后又死去。我现在的朋友只是些我青年时代朋友的子孙,可是他们本身,哎,现在都已不在'虫世'了。我追随他们于地下的时候也不远,因为现在我虽然仍旧步履矫健,但天下无不死之虫,我顶多也只能再活七八分钟而已。我现在还是辛辛苦苦地在这片树叶上搜集蜜露,可是这有什么用呢? 我所收藏的,我自己是吃不到了。回忆我这一生,为了我们这树丛里同胞的福利,我参加过多少次政治斗争;可是法律没有道德配合,政治仍旧不能清明,因此为了增进全体蜉蝣类的智慧,我又研究过多少种哲学问题! '道心唯微,虫心唯危,'我们现在这一族蜉蝣必须随时保持警惕,否则一不小心,在几分钟之内,就可以变得像别的树丛里历史较为悠久的别族蜉蝣一样,道德沦丧,万劫不复! 我们在哲学方面的成就又是多么的渺小! 呜呼,我生也有涯而知也无涯。我的朋友常常都来安慰我,说我年高德劭,为蜉蝣中之大老,身后之名,必可流传千古。可是蜉蝣已死,还要身后名何用? 何况到了第十八小时的时候,整个芍丽磨坊都将毁灭,世界末日已临,还谈得上什么历史吗?"

我劳碌一生,别无乐趣,唯有想起世间众生,不分人虫,如能长寿而为公众谋利者,这是可以引为自慰的;再则听听蜉蝣小姐、太太们的高谈阔论,或者偶然从那可爱的白夫人那里,得到巧笑一顾,或者是高歌一曲,我的暮年也得到慰藉了。

人活着就要用生命去解释自己的信仰。

——[法]普雷沃

扫帚把上的沉思

○ [英] 乔纳森·斯威夫特

乔纳森·斯威夫特(1667～1745)　　英国讽刺作家。生于爱尔兰都柏林的一个贫苦家庭。他以大量政论和讽刺诗抨击地主豪绅和英国殖民主义政策,受到读者热烈欢迎。他的讽刺小说影响更为深远,代表作为《格列佛游记》。高尔基称他为世界"伟大文学创造者之一"。

这根扫帚把,灰溜溜地躺在无人注意的角落,我曾在树林里碰见过,当时它风华正茂,精力充沛,枝繁叶茂。

如今变了样,却还有人自作聪明,想靠手艺向大自然竞争,拿来一束枯枝捆在它那无树叶的身上,结果是枉费心机,不过颠倒了它原来的位置,使它枝干朝地,根梢朝天,成为一株头冲下的树,归在干苦活的脏婆子手里使用,从此受命运摆布,把别人打扫干净,自己却落得个又脏又臭,而在女仆们的手里折腾多次之后,最后只剩下一枝根株了,于是被扔出门外,或者作为引火的柴火烧掉了。

我看到这一切,不禁兴叹,自言自语一番:"人不也是一根扫帚把吗!"当大自然送他入世之初,他是强壮有力的,处于兴旺时期,满头的天生好发;如果比做一株有理性的植物,那就是枝叶齐全。但不久酗酒贪色就像一把斧子砍掉了他的青枝绿叶,只留给他一根枯株。他赶紧求助于人工,戴上了头套,以一束扑满香粉但非他头上所长的假发为荣。要是我们这把扫帚也这样登场,由于把一些别的树条收集到身上而得意洋洋,其实这些扫帚上尽是些尘土,即使是最高贵夫人房里的尘土,我们一定会笑它是如何虚荣吧!我们就是这样偏心的审判官,偏于自己的优点!看重别人的毛病!

你也许会说,一根扫帚把不过标志着一棵头冲下的树而已,那么请问:"人又是什么?"不也是一个颠倒的动物,他的兽性老骑在理性的背上,他的头去了该放他的脚的地方,老在土里趴着。可是尽管有这么多毛病,还自命为天下的改革家、除弊者、伸冤者,把手伸入世间每个藏污纳垢的角落,扫出来一大堆从未暴露过的肮脏,把原来干净的地方弄得尘土满天,肮脏的地方没扫走而扫的人自己倒浑身受了污染;到晚年又变成了女人的奴隶,直到磨得只剩下一枝根株,于是就像他的扫帚老弟一样,不是扔出门外,就是拿来生火,供别人取暖了。

西西弗斯的神话

○ [法] 阿尔贝·加缪

阿尔贝·加缪 (1913~1960)　法国哲学家、小说家、戏剧家、评论家,存在主义的主要代表之一。主要作品有《局外人》、《鼠疫》,随笔《西西弗斯的神话》,剧本《正义者》,小说《堕落》等。一九五七年他成为历史上最年轻的诺贝尔文学奖得主。

诸神处罚西西弗斯,让他不停地把一块巨石推上山顶,而石头由于自身的重量又滚下山去。诸神认为再也没有比进行这种无效无望的劳动更为严厉的惩罚了。

荷马说,西西弗斯是最终要死的人中最聪明、最谨慎的人。但另有传说说他屈从于强盗生涯。我看不出其中有什么矛盾。各种说法的分歧在于是否要赋予这地狱中的无效劳动者的行为动机以价值。人们首先是以某种轻率的态度把他与诸神放在一起进行谴责,并历数他们的隐私。阿索玻斯的女儿埃癸娜被朱比特劫走,父亲对女儿的失踪大为震惊并且怪罪于西西弗斯。深知内情的西西弗斯对阿索玻斯说,他可以告诉他女儿的消息,但必须以给柯兰特城堡供水为条件。他宁愿得到水的圣浴,而不是天火雷电,他因此被罚下地狱。荷马告诉我们西西弗斯曾经扼住过死神的喉咙。普洛托忍受不了地狱王国的荒凉寂寞,他催促战神把死神从其战胜者手中解放出来。

人对真理是水,对虚伪是火。

——[瑞士]阿密埃尔

还有人说，西西弗斯在临死前冒失地要检验妻子对他的爱情。他命令她把他的尸体扔在广场中央，不举行任何仪式。于是西西弗斯重坠地狱。他在地狱里对那恣意践踏人类之爱的行径十分愤慨，他获得普洛托的允诺重返人间以惩罚他的妻子。但当他又一次看到这大地的面貌，重新领略流水、阳光的抚爱，重新触摸那火热的石头、宽阔的大海的时候，他就再也不愿回到阴森的地狱中去了。冥王的召令、气愤和警告都无济于事。他又在地球上生活了多年，面对起伏的山峦，奔腾的大海和大地的微笑他又生活了多年。诸神于是进行干涉。墨丘利跑来揪住这冒犯者的领子，把他从欢乐的生活中拉了出来，强行把他重新投入地狱，在那里，为惩罚他而设的巨石已准备就绪。

　　我们已经明白：西西弗斯是个荒谬的英雄。他之所以是荒谬的英雄，还因为他的激情和他所经受的磨难。他藐视神明，仇恨死亡，对生活充满激情，这必然使他受到难以用言语尽述的非人折磨：他以自己的整个身心致力于一种没有效果的事业，而这是为了对大地的无限热爱必须付出的代价。人们并没有谈到西西弗斯在地狱里的情况。创造这些神话是为了让人的想象使西西弗斯的形象栩栩如生。在西西弗斯身上，我们只能看到这样一幅图画，一个紧张的身体千百次地重复一个动作：搬动巨石，滚动它并把它推至山顶；我们看到的是一张痛苦扭曲的脸，看到的是紧贴在巨石上的面颊，那落满泥土、抖动的肩膀，沾满泥土的双脚，完全僵直的胳膊以及那坚实的满是泥土的双手。经过被缥缈空间和永恒的时间限制着的努力之后，目的就达到了。西西弗斯于是看到巨石在几秒钟内又向着下面的世界滚下，而他则必须把这巨石重新推向山顶。他于是又向山下走去。

　　正是因为这种回复，停歇，我对西西弗斯产生了兴趣。这一张饱经磨难、近似石头般坚硬的面孔已经自己化成了石头！我看到这个人以沉重而均匀的脚步走向那无尽的苦难，这个时刻就像一次呼吸那样短促，他的到来与西西弗斯的不幸一样是确定无疑的，这个时刻就是意识的时刻。在每一个这样的时刻中，他离开山顶并且逐渐地深入到诸神的巢穴中去，他超出了他自己的命运。他比他搬动的巨石还要坚硬。

　　如果说，这个神话是悲剧的，那是因为它的主人公是有意识的。若他走的每一步都依靠成功的希望所支持，那他的痛苦实际上又在哪里呢？今天的工人终生都在劳动，终日完成的是同样的工作，这样的命运并非不比西西弗斯的命运荒谬，但是，这种命运只有在工人变得有意识的偶然时刻才是悲剧性的。西西弗斯这诸神中的无产者，这进行无效劳役而又进行反叛的无产者，他完全清楚自己所处的悲惨境地，在他下山时，他想到的正是这悲惨的境地。造成西西弗斯痛苦的清醒意识同时也就造就了他的胜利。不存在不通过蔑视而自我超越的命运。

如果西西弗斯下山推石在某些天里是痛苦地进行着的，那么这个工作也可以在欢乐中进行，这并不是言过其实。我还想象西西弗斯又回头走向他的巨石，痛苦又重新开始。当对大地的想象过于着重于回忆，当时幸福的憧憬过于急切，那痛苦就在人的心灵深处升起：这就是巨石的胜利，这就是巨石本身。巨大的悲痛是难以承担的重负。这就是我们的客西马尼之夜。但是，雄辩的真理一旦被认识就会衰竭，因此，俄狄浦斯不知不觉首先屈从命运，而一旦他明白了一切，他的悲剧就开始了。与此同时，两眼失明而又丧失希望的俄狄浦斯认识到，他与世界之间的唯一联系就是一个年轻姑娘鲜润的手。他于是毫无顾忌地发出这样震撼人心的声音："尽管我历尽艰难困苦，但我年逾不惑，我的灵魂深邃伟大。因而我认为我是幸福的。"索福克勒斯的俄狄浦斯与陀思妥耶夫斯基的基里洛夫都提出了荒谬胜利的法则。先贤的智慧与现代英雄主义汇合了。

人们要发现荒谬，就不能不想到要写某种有关幸福的教材。"哎，什么！就凭这些如此狭窄的道路？"但是，世界只有一个，幸福与荒谬是同一大地的两个产儿，若说幸福一定是从荒谬的发现中产生的，那可能是错误的。因为荒谬的感情还很可能产生于幸福。"我认为我是幸福的。"俄狄浦斯说，而这种说法是神圣的。它回响在人的疯狂而又有限的世界之中，它告诫人们一切都还没有也从没有被穷尽过。它把一个上帝从世界中驱逐出去，这个上帝是怀着不满足的心理以及对无效痛苦的偏好而进入人间的。它还把命运改造成为一件应该在人们之中得到安排的人的事情。

西西弗斯无声的全部快乐就在于此，他的命运是属于他的，他的岩石是他的事情。同样，当荒谬的人深思他的痛苦时，他就使一切偶像哑然失声。在这突然深重又沉默的世界中，大地升起千万个美妙细小的声音。无意识的、秘密的召唤，一切面貌提出的要求，这些都是胜利必不可少的对立面和应付的代价。不存在无阴影的太阳，而且必须认识黑夜。荒谬的人说"是"，但他的努力永不停息。如果有一种个人的命运，就不会有更高的命运，或至少可以说，只有一种被人看做是宿命的和应受到蔑视的命运。此外，荒谬的人知道，他是自己生活的主人。在这微妙的时刻，人回归到自己的生活之中，西西弗斯回身走向巨石，他静观这一系列没有关联的又变成他自己命运的行动，他的命运是他自己创造的，是在他的记忆的注视下聚合而又马上会被他的死亡固定的命运。因此，盲人从一开始就坚信一切人的东西都源于人道主义，就像盲人渴望看见而又知道黑夜是无穷尽的一样，西西弗斯永远行进，而巨石仍在滚动着。

人类有一种爱美的本性。

——[法]罗曼·罗兰

我把西西弗斯留在山脚下！我们总是看到他身上的重负。而西西弗斯告诉我们，最高的虔诚是否认诸神并且搬掉石头。他也认为自己是幸福的。这个从此没有主宰的世界对他来讲既不是荒漠，也不是沃土。这块巨石上的每一颗粒，这黑黝黝的高山上的每一颗矿砂唯有对西西弗斯才形成一个世界。他爬上山顶所要进行的斗争本身就足以使一个人心里感到充实。应该认为，西西弗斯是幸福的。

生命的思索

○ [日] 东山魁夷　译/陈德文

　　东山魁夷(1908～1999)　日本著名画家、散文家。他以独特的风格成为享誉世界画坛的巨匠，同时还是一位风格独运的散文大家。其行文质朴简洁，在谈艺中饱蕴人生哲理，堪称当今世界画坛的奇葩。作品有《北欧纪行:白夜之旅》、《京洛四季:美之旅》和《美与游历》等。

　　以往，我不知有过多少次的旅行，今后，我还是要继续旅行下去。旅行，对于我意味着什么？是将孤独的自己置于自然之中，以便求得精神的解放、净化和奋发吗？是为了寻觅自然变化中出现的生之明证吗？

　　生命究竟是什么？我在某个时候来到这个世界，不久又要去另外的地方。不存在什么常住之世，常住之地，常住之家。我发现只有流转和无常才是生的明证。

　　我并非靠自己的意志而生，也不是靠自己的意志而死。现在活着也似乎没有一个清醒的意志左右着生命。所以，就连画画也是如此。

　　我想说些什么呢？我认为，竭尽全力而诚实地生活是尊贵的，只有这个才是我生存的唯一要义。这是以上述的认识为前提的。

　　我的生命被造就出来，同野草一样，同路旁的小石子一样，一旦出生，我便想在这样的命运中奋力生活。要想奋力生活是颇为艰难的，但只要认识到你那被造就了的生命,总会得到一些救助。

我的生活方式就是这样,没有什么威势,这是在我固有的性格上历经众多的挫折和苦恼的结果。我从幼年到青年时期,身体多病,从懂事的时候起,就把父母的爱和憎看成是人的宿命和造孽。我有着不流于外表的深潭般的心,我经受过思想形成时期的剧烈的动摇:兄弟的早逝、父亲家业的破产、艺术上长期而痛苦的摸索和战争的惨祸。

然而,对于我来说,也许正是在这样的遭际中才捕捉到生命的光华。我没有就此倒下去而一蹶不振,我忍耐着千辛万苦,终于生活过来了。这固然是凭靠着坚强的意志,以及由此而来的不懈的努力。但更重要的是我对一切存在抱着肯定的态度,这种态度不知不觉形成了我精神生活的支撑。少年时代,我怀疑任何事物,对一切存在都不相信,我简直无法对待我自己。但是,一种信念在我的心中扎了根,成为我生命的支柱。

生命的恩赐

○ [美] 马克·吐温

马克·吐温 (1835～1910) 美国著名作家、幽默大师。著有《汤姆·索亚历险记》和《哈克贝利·费恩历险记》等。

在生命的黎明时分,走来一位带着篮子的仁慈仙女,她对一个少年说:

"篮子里都是礼物,你挑一样吧,而且只能带走一样。小心些,做出明智的选择。哦,之所以要你做出明智的抉择,因为,这些礼物当中只有一样是宝贵的。"

礼物有五种:名望、爱情、财富、欢乐、死亡。少年人迫不及待地说:"这根本没有必要考虑,我选择欢乐。"

他踏进社会,寻欢作乐,沉湎其中。可是,到头来每一次欢乐都是短暂、沮丧、虚妄的,它们在行将消逝时都嘲笑他。最后,他颇为后悔地说:"这些年我都

人具有动物所没有的东西——创造性、想象力。

——[美]马克斯威尔·马尔兹

白过了。假如我能重新挑选,我一定会做出明智的选择。"

话音未落,仙女出现了,说:

"还剩四样礼物,再挑一次吧,哦,记住,光阴似箭,要做出明智的选择。这些礼物当中只有一样是宝贵的。"

这个男人这次很慎重,沉思了良久,然后挑选了爱情。仙女见此,眼里涌出了泪花。但是,这个男人并没有觉察到。

很多年过去了,这个男人坐在一间空屋里,守着一口棺材。他神情沮丧,喃喃自语道:"她们一个个抛下我走了,如今,最后一个最亲密的人也躺在这儿了,一阵阵孤寂朝我袭来。爱情这个滑头的商人,每卖给我一小时的欢娱,我就需要付出一个小时的悲伤,我从心底里诅咒它呀。"

"重新挑吧,"仙女又出现了,说,"岁月无疑把你教聪明了。还剩三样礼物。记住,它们当中只有一样是有价值的,注意选择。"

这个男人沉吟良久,然后小心翼翼地挑了名望。仙女叹了口气,扬长而去。

很多很多年以后,仙女又回来了。此时,那个男人正独坐在暮色中冥想。她站在他的身后,她明白他的心思:

"我名扬全球,有口皆碑。我虽有一时之喜,但毕竟转瞬即逝! 嫉妒、诽谤、中伤、嫉恨、迫害却接踵而来,然后便是嘲笑,这是收场的开端。一切的末了,则是怜悯,它是名望的葬礼,哦,出名的辛酸的悲伤啊! 声名卓著时,遭人唾骂;声名狼藉时,受人轻蔑和怜悯。"

"再挑吧。"仙女开口说,"别绝望,还剩两样礼物,记住我的礼物中只有一样是宝贵的,而且你很幸运,它还在这儿呢。"

"财富,它就是权力! 我真瞎了眼呀!"那个男人疯狂地叫喊着,"现在,我终于挑选到生命中最有价值的礼物了。我要挥金如土,大肆炫耀。那些惯于嘲笑和蔑视的人将匍匐在我的脚前的污泥中,我要用他们的嫉妒来喂饱我饥饿的灵魂,我要享受一切奢华,一切快乐,以及精神上的一切陶醉,肉体上的一切满足。我要买名望、买遵从、买崇敬———一个庸碌的人间商场所能提供的人生种种虚荣享受。在这之前,那些糊涂的选择让我失去了许多时间。那时我懵然无知,尽挑那些貌似最好的东西。"

短暂的三年过去了。一天,那个男人坐在一间简陋的顶楼里瑟瑟发抖。他衣衫褴褛,身体憔悴,脸色苍白,双眼凹陷。他一边咬嚼一块干面包皮,一边愤愤地嘀咕道:

"为了那种种卑劣的事端和镀金的谎言,我要诅咒人间的一切礼物,以及一切徒有虚名的东西! 它们根本不是礼物,只是些暂借的东西罢了。欢乐、爱情、名望、财富,都只是些暂时的伪装,它们永恒的真相是痛苦、悲伤、羞辱、贫穷。仙女说得一点不错,她的礼物之中只有一样是宝贵的,只有一样是有价值的。现在我知道,与那无价之宝相比,这些东西是多么可怜卑贱啊!那珍贵、甜蜜、仁厚的礼物呀!沉浸在无梦的永久酣睡之中,折磨肉体的痛苦和咬啮心灵的羞辱、悲伤便一了百了。给我吧!我疲倦了,我要安息。"

仙女又出现了,而且又带来了四样礼物,但却唯独没有死亡。她说:

"我把它给了一个母亲的爱儿——一个小孩子。他虽懵然无知,却信任我,求我代他挑选。你没要求我替你选择啊!"

"哦,我真惨啊!那么留给我的是什么呢?"

"侮辱,你只配遭受垂垂暮年的反复无常的侮辱。"

自然与人生

○ 李大钊

　　李大钊(1889~1927)　　中国最早的马克思主义者,中国共产党的创始人和早期领导人。河北乐亭人。一九一八年发表《布尔什维主义的胜利》和《我的马克思主义观》等文章,并与胡适展开"问题与主义"论战。著作编为《李大钊文集》。

一

有一天早晨,天刚破晓,我的小女在窗外放出一群她所最爱的小鸡小鸭来。她对它们说、笑,表示一种不知怎样爱怜它们的样子。

一个天真的小孩子,对着这些无知的小动物,说些没有意味的话,倒觉得很有趣味!

她进房来,我便问她为什么那样爱那些小动物?她答道:"什么东西都是小的好。小的时候,才讨人欢喜,一到大了,就不讨人欢喜了。"

希望是永远达不到的,因此,人才有希望,追求希望。

——[美]富兰克林

不讨人欢喜的东西，自己也没有欢喜，没有趣味，只剩下悲哀和苦痛。

一切生命，都是由幼小向老大，死亡里走。

中央公园里带着枯枝的老柏对着几株含苞待放的花，显出它那生的悲哀，孤独的悲哀，衰老的悲哀。

二

迟来的春日，占领了静寂的农村。篱下雄鸡，一声长鸣，活绘出那懒睡的春的姿容。

街头院内，更听不着别的声音，只有那算命的瞽者吹的笛子，一阵一阵地响。

"打春的瞎子，开河的鸭子。"这是我们乡土的谚语。

鸭出现了，知道春江的水暖了；瞽者的笛响了，知道乡村的春天来了。

"黯然销魂者，唯别而已！"家家都有在外的人，或者在关外营商，或者在边城做客。一到春天，思人的感情更深，诸姑姊妹们坐在一团，都要问起在外的人有没有信来。母亲思念儿子，妻子思念丈夫，更是恳切；倘若几个月没有书信，不知道怎样的忧虑。

那街头的笛韵，吹动了她们思人的感怀，不由得向那吹笛的人问卜。

也有那薄命的女子，受尽了家庭痛苦，尝尽了孤零况味。满怀的哀怨，没有诉处，没有人能替她说出；那算命的瞽者，却能了解那些乡村女子的普遍心理，却能把她们的哀怨，随着他的歌词弦调，一一弹奏出来，一一弹入她们的心曲，令她们得到片刻的慰藉。那么，乡村里吹笛游街的瞽者，不只是妇女们的命运的占卜者，实在是她们痛苦的同情者，悲哀的弹奏者了。

三

我在乡里住了几日，有一天在一邻人家里，遇见一位和蔼的少年，他已经有二十岁左右了。

我不认识他，他倒认识我，向我叫一声"叔"，并且自己说出他的乳名。

沉思了一会儿，我才想起他是谁了。他是一个孤苦伶仃的孩子，他是一个可怜的孤儿。

他的父亲早已去世了，那时他是一个不知世事的孩子。

他父亲死的时候，除去欠人家的零星债务，只抛下一个可怜的寡妇和一个可怜的孤儿。

他的母亲耐了三年的困苦,才带着他改嫁了。因为不改嫁,就要饿死。

他的母亲照养他成人以后,他又归他本家的叔父母,不久便随他叔父到关外学习做生意,如今他是第一次回家了。我问他:"你去看你的母亲了吗?"

他说:"没有。"

我说:"你的母亲照养你一回,听说你回家了,一定盼望你去看她,你怎么不去看看她呢?"

他说:"怕我叔婶知道了不大好。"

唉! 亲爱的母子别了多年,如今近在咫尺,却又不能相见! 是人情的冷漠呢? 还是风俗习惯的残酷呢?

四

死! 死! 死!

自从稍知人事的时候,提起这个字来,就生起一种恐怖的心理。

去年夏天在五峰避暑,下山的时候,瘟疫正在猖獗。路经四五十里,村里尽是哭声,村边都是新冢,死的现象,几乎把我包围了。

我当时在这种悲哀恐怖的境界里走,对于"死"的本质,发生很深刻的思索。

死是怎么一回事? 死真是恐怖的吗? 死了的人,还有什么悲哀痛苦吗? 这些问题,都从我脑海的底下翻浮上来。

我当时的感想是:

死与生同是生命的一部分,生死相间,才成无始无终的大生命,大生命就是大自然,死同生一样是大自然中的自然的现象。

对于自然的现象的"生",既不感到什么可以恐怖;那么,对于自然的现象的死,也不应该感到什么可以恐怖。我们可以断定死是没有什么可以恐怖的。

死既与生同是自然的现象,那么,死如果是悲哀的,那么生也是悲哀的;死如果是有苦痛的,生也是有苦痛的。生死相比较,没有多大的区别。

人为什么都乐生怕死呢? 这都是依恋的缘故。

物理上有一种"惰性",人性亦然。由天津往上海迁居,对于故居,总不免有些依恋,其实上海的新居,未必比天津旧居有什么苦痛。冬天早起,临行冷水浴,望见冷水总觉得有些战栗。跳入其中,沐浴片刻,也还有一种的佳境。出浴后,更觉得严寒的空气与春风一样和暖。人对着死依恋生,也是一样的心理。

赤裸裸的人生,总不要有所依恋,总不要穿上惰性的衣裳。

人也有一种成功的本能,它比其他任何动物的本能更为奇特,更为复杂。

——[美]马克斯威尔·马尔兹

我们行了海水浴，行了春风浴，还要时时行自然浴。

死的池，死的岭，都是联络人生与自然的途径。

匆匆又是一年了。我再过昌黎的时候，去年的新冢，已经长了一层荒草；遥看那荒草里，仿佛又现了青青的颜色了。

东坟一个老妪，西坟一个少妇，都跪在地下哭，那种悲声，和烧纸的飞灰，似乎一样的高低上下。

啊！今日是寒食节了！

我细听他们的哭声，里边都有怨诉的话。大概都是说死者抛弃了生者去了，死者无知，而生者却苦了。

这样看来，在死人前的哭，不是哭死者，乃是哭生者；不是吊坟里的人，乃是吊坟外的人；那山前山后的野哭，不是死亡的悲声，乃是生活的哀调。

觉　　悟

○周恩来

周恩来 (1898～1976)　字翔宇。浙江绍兴人，生于江苏淮安。马克思列宁主义者，中国无产阶级革命家、政治家、军事家、外交家，中国共产党和中华人民共和国的主要领导人，中国人民解放军的主要创建人和领导人。主要著作编为《周恩来选集》。

什么是"觉悟"？

人在世界上同别的生物最大的区别，就是人能够"觉悟"，别的生物不能够"觉悟"。"觉悟"的起点，是人能够知道自己。因着自觉，遂能解决人生的人格、地位、趋向，向进化方面求种种适应于"人"的生活。这种活动全可叫它为"觉悟"。

为什么"觉悟"？

人生最大的要素是灵性。灵性包含有理性和群性。理性的冲动，可以主宰一切事理；群性的冲动，可以变更社会的环境。这种冲动的作用，全由"觉悟"中生出来的。

人生的环境，因着时间、空间种种的不同变迁，遂逼着人生出"觉悟"；或者人因为各种事理的不同变态，也生出许多"觉悟"。总起来凡人不满意现状，必生出感觉，由感觉而悟到一切真的事理——为人类大多数生存进化，比较现状为有进步的——是谓之大"觉悟"。

怎样"觉悟"？

"觉悟"的条件，必须自己去"觉悟"。自己"觉悟"，有静的内省法，从回想而生出"觉悟"；有由他人的方面，从考察中生出来的"觉悟"；有因环境的感动，从比较中生出来的"觉悟"。

所谓"回想"、"考察"、"比较"，真正的主旨，还须本乎真理冲动的现象。

"觉悟"的影响——因自己的"觉悟"，得寻着真"人"的生活。由己及人，渐渐可以达到人人"觉悟"的境界。

从"觉悟"中生出来的效果，必定是不满意现状，去另辟一条新道，接续不断地往前走，去求无穷的进化。纵横起来说：横性的"觉悟"，是利己利人，永无边境；纵性的"觉悟"，是解放改造，破坏建设，永无止境。

对人生意义的思考

○ [法] 以马内利修女

以马内利修女(1908～2008)　法国当代最受敬重的女性宗教领袖。出身于优裕的家庭，却花了一生的时间服务穷人，跟不公的世界对抗。她在埃及贫民窟居住多年，终日与拾荒穷人为伍，协助建设学校、诊所和养老院，直到八十五岁高龄回到法国。之后她仍四处奔走，支持在埃及、菲律宾等遍布世界二十多个国家的贫民的救助工作。

我希望通过写这些文字，与诸位兄弟姊妹分享一段近乎百年的生命经验。

人类的经验和思想产生了科学，科学是一种自由力量。

——[苏联]高尔基

在我未满六岁时发生的一起事件，带我走上了质疑的道路。当时我站在海岸边，被一波又一波迎面袭来的海浪以及泛着虹彩的泡沫深深吸引住。我亲眼看着我心爱爸爸的脸庞被美丽的泡沫给吞噬掉。爸爸怎么能够那样永久消失在滚滚浪涛中？他到哪儿去了？我生平第一次听到"永生"这个词。在我的小脑袋瓜里，我自问爸爸怎么能够从浪花变成永生？不论是父亲的死或是别人给我的解释，一切都显得不合情理。

我想，这个影响我一辈子的经历与我们这个时代的根本问题并无两致。活在这个时代的人同样受到"无意义"的纠缠和折磨。他们多半是绝望的寻觅者，在他们眼里，生命有如一连串混乱发生的瞬间和事件。然而，这些事件——不论是我们个人的故事或是人类的历史——之所以有价值，是因为带有某种意义。事实上，一个事件或发生在我们身上的事，其本身并不具备任何意义。然而，我们要能够分辨和判断出每个事件包含了哪些悲剧成分，又带有哪些恩典与收获。我们要用"相对"的观点去看事情，没有什么是绝对、真切的。所谓的"意义"，就是从表面上看似悲剧、美妙或平凡无奇的事物"之中"和"之外"，体验到另藏的玄机。历史上发生的事件不过是一些封闭的矿石，意义则把这些外表粗糙的矿石敲开，揭露出深藏在里面的奥秘。

今天，绝大多数人们所需要的，是赋予生命意义。我遇到许多人，生活在极度的不安，甚至焦虑之中："活着，为了什么？"我完全能够理解他们的心情！我将在文中娓娓道出自己也经历过许多没有答案的夜晚及走到死巷的那种焦虑。

然而焦虑并非问题所在。对意义感到焦虑不仅有必要，而且对人有益。我们世世代代一直受到焦虑的纠缠和折磨。其实，问题的真正所在是"空空如也"，是现代人缺乏任何回应这个焦虑的方法。因此，我非常气愤那些享有较高知名度的人，他们竟然利用这个"空白"做出与常理背道而驰的事。充其量，他们只是错误地提供人们一些陈词滥调和平庸的思想、激情和悲情。不论在媒体界、政治界，甚至有时也包括宗教界，我们都活在一个煽情、耸动当道的时代，不断地被外在事件牵着鼻子走。

即便如此，我却宁愿活在这样一个"空白"的状态中，而不是我年轻时候的那种虚伪的平静！我经历过二十世纪初的年代，那时的社会看似坚实稳固，一切显得安详平静。人们实实在在过日子，不自寻苦的三点原因：

首先，我们今天并非走在一条真正的"思想"道路上，而是纯粹迷恋"理智"，甚至到了无法让自己从那些已经无法开启新视野的空谈推论中释放出来的地步。所有的价值都落入无休止的讨论之中，所有的价值都不断地受到质疑和否定。俗话说见树不见林，当细枝末节、鸡毛蒜皮的小事，或是一些单一事件受到过多关注时，就会忽略了宇宙的其他部分，也缺乏一个全面性的观点，能够看到每样东西在统一的整体中所占的位置。于是，我们不断地从一个问题被抛到另一个问题上。

其次，这种讲求用理性和知识去思考的理智，和行动之间失去了关联，因为行动经常是受到当下的感受、冲动的主导。结果是，同样缺乏一个和谐的整体感：人可以在一瞬间从极乐转为悲剧；人因为受情感支配而阻碍了人心的全面绽放；人心总是处在一连串短暂的、过渡的、矛盾的感觉中。于是，我们不断地从一个冲动被抛到另一个冲动里。

最后一个原因是：消遣至上。消遣像是一个令人眩晕的漩涡，不断提供一连串必须去执行的快感或是义务，让人逃避空虚。我们淹没在派对、消费、工作、行动主义之中，鼻子紧盯车把、脚猛力踩着踏板，必须让车轮一圈接着一圈地转，以免跌倒，结果是，我们的眼睛从未凝视或对准过一个定位、一个地平线或一个方向。

时　间

○ 沈从文

沈从文(1902～1988)　原名沈岳焕。湖南凤凰人，苗族。现代著名作家，文学大师。代表作有《边城》、《长河》，散文集《湘行散记》等。

一切存在严格地说都需要"时间"。时间证实一切，因为它改变一切。气候寒暑，草木枯荣，人从生到死，都不能缺少时间，都从时间上发生作用。

常说到"生命的意义"或"生命的价值"。其实一个人活下去真正的意义和价值，不过占有几十个年头的时间罢了。生前世界没有他，他是无意义和价值可言的；活到不能再活死掉了，他没有生命，他自然更无意义和价值可言。

正仿佛多数人的愚昧与少数人的聪明，对生命下的结论差不多都以为是

人与动物的一条重要区别就在于有能力想象自己行为的后果。

——[美]莫顿·亨特

"生命的意义同价值是活个几十年"，因此都肯定生活，那么吃、喝、睡觉、吵架、恋爱……活下去等待死，死后让棺木来装殓他，黄土来掩埋他，蛆虫来收拾他。

生命的意义解释的即如此单纯，"活下去、活着、倒下、死了"，未免太可怕了。因此，次一等的聪明人，同次一等的愚人，对生命的意义和价值找出第二种结论，就是"怎么样来耗费这几十个年头"。虽更肯定生活，那么吃、喝、睡觉、吵架、恋爱……然而生活得失取舍之间，到底就有了分歧，这分歧一看就明白的。大而言之，聪明人要理解生活，愚蠢人要习惯生活。聪明人以为目前并不完全好，一切应比目前更好，且竭力追求那个理想。愚蠢人对习惯完全满意，安于现状，保证习惯(在世俗观念上，这两种人称呼常常相反，安于习惯的被称为聪明人，怀抱理想的人却成愚蠢的家伙)。

两种人即同样有个"怎么来耗费这几十个年头"的打算，要从人与人之间寻找生存的意义和价值，即或择业相同，成就却不相同。同样想征服颜色线条做画家，同样想征服乐器音声做音乐家，同样想征服木石铜牙及其他材料做雕刻家，甚至于同样想征服人身行为做帝王，同样想征服人心信仰做思想家或教主，一切结果都不会相同。因此世界上有大诗人，同时也就有蹩脚诗人；有伟大的革命家，同时也有虚伪的革命家。至于两种人目的不同，择业不同，那就更一目了然了。

看出生命的意义和价值，原来如此如此，却想在生前死后使生命发生一点特殊意义和永久价值，心性绝顶聪明，为人却好像傻头傻脑，历史上的释迦，孔子，耶稣，就是这种人。这种人或出世、或入世、或革命、或复古、活下来都显得很愚蠢，死后却显得很伟大，屈原算得这种人另外一格，历史上这种情况可并不多。可是每一时间或产生一个两个，就很像样子了。这种人自然也只能活个几十年，可是他的观念、他的意见、他的风度、他的文章却可以活在人类的记忆中几千年。一切人的生命都有时间的限制，这种人的生命又似乎不大受这种限制。

话说回来，万事万物需要时间证明，可是时间本身却又像是个极其抽象的东西，从无一个人说得明白时间是个什么样子。时间并不单独存在。时间无形、无声、无色、无臭。要说明时间的存在，还得回过头来从事物去取证。从日月来去，从草木荣枯，从生命存亡找证据。正因为事事物物都可为时间作注解，时间本身反而被疏忽了。所以多数人提问到生命的意义和价值时，没有一个人敢说"生命的意义和价值，只是一堆时间"。

"前不见古人，后不见来者"，这是一个真正明白生命意义同价值的人所说的话，老先生说这话时心中的寂寞可知！能说这话的是个伟人，能理解这话的也不是个凡人。目前的活人，大家都记得这两句话，却只有那些从日光下牵入牢狱,或从牢狱中牵上刑场的倾心理想的人,最了解这两句话的意义。因为说这话的人生命的耗费,同懂这话的人生命的耗费,异途同归,完全是为事实皱眉,却胆敢对理想倾心。

他们的方法不同,他们的时代不同,他们的环境不同,他们的遭遇也不相同,相同的是他们的心,同样为人类向上向前而跳跃。

镜花水月思

○　**(台湾)　无名氏**

无名氏(1917～2002)　　原名卜宝南,后改名卜乃夫,又名卜宁。台湾作家。原籍江苏扬州,一九一七年生于南京。他的小说《北极风情画》、《塔里的女人》曾风靡一时。其作品还有青春爱情自传《绿色的回声》,散文集《塔里·塔外·女人》、《在生命的光环上跳舞》等。

镜花水月不是生命真花真月,仍似花似月。似物不是原物,"似"不是"真",但只不是真之真,仍有似之真。在眼球壁膜与曲折体中,镜花仍有花形,水月也有月形,前者有色,后者有光。假如这不是真色真光——原色原光,则真花真月又何尝有真色真光、原色原光———切色与光的本体。花色是阳光的投射,是前眼房和水状液与晶状体等等的反映。黑暗中花无色,失明者花无色。月亮本是黑暗体,由于太阳的辐射,才透光,这不是真月光,仍属于太阳光。在另一种时间空间,若分析本体,真花真月仍是镜花水月。镜花水月虽是假花假月,其色、其光、其形不假,正如瓶中纸花,画上明月,仍似真色、真光、真形(仅仅不是原先原形)。抽掉它们在观念中的真伪,紧紧抓住这一刹那肉体感觉中的真实反应,则假花假月也有真美真相。这份真,不需要原月中的哥白尼山和埃拉托色尼山形成,也不需原花的扇形、叶形、轮形、杯形或螺旋形、龙爪形编成。至少,这一刹那投射给我们视觉器官的那一组光色形象,具有刹那的千真万确,绝对的刹那可靠。而真确与可靠,不管如何,仅仅属于刹那者,这是一切生命的起点。

如果人类对于这个世界不是过于优秀的话,就不能说是这个世界上最优秀的生物了。

——[德]歌　德

一幅倪云林的真画固然是画，一幅清朝人仿倪假画，也还是画。这不是原来真色真形，却是清朝人自己的真色真形。就倪云林说，这是假，就清代这位画人说，是假中之真，万假仍有一真。一切最假事物之中，仍有最真的。按绝对的永恒境界说，万象常有假。以此刹那的真境说，最虚幻的假象，仍常有真。绝对的虚假在肉体反应的现象中并不存在，若承认是实，它即是真。

一枚假币，未发现它假时，仍和真币一样流通使用。发现其假后，假的钱币仍有其本身的真价值。"假"的存在本身仍是真。假如是一枚仿古钱币，虽然它没有真的古钱美观、价值，但仍有它的仿造的优美和价值。即使它是最大的丑恶吧，这丑恶本身，仍是真非假，是实非幻。

打碎一切存在表象后，它们的意义固打不碎，硬度也打不碎。你可能打碎一块石头，但打不碎石头在你手指皮层上的坚硬感觉，你可以毁灭或消灭这种感觉，其实只是使它不再继续这一秒的坚硬感觉，但毁不了已经在你记忆里生根的坚硬感觉。至少，地球现时仍在旋转。你依然看见宇宙的光与色，呼吸空气与香味，你的手仍摸到硬度——你自己的肉体或外界石头。心灵大解脱后，你所见的云、雾、水、月、光、色、花、叶，可能没有一样是真的，可靠的，即使这一切是虚幻的虚幻，但在你肉体的这一刹那的感觉反应上，至少它们都可见可触，你眼球机能和手指表皮层所反映的光度与硬度，并没有欺骗你的肉体感。尽管这一雾是千分之一秒，这千分之一秒的肉体感中的光亮与硬度，仍然是真非妄。假如不承认这种纯粹肉体感的真实，肉体就一秒也不能存在，而否定这一切，等于否定肉体，也就是"感觉"自杀。宇宙万象，即使有种种虚幻，这虚幻仍为生命所不可或缺。生命即使活在种种谬误中，生命也仍是生命，谬误也算是生命。有许多荒谬，本与生命一同开始。如追求一种不掺杂任何一滴虚幻谬误的纯真，则无生命。灵魂的最高境界，尽管存于极真理的底蕴中，但肉体的最低运动，却存于可摸可触可感的光、色、香、气、味与硬度中。即使伟大的智慧摸不到、触不着，但你的肉体却首先必须站在或坐在或睡在摸得到的有硬度的物体上。赤裸裸的肉感是粗糙的、可厌的，甚至是无意义的、荒谬的，但它却是肉体的起点，也就是生命的最初起点，虽然并不是终点。没有一片丑陋的甚至一刹那的最低的现实低地，一切最巍峨最伟丽的宝塔或宝塔似的智慧无从建立。生命可以飞翔，飞入月球甚至金星，完全离开现实最低地，但没有起飞点，也就没有飞翔。而太空或月球或金星，也就是一种新的现实最低地。要获得完整的生命，不只要拥抱那最高最空灵的，也必须容许(事实上非容许不可)那最低最粗糙的——这不是追逐性的"容许"，是天然的事实的"容许"。

我们记忆和幻觉里的时间，虽似一片梦中旋转风沙，来无踪（指可触之

人为什么活着——全球139位大师的答案

踪),去无迹,抓不住,摸不到,十万年犹一秒,但我们肉体存在这一事实——哪怕只存在万分之一秒,这万分之一秒却是真是实,而肉体现实就是时间现实,肉体比任何钟表更真实。观念和想象中的时间的虚幻,并不能毁灭肉体的现实时间的现实性,它所毁灭的,只是虚幻的观念本身,不是肉体存在这一真实的万分之一秒(这万分之一秒可能通达永恒的"真时间")。

月亮是黑暗体,丑陋无光,这是科学智慧的结论,也是较新的真实结论(人类已飞到月球上,予以证实),却不是此刻、此分、此秒的现实结论。这一分这一秒,我们眼睛里的月亮是亮的、美的、光明的。虽然明知是虚幻荒谬的认识的产物,但此分此秒的肉体感觉,却不虚、不幻、不荒谬。当我们活在有关月亮和其他物象的科学真理中时,必须拿起望远镜和显微镜,但我们作为一个纯粹的动物在生活时,我们的肉眼不是望远镜和显微镜,也不需扮演二镜,人类也不会配一副望远镜和显微镜。经常当眼镜戴,那样做,世界可能更真了,但也可能更丑了,更不现实了。肉体感觉不是伟大真理,却是伟大的生命现实——真实。

和我们视觉相比,狗眼中一切皆灰色,是谬误的,但对狗类视觉说,它却是真实。明者见世界是一片花花绿绿,盲者却是一溜儿黑暗。就盲者说,他的盲瞎视觉仍真实不虚。火星水星上假如有生命,又假如他们的视觉比人类更高一级,如我们的视觉之对狗的视觉,则人类视觉将不是一切宇宙生命视觉的尽头或结论,人类的感觉、知觉可能也将不是银河系一切生命感觉、知觉的止境。

生命既活在真理中,也活在包含谬误的真实中。现象不一定全是现实,现实不一定真实,真实不一定是真理。但一切真理必须真实,也必然产自现实(唯理论的纯粹"理"的世界,也是一种现实——高级现实)。

我们的肉体感官的经常感觉是平凡的,却是生命的摇篮。重要的是:只有最大的庸俗,有时才包含最大的稳定性。一切伟大的美丽船帆,必然伴随庸俗的笨重铁锚。

让山峰还是山峰,流水还是流水,星星还是星星,树叶还是树叶,这并不损害我们的人生真理感(真理是无可损害的,人一旦获得它,就永远获得了)。拆穿一切奥秘,洞悉一切虚幻后,它们的瞬息万变的虚幻形象,那片山像、水像、星星像、树叶像,依然是美丽的,令人沉醉的。以纯形象还之纯形象,生命依然可与纯粹形象和平共处,同游八荒。我们尽可以美丽地活在纯粹的视觉、听觉、嗅觉、触觉、味觉中。

人类既活在生命种种大诈术中,有时就不能不暂与它们妥协。不是人类与诈术妥协,是人类与自己妥协。因为,千千万万人已安于这些诈术,少数智者如全部否定它们,等于否定千千万万人的现实生活。这也是为什么,多少先知者,

人永远是一切生存的东西中最有趣的。

——[德]施瓦茨

洞悉人生真理和生命底蕴后，仍以最平庸的嘴脸出现人间，好像一个美丽少女，不得不扮黄脸婆。这是人生真理的悲剧，却是人间喜剧。假如要平衡这两种戏剧，仍得先回到现实的低地。

首先，我们必须在山为山，在水为水，在鱼为鱼，在鸟为鸟。我们应该变云、变雾、变月亮、变星星、变玫瑰、变蝴蝶，也应该变苍蝇、变青蛙、变石头、变粪土、变蛆虫。刚刚获得禅境大解脱后，我们似乎看光不是光，见色不是色，闻鸟不是鸟，吸香不是香，天地万物，无一不变。现在，我们看光仍是光，见色仍是色，闻鸟仍是鸟，吸香仍是香，天地万物，仍是天地万物，却是一片全新的天地万物，不再是旧的天地万物。因为，我们灵魂换了新的触须，新的透视，新的感受，我们以一个新背景下的新视觉、听觉、嗅觉来接受宇宙。那些充满矛盾和混乱的因素似乎没有了，至少暂时安静了，我们的视觉、听觉、触觉所捕捉的，是一片赤裸裸的纯粹形象。不管有多少谬误意义环绕着月亮，但此刻此秒，我们只见一片纯粹的鲜丽的月光。不管是怎样复杂、冲突的意义围绕这个世界，我们此时此刻，只看见它极美丽、极纯粹、极和谐的形象与线条。这种纯粹与和谐，将贯通我们人生观念的最高境界。

这个世界，不管蕴涵多少否定和矛盾，错综与复杂，在这万分之一秒，我们纯粹肉体与宇宙纯粹形象赤裸裸地相拥抱，这一铁的事实——真实，是无可否定的。而这类事实——真实，正是我们生命的起点，更是我们运作生命的基点。

生命的三分之一

○ 邓　拓

邓拓（1912～1966）　福建闽侯人。著名史学家、新闻工作者。建国后曾任《人民日报》社社长兼总编辑、全国新闻工作者协会主席等职。著有《中国救荒史》、《论中国历史的几个问题》和《燕山夜话》等。

一个人的生命究竟有多大意义，这有什么标准可以衡量吗？提出一个绝对的标准当然很困难,但是,大体上看一个人对待生命的态度是否严肃认真,看他对待劳动、工作的态度如何,也就不难对这个人的存在意义做出适当的估计了。

古来一切有成就的人,都很严肃地对待自己的生命,当他活着一天,总要尽量多劳动、多工作、多学习,不肯虚度年华,不让时间白白地浪费掉。我国历代的劳动人民以及大政治家、大思想家都莫不如此。

班固写的《汉书·食货志》上有下面的记载:"冬,民既入;妇人同巷,相从夜绩,女工一月得四十五日。"

这几句读起来很奇怪,怎么一月能有四十五天呢? 再看原文底下颜师古做了注解,他说:"一月之中,又得夜半为十五日,共四十五日。"

这就很清楚了。原来我国的古人不但比西方各国的人更早懂得科学地、合理地计算劳动日,而且我们的古人老早就知道对于日班和夜班的计算方法。

一个月本来只有三十天,古人把每个夜晚的时间算做半日,就多了十五天。从这个意义上说来,夜晚的时间实际上不就等于生命的三分之一吗?

对于这三分之一的生命,不但历代的劳动人民如此重视,而且有许多大政治家也十分重视。班固在《汉书·刑法志》里还写道:"秦始皇躬操文墨,昼断狱,夜理书。"

有的人一听说秦始皇就不喜欢他,其实秦始皇毕竟是中国历史上的一个伟大人物,班固对他也还有一些公平的评价。这里写的是秦始皇在夜间看书学习的情形。

据刘向的《说苑》所载,春秋战国时有许多国君都很注意学习。如:

"晋平公问于师旷曰:'吾年七十,欲学恐已暮矣。' 师旷曰:'何不秉烛乎? '"

在这里,师旷劝七十岁的晋平公点灯夜读,拼命抢时间,争取这三分之一的生命不至于继续浪费,这种精神多么可贵啊!

《北史·吕思礼传》记述这个北周大政治家生平勤学的情形是:

"虽务兼军国,而手不释卷。昼理政事,夜即读书,令苍头执烛,烛烬夜有数升。"

光是烛灰一夜就有几升之多,可见他夜读何等勤奋了。像这样的例子还有很多。

为什么古人对于夜晚的时间都这样重视,不肯轻易放过呢? 我认为这就是他们对待自己生命的三分之一的严肃认真态度,这正是我们应该学习的。

我之所以想利用夜晚的时间,向读者同志们做这样的谈话,目的也不过是

关于人类的真正学问、真正研究,这就是人。

——[法]沙 朗

要引起大家注意珍惜这三分之一的生命，使大家在整天的劳动、工作以后，以轻松的心情，领略一些古今有用的知识而已。

生存与思考

○ [日] 中村雄二郎

中村雄二郎(1925～2017)　日本著名学者。毕业于东京大学。著有《日本文化中的恶与罪》、《哲学的现代观》、《西田几多郎》等。

我们降生到这个世界上来，都要度过自己的一生。不管境遇、环境及条件怎样不同，都要走完自己的人生之路。既然生下来了，必定就要活到死。生下来并不是我们的意志，但活下去却要靠我们自己。即使这是不合理的，也不能不认可，这是问题的出发点。那么，既然我们活着，就不可能无所思、无所想。我们在童年时代，在对一切都漠然置之时，或对某事凝神忘我时，确乎也有过不思不想的时候。但是，即使有，它也不可能总持续下去；而且，纵使是这种似乎不思不想的时候，当你仔细回顾一下，会发现其中往往存在一些虽是片断零散却数量颇多的感受、想法。大家都听说过"无念无想"这个词，实际上，这并非说什么都不想，而是指缺少逻辑严谨的思考，或是指除却了私心妄念的状态。

所以说，思考本身的涵义十分广阔，并不单指深刻严谨的那一种。如此看来，我们每一个人不管职业、境遇如何不同，思考都是与我们的生存紧密相连的。人既然生存着，思考便是生存的一部分，简直可以说就是人类生存活动的本身。

生存与思考既然如此不可分割，不能好好地想，我们几乎就不能好好地活。在这里我们需要纠正一种想法，即认为思考是脑袋的事，生存是身体的事。再有，所谓好好地想、好好地活，并不仅仅指人要适应周围的环境及状况，头脑灵活而巧妙地活下去。适应环境固然是好好地活的一个方面，但还远远不够。所谓好好地想、好好地活，是更高层次的东西，是有充实感的积极的思考，是应付自如的有意义的生存。

　　每个人都清楚，我们不一定只在顺境中才带着充实感去思考生存。不如说，越是安于顺境，便越是意味着放弃作为人的生存。顺境，应当成为更大的冒险与挑战的前沿阵地。这样一来，它便不再是任人安于其中的所谓顺境了。当然，在逆境中我们往往处于窘迫无着的境地，谁也没有必要自寻逆境，但话说回来，世界上有几人从来不曾身处逆境呢？

　　当我们置身逆境时，如果想要超越环境与状况，便必然地与之形成对立的紧张关系，便不得不面对着某个障碍。在这样的时候，我们经常可以吃惊地发现：自己发挥出了从未觉察到的力量，而那个障碍也不像想象的那么绝对了。也正是在这样的时候，我们感觉到了充实，并在充实感之下有了更多可以发挥的力量，我们所谓好好地想、好好地活，实际上也就是说，不管面对什么样的障碍，都可以把思考与生存转变为一种欢乐。现实生活的各个角落都存在障碍，尽管有些并不很显眼。我们每个人都不可能只生活在和睦融洽的外部环境和人际关系中，也要生活在诸种对立关系之中。

　　前面说过，好好地想、好好地活便是要在任何障碍面前都能把思考与生活变为一种欢乐——话虽如此，实行起来并不那么简单。特别是思考一般总被认为是与生存动力的生命力大相径庭，甚至背道而驰的——与碧绿的沃野、活润的生命力之类几乎无缘，倒常和枯黄的荒野、阴暗的洞窟、沉闷忧郁连在一起。请看《浮士德》(歌德) 中摩菲斯特的这段名言："那终日尽在思索的人好比中了魔法的牛马，尽管四周有无际的青草却只在那寸草不生的荒野上转来转去。"

　　的确，思考经常伴随着一种阴郁感。这从"思虑"一词的词义就可以看出来：除了思想、考虑，还有一层担心、忧虑的意思。那么，为什么思考总与阴郁缠在一起呢？也许是因为，思考便意味着由于某种不得已的情况，或出于自愿，而暂时需要中断正在进行的行动。比如步行迷了路，一时间便徒然站在岔路口，不知所措；因遇到大难题，同样会由于无可奈何而烦恼顿生——就这点来说，也确实可以视思考为行为和生命的对立面。

　　不过，毋庸赘言，思考虽然是某种看得见的行为的中断，却并不是运动的停止。即使在这种行为的中断和停止时，思考的目的也正是再次与行为及生命联结起来，正是超越遇到的障碍、困难而好好地生存下去。问题是思考有时只是孤立的，并不能与行为及生命联结起来——当然，这种联结依不同场合未必都是直接、紧密的。因为，学术、思想、制度等的世界在某种程度上有其自身规律性，而这种规律性又自有其与行为及生命相联结的独特方式。所以说在不同的情况下这种联结可以不是直接、紧密的，但不容忽视的是，思考的方向无论

　　　　　　每一种生活都表示一种信仰，并不可避免地要为这种信仰做无声的宣传。

　　　　　　　　　　　　　　　　　　　　　　　　——[瑞士]艾米尔

如何不能偏离于联结,否则,就只能成为一片不毛之地。只有不偏离这个方向,思考才能使生命欢乐倍增,使人们生存在更加丰富多彩、更具有可能性的环境中。进而言之,未必直接,即使在间接联结的情况下,只要思考回归到生存,契合了生命的节奏,思考本身便成为一种欢乐。只有这样,我们才能够在充实感中好好地思考,才能够力求使自己的一生富有意义,应付自如,好好地生存。

这里提到了"自己的一生"、"自己好好地生存",并不是说谁都可以一切尽如己愿地去生存。岂止如此,实际上我们每个人的一生,每个人的存在都是受诸如现实社会关系、家庭关系等各种条件制约的。一个人生存的国家、社会、时代、境遇,决定了他总要背负起一定的过去,这并不取决于他自己的意志。在这种过去的延长线上,又延续着每个人走过来的道路,那是不可随意取消抹杀的、每个人各不相同的、无法回避的生存。

无论从自己的角度看,别人的位置多么令人羡慕,或者相反,别人的境遇多么令人同情,我们不可能与之互换。设身于别人的处境,这是我们人类相互理解中的重要行为,是人类的重要特性之一。然而,这也只是在一定限度之内才是可能的,毕竟,自己只能是自己。这不等于说自己只是建立在自己之上,后边我们将要提到,是建立在我们(共同存在)之上,建立在与他人的关系之中的。但无论如何,自己仍然只能是自己。这种认识并不意味着断绝与他人的联系与尊敬、爱、友情、怜悯、共感绝缘——相反,这种联系只能因此而强化。

对于我们每一个人来说,"自己的"一生,首先意味着是"无可替代"的一生。但并不能因此认为一切都已是决定好的,完全没有自由选择的余地。尽管每个人所背负的固有的过去、各种确定的外在条件是无法改变的,但其中仍包含许多可能性和可供选择的余地——这便是所谓出色的、富有可能性的人生,这便是所谓人的一生。再者,说一个人背负的过去是无法改变的,是指它的确是客观存在的事实;至于一个人如何看待自己的过去,赋予它怎样的意义,却是现在乃至以后的问题。不是说过去的诸种限定不涉及意义,而是说它不是绝对的。这就决定了在生存过程中,每个人因时因地的选择、决断以及有意识的努力,可以极大地改变今后的可能性。

这种选择决断,并不仅仅是指那种在人生的关键岔路口做出的非左即右的明确选择和决断,而包括了那些往往以不起眼的形式出现于日常生活中的所有选择和决断。看哪个频道的电视节目是一种选择,看多长时间也是一种选择。下班或放学后是到哪儿蹓跶一圈还是直接回家需要做出决断;想减少吸烟量也是一种决断——只要我们不囿于自己的惰性、力求自觉地生存,选择与决断将时刻都在我们面前。所以,这将关系到在生活中我们是不是每天都能有一些新鲜的发现,并能把这些新鲜的发现积累起来。在这里,偶然的因素也许会起很大作用。我们应把这种偶然因素也考虑在内,无论在工作上、在社会活动中、在个人趣味上都力求找出自己的道路,那么,每一个人的一生,都将越发成为"自己的"。这里要提醒一句,做出选择与决断乃至有意识的努力,缺少了思考是不可能的。

我们就是这样:离开生存谈思考一无所获,而离开思考也不能好好地生存。尽管如此,在生存过程中思考也并不是呈直线延伸着,有时我们觉得需要反观自身、思考自我,而有时却感觉不到这种需要。那么,到底什么时候我们需要反观自身、需要自觉地思考呢? 恐怕有这么几种情况:当那种作为自己思考的前提和基础的东西,本以为是不证自明的、确实不变的、从没有怀疑过的东西一旦发生动摇的时候,遇到各种挫折的时候,对自己的生存发生疑虑的时候,人一生中关键的年龄、历史上的转换期等——在这样的情况下,人的自我与外在环境之间会产生某种不安定,最容易使人自觉地思考自我。反之,人们与环境的关系越是安定,越是相信处于支配地位的社会价值观并能从中感到生存意义,就越是不需要反观自身。

活 着 真 好(节选)

○ (台湾) 苟嘉陵

苟嘉陵　台湾作家、电脑专家。信仰佛教,一九八六年被选为美国佛教会的董事,开始为大众讲解佛学心得。著作有《念处今论》、《活着真好》等。

记得小时候在台湾,小学国文课本中有一篇主题是"时间"的课文,一开始就说:

壁上的时钟,滴答滴答地响。一秒一分,一月一年,时光被它带走

人无论怎样指望也不会成为绝对的好人,也不会成为绝对的坏人。
——[法]沙 朗

了。过去的时光，永远不再回来，好像河里的水，流向那汪洋大海。

结尾又有：

> 花落了，有再开的时候。叶落了，有再生的时候。请问人老了，能再变成儿童吗？懒惰的人们，赶快觉醒吧！

不知道为什么，我总记得这一篇在今天看来有些八股的课文。也许，是因为这篇勉励人努力勤勉爱惜光阴的课文，第一次让我开始思索时间与老等概念吧！

我常会问自己："为什么人老了，就不能变成儿童了呢？""人为什么就和花草不一样，只有自己的一条命呢？是什么使人那么特殊，而和万物有所不同呢？"

三十多年后，我由于对佛法的探讨而对儿时的疑问找到了答案。而这个答案竟然如此简单。也就是我发现只不过是人把自己想得太重要，而以为自己和万物不同而已。其实并不只是花落了会再开，叶落了会再生。事实上人去了，也仍会有"新的人"在世界上出现。人因为有我执，会执著于名相及"我"，把自己看得实有，就以为生命去了不再回来。但事实上人和万物岂有不同？生命之花一朵一朵地凋谢，但也不断地一朵一朵地再开，再来。人要是不那么执著，就不会再那么自寻烦恼地感叹时光一去不复回了！

人们常常会说因为见不到轮回，故很难相信，其实这一种思想是以个体生命为本位的一种看法。而人若能超越了个体生命本位的执著，而以整体生命洪流生灭变化的宏观眼光来看，轮回说是很合理也很合乎现象事实的。

我是个摇滚音乐迷，爱听披头士的歌曲。他们就有一首歌的歌词表达出了一种生死的疑问，歌中虽没有点出轮回的字眼，但可以说是披头士对"人类存有"的一个基本质疑。歌中反复地问："看看那一张张寂寞的人的脸！他们是由何处来？他们又属于谁呢？"

这一首歌感动了我，因为它如此赤裸裸地表达了现代人在生死问题上的失落感和疑惑。他们不愿接受这些人来自亚当、夏娃或上帝的创作的答案，也不满于这些人只是男女性行为的结果的说法。故他们在嘶喊，在大声地问："请告诉我！每天街头这么多如潮水般来来往往的人们，到底是从哪里来的？又将往哪里去呢？"

每天，有这么多婴儿在世上出生，同时也有这么多人离开了这个世界。离

人为什么活着——全球139位大师的答案

开的人,都到哪里去了呢? 而新来的人,又是由哪里来的呢?

而事实上我们若把自己的视野提升,不再只看个体而看生命存有的整体,我们可以肯定生命是在不断地做新陈代谢而更新的。它从没有死,也从没有生。老化的生命不断地去,而新的生命又不断地来。真是像杜工部感叹过的"无边落木萧萧下,不尽长江滚滚来"。生命的流转,其实是很美、很宁静的。人们见到花开花落,觉得很自然,并不会想到花是否有灵魂的问题,也不会问花是否会轮回。只是很自然地说:"花谢了,有再开的时候。叶落了,有再生的时候。"而人类一旦讲到人自己,马上就会问死了以后会到哪里去? 灵魂、轮回等问题也都来了。这实在不能不说是因为人类有我执、我见所造成的想法。但佛陀亦不忍以此而责怪人类,因为我执、我见毕竟是一切生命的根本。若以佛眼来看,人的我见是自己吓自己地创造了原先并不存在的问题。但在众生皆染于我见的前提下,佛陀反而慈悲地劝人护生,也把"不杀"立为修行人的五戒之首。但佛陀当然知道得很清楚,只要有人类存在的一天,形而上学式的"生命来处与去处"的问题,就会存在一天。它会以宗教、哲学、文学、戏剧等一切人类文化中可能的形态出现。要人类停止形而上学式的思想追逐,除非是人类能彻悟缘起而了生脱死的法眼,否则是不可能的。

灯

○巴　金

我半夜从噩梦中惊醒,感觉到窒闷,便起来到廊上去呼吸寒夜的空气。

夜是漆黑的一片,在我的脚下仿佛横着沉睡的大海,但是渐渐地像浪花似的浮起来灰白色的马路,然后夜的黑色逐渐减淡。哪里是山,哪里是房屋,哪里是菜园,我终于分辨出来了。

在右边,傍山建筑的几处平房里射出来几点灯光,它们给我扫淡了黑暗的颜色。

我望着这些灯,灯光带着昏黄色,似乎还在寒气的袭击中微微颤抖。有一

人是一种总合。是无限和有限,有时间性和永久性,自由和必然的总和。

——[丹麦]齐克果

两次我以为灯会灭了,但是一转眼昏黄色的光又在前面亮起来。这些深夜还燃着的灯,它们(似乎只有它们)默默地在散布一点点的光和热,不仅给我,而且还给那些寒夜里不能睡眠的人,和那些这时候还在黑暗中摸索的行路人。是的,那边不是起了一阵急促的脚步声吗?谁从城里走回乡下来了?过了一会儿,一个黑影在我眼前晃一下。影子走得极快,好像在跑,又像在溜,我了解这个人急忙赶回家去的心情。那么,我想,在这个人的眼里、心上,前面那些灯光会显得更明亮、更温暖。

我自己也有过这样的经验。只有一点微弱的灯光,就是那一点仿佛随时都会被黑暗扑灭的灯光也可以鼓舞我多走一段长长的路。大片的飞雪飘打在我的脸上,我的皮鞋不时陷在泥泞的土路中,风几次要把我摔倒在污泥里。我似乎走进了一个迷阵,永远找不到出口,看不见路的尽头。但是我始终挺起身子向前迈步,因为我看见了一点豆大的灯光。灯光,不管是哪个人家的灯光,都可以给行人——甚至像我这样的一个异乡人——指路。

这已经是许多年前的事了,我的生活中有过了好些大的变化。现在我站在廊上望山脚的灯光,那灯光跟好些年前的灯光不是同样的吗?我看不出一点分别!为什么?我现在不是安安静静地站在自己楼房前面的廊上吗?我并没有在雨中摸夜路。但是看见灯光,我却忽然感到安慰,得到鼓舞。难道是我的心在黑夜里徘徊,它被噩梦引入了迷阵,到这时才找到归路?

我对自己的这个疑问不能够给一个确定的回答。但是我知道我的心渐渐地安定了,呼吸也畅快了许多。我应该感谢这些我不知道姓名的人家的灯光。

他们点灯不是为我,在他们的梦寐中也不会出现我的影子,但是我的心仍然得到了益处。我爱这样的灯光。几盏灯甚或一盏灯的微光固然不能照彻黑暗,可是它也会给寒夜里一些不眠的人带来一点勇气,一点温暖。

孤寂的海上的灯塔挽救了许多船只的沉没,任何航行的船只都可以得到那灯光的指引。哈里希岛上的姐姐为着弟弟点在窗前的长夜孤灯,虽然不曾唤回那个航海远去的弟弟,可是不少捕鱼归来的邻人都得到了它的帮助。

再回溯到远古的年代去。古希腊女教士希洛点燃的火炬照亮了每夜泅过海峡来的利安得尔的眼睛。有一个夜晚暴风雨把火炬弄灭了,那个勇敢的情人溺死在海里,但是熊熊的火光至今还隐约地亮在我们的眼前,似乎那火炬并没有跟着殉情的古美人永沉海底。

这些光都不是为我燃着的,可是连我也分到了它们的一点点恩泽——一点光,一点热。光驱散了我心灵里的黑暗,热促成它的发育。一个朋友说:"我们不是单靠吃米活着。"我自然也是如此。我的心常常在黑暗的海上漂浮,要不是得着灯光的指引,它有一天也会永沉海底。

我想起了另一位友人的故事:他怀着满心难治的伤痛和必死之心,投到江南的一条河里。到了水中,他听见一声叫喊("救人啊!"),看见一点灯光,模糊中他还听见一阵喧闹,以后便失去知觉,醒过来时他发觉自己躺在一个陌生人的家中,桌上一盏油灯,眼前几张诚恳、亲切的脸。"这人间毕竟还有温暖。"他感激地想着,从此他改变了生活态度。"绝望"没有了,"悲观"消失了,他成了一个热爱生命的积极的人。这已经是二三十年前的事了,我最近还见到这位朋友。那一点灯光居然鼓舞一个出门求死的人多活了这许多年,而且使他到现在还活得健壮。我没有跟他重谈起灯光的话,但是我想,那一点微光一定还在他的心灵中摇晃。

在这人间,灯光是不会灭的——我想着,想着,不觉对着山那边微笑了。

生命本来没有名字

○ 周国平

　　周国平　一九四五年生于上海。当代知名学者、作家。毕业于北京大学哲学系、中国社会科学院研究生院哲学系。著有学术专著《尼采:在世纪的转折点上》、《尼采与形而上学》,随感集《人与永恒》,诗集《忧伤的情欲》,散文集《守望的距离》,纪实作品《妞妞:一个父亲的札记》,自传《岁月与性情》等。

这是一封读者来信,由一家杂志社转来的。每个作家都有自己的读者,都会收到读者的来信,这很平常。我不经意地拆开了信封,可是,读了信,我的心在一种温暖的感动中战栗了。

请允许我把这封不长的信抄录在这里:

　　"不知道该怎样称呼您,每一种尝试都令自己沮丧,所以就冒昧地开

人,只因有了语言才成为人。

——[德]斯坦塔尔

口了,实在是一份由衷的生命对生命的亲切温暖的敬意。

　　"记住你的名字大约是在七年前,那一年翻看一本《父母必读》,上面有一篇写孩子的或者是写给孩子的文章,是印刷体却另有一种纤柔之感,觉得您这个男人的面孔很别样。

　　"后来慢慢长大了,读您的文章便多了,常推荐给周围的人去读,从不多聒噪什么,觉得您的文章和人似乎是很需要我们安静的,因为什么,却并不深究下去了。

　　"这回读您的《时光村落里的往事》,恍若穿行乡村,沐浴到了最干净最暖和的阳光。我是一个卑微的生命,但我相信您一定愿意静静地听这个生命说:'我愿意静静地听您说话……我从不愿意把您想象成一个思想家或散文家,您不会为此生气吧。'

　　"也许再过好多年之后,我已经老了,那时候,我相信为了年轻时读过的您的那些话语,我要用心说一声:谢谢您!"

　　信尾没有落款,只有这一行字:"生命本来没有名字吧,我是,你是。"我这才想到查看信封,发现那上面也没有寄信人的地址,作为替代的是"时光村落"四个字。我注意了邮戳,寄自河北怀来。

　　从信的口气看,我相信写信的人是一个很年轻的刚刚长大的女孩,一个生活在穷城僻镇的女孩。我不曾给《父母必读》寄过稿子,那篇使她和我初次相遇的文章,也许是这个杂志转载的,也许是她记错了刊载的地方,不过这都无关紧要。令我感动的是她对我的文章的读法,不是从中寻找思想,也不是作为散文欣赏,而是一个生命静静地倾听另一个生命。所以,我所获得的不是一个作家的虚荣心的满足,而是一个生命被另一个生命领悟的温暖,一种暖入人性根底的深深的感动。

　　"生命本来没有名字"——这话说得多么好! 我们降生到世上,有谁是带着名字来的? 又有谁是带着头衔、职位、身份、财产等等来的? 可是,随着我们长大,越来越深地沉溺于俗务琐事,已经很少有人能记起这个最单纯的事实了。我们彼此以名字相见,名字又与头衔、身份、财产之类相连,结果,在这些寄生物的缠绕之下,生命本身隐匿了,甚至萎缩了。无论对己对人,生命的感觉都日趋麻痹。多数时候,我们只是作为一个称谓活在世上,即使是朝夕相处的伴侣,也难得以生命的本来状态相待,更多的是一种伦常和习惯。浩瀚宇宙间,也许只有我们的星球开出了生命的花朵,可是,在这个幸运的星球上,比比皆是利益的交换,身份的较量,财产的争夺,最罕见的偏偏是生命与生命的相遇。仔细想想,我们是怎样地本末倒置,因小失大,辜负了造化的宠爱。

是的——我是,你是,每一个人都是一个多么普通又多么独特的生命,原本无名无姓,却到底可歌可泣。我、你、每一个生命都是偶然地来到这个世界上,完全可能不降生,却毕竟降生了,然后又将必然地离去。想一想世界在时间和空间上的无限,每一个生命的诞生的偶然,怎能不感到一个生命与另一个生命的相遇是一种奇迹呢。有时我甚至觉得,两个生命在世上同时存在过,哪怕永不相遇,其中也仍然有一种令人感动的缘分。我相信,对于生命的这种珍惜和体悟乃是一切人间之爱的至深的源泉。你说你爱你的妻子,可是,如果你不是把她当做一个独一无二的生命来爱,那么你的爱还是比较有限。你爱她的美丽、温柔、贤惠、聪明,当然都对,但这些品质在别的女人身上也能找到。唯独她的生命,作为一个生命体的她,却是在普天下的女人身上也无法重组或再生的,一旦失去,便是不可挽回地失去了。世上什么都能重复,恋爱可以再谈,配偶可以另择,身份可以炮制,钱财可以重挣,甚至历史也可以重演,唯独生命不能。愈是精微的事物愈不可重复,所以,与每一个既普通又独特的生命相比,包括名声地位财产在内的种种外在遭遇实在粗浅得很。

既然如此,当另一个生命,一个陌生的连名字也不知道的生命,远远地却又那么亲近地发现了你的生命,透过世俗功利和文化的外观,向你的生命发出了不求回报的呼应,这岂非人生中令人感动的幸遇?

所以,我要感谢这个不知名的女孩,感谢她用她的安静的倾听和领悟点拨了我的生命的性灵。她使我愈加坚信,此生此世,当不当思想家或散文家,写不写得出漂亮文章,真是不重要。我唯愿保持住一份生命的本色,一份能够安静聆听别的生命也使别的生命愿意安静聆听的纯真,此中的快乐远非浮华功名可比。

很想让她知道我的感谢,但愿她能读到这篇文章。

人类引以为自豪的是:人类善于创造出庄严的名字来掩盖自己的无知。

——[英]雪 莱

好话立刻就说，因为任何时机都是合宜的，也许对方已经期待很久了。至于坏话，不妨再等等，因为对方也许会改过迁善。还有可能，自己的心胸与眼界也可能变得更宽广，不愿再去计较了。

生命走到终点而毫无遗憾，实在是有福的人。

解开人生的悖论

"糊涂人的一生枯燥无味，躁动不安，却将全部希望寄托于来世。"

我想凭时间的有效利用去弥补匆匆流逝的光阴。剩下的生命愈是短暂，我愈要使之过得丰盈饱满。

论人生之路

○ [古罗马] 塞涅卡

塞涅卡（约前 4~65） 古罗马哲学家、戏剧家。认为伦理学是哲学的主要部分。强调宿命论、宗教神秘主义和禁欲主义。主张听天由命是美德。他的学说对基督教思想体系的形成有较大影响。主要哲学著作有《论短促的人生》、《幸福的生活》和《论道德的书简》等。

你的信中说："在所有的人中，你真要我避开众人，遁离人世，在问心无愧中寻求满足吗？你的那些号召以身殉职的斯多亚准则那里去了？"哎，我真给了你一种我主张人生无所作为的印象吗？我使自己与世隔绝，为的是我能够对更多的人有用。我没有一天是安逸闲散地度过的，我大部分夜晚都用来学习，我没有时间睡觉，我只屈从于学习。因为缺少休息，我的双眼劳累不堪，眼皮像注了铅一样地沉重，可我仍然继续阅读和写作。我辞去公职，断绝社交，特别是放弃我的事业，都是因为我正在为后代工作，即写作一些可能对后代有用的东西。我正在写些有益的忠告，可以把它们比喻为验方，其效用已在我自己的痛苦病例中检验过了。可能并未把我的病完全治愈，但至少控制了病情的恶化。我正在给别人指引正确的人生之路，这条路我也只是在晚年才认识到的，其时我由于到处漂泊而疲惫不堪了。我大声呐喊："回避众人所赞扬的一切以及幸运送来的礼物吧。当你的人生路上意外地出现某种你喜欢的东西时，你得加以怀疑，警惕地停下来：野生动物和鱼类也可能为某种引诱而受骗上当。你把那看做是命运给你送来的礼物吗？ 不，那是钓饵，你们当中那些想过安逸生活的人将会努力扑向这种钓饵。这里也包含着我们这些可怜人犯下的另一个错误：当我们实际上已受骗上钩的时候，却以为这些东西就是我们的。那是一条通向悬崖之路，使人晕眩的生活终归会使人身败名裂。而且，幸运一旦使我们的生命之船偏离航向，我们就无法以它仍在自己的航道上行进而自慰，也不能断然破釜沉舟,甚至没有能力使它抛锚停航。命运不仅会把船只翻覆,还将把它掷向岩礁,撞成碎片。因此,要坚持这样一个稳健安全的生活原则:放荡不羁以有益于健康为限。这就必须相当严格地控制肉体欲望,以免它悖逆精神的要求。吃饭是为了充饥,喝水是为了止渴,穿衣是为了御寒,住房是为了避风躲雨。房子是草盖茅舍,还是用色彩斑驳的进口大理石砌成的建筑,那都无关紧要,你必须明白的是:草屋顶和金屋顶一样美好。花费无益劳动,意在进行装饰和显示财富而添加的一切,都要予以踢开。必须想到的是,除了精神之外,任何东西都不值得羡慕。精神所具有的感人力量使它不再为任何东西所感动。

如果我这样对自己说话,如果我对未来几代人说这样一些话,你不认为我这样做比去法庭为某人在一份遗嘱上盖章或通过我在贵族院的言论行动支持某个候选人,还要更好些吗?请相信我,那些看来不大活跃的人,却在从事更为重要得多的活动,同时还在处理着各种人的和神的重大问题。

时间有限,按照惯例,我已开始为此信付款。我将不为此花费自己的资源。我还是来翻阅一下伊壁鸠鲁的书吧。结果我得到下面这句话:"为了得到真正的自由,你必须成为哲学的奴仆。"一个皈依哲学的人是不会日复一日推延运用哲学的,他立即获得了解放,因为服膺哲学本身就是自由。

你很可能想要知道我为什么要摘引这么多伊壁鸠鲁的精彩言论,而不摘引自己学派作家的。但你为什么要以为这些言论只是属于伊壁鸠鲁,而不能是我们大家共同的财富呢?想想看,有多少诗人说着哲人说过的或应该说过的话!不用提悲剧作家或我们罗马本土的戏剧了(这种戏剧中也有严肃的成分,它是介于喜剧与悲剧之间的)。想一想那些大量的才华横溢的台词吧,它们大概只有在闹剧中才能被认为是谎言。再想想普布利柳斯的那许多诗篇吧,它们本应由穿悲剧靴的优伶们,而不是打赤脚的哑剧演员们来朗诵的。我来引用他的一首诗吧,这首诗是属于哲学,并且是属于我刚才提到的那个方面的。在这首诗中他宣告,那偶然地带到我们生活之路上来的礼物不应认为就是财富:

> 如果你祈祷获得某个东西,
> 而且你真的碰到了它,
> 它也远非就已经属于了你。
> 我记得你对这个意思的表达要更加确切简明得多:
> 命运给你的一切都并非你自己所有。
> 我不能略而不谈你的那个更加确切的表达:
> 能够被给予的恩赐也就能够收回。

人是一种拥有特殊能力的动物,他能利用别人的经验。

——[奥地利]孟德尔

热 爱 生 命

○ [法] 蒙　田

蒙田 (1533～1592)　文艺复兴时期法国思想家、散文作家。反对灵魂不朽之说，并认为人们的幸福生活就在今世。他的散文对弗兰西斯·培根、莎士比亚以及十七、十八世纪法国的一些先进思想家、文学家及戏剧家影响颇大。著有《散文集》三卷。

　　我对某些词语赋予特殊的含义。拿"度日"来说吧，天色不佳、令人不快的时候，我将"度日"看做是"消磨光阴"，而风和日丽的时候，我却不愿意去"度"，这时我是在慢慢赏玩、领略美好的时光。

　　坏日子，要飞快去"度"，好日子，要停下来细细品尝。"度日"、"消磨时光"的常用语令人想起那些"哲人"的习气。他们以为生命的利用不外乎在于将它打发、消磨，并且尽量回避它，无视它的存在，仿佛这是一件苦事，一件贱物似的。至于我，却认为生命不是这个样子的，我觉得它值得称颂，富有乐趣，即便我自己到了垂暮之年也还是如此。我们的生命来自自然的恩赐，它是优越无比的，如果我们觉得不堪重负或是白白虚度此生，那也只是怪我们自己。

　　糊涂人的一生枯燥无味，躁动不安，却将全部希望寄托于来世。

　　不过，我却随时准备告别人生，毫不惋惜。这倒不是因生之艰辛或苦恼所致，而是由于生之本质在于死，因此只有乐于生的人才能真正不感到死之苦恼。享受生活要讲究方法。我比别人多享受到一倍的生活，因为生活乐趣的大小是随我们对生活的关心程度而定的，尤其在此刻，我眼看生命的时光不多，我就愈想增加生命的分量。我想靠迅速抓紧时间去留住稍纵即逝的日子，我想凭时间的有效利用去弥补匆匆流逝的光阴。剩下的生命愈是短暂，我愈要使之过得丰盈饱满。

你的第一个责任

○ [德] 费尔巴哈

费尔巴哈(1804～1872)　德国哲学家,德国古典哲学中唯物主义的代表。曾在埃尔兰根大学任教,因发表无神论著作《关于死亡与不朽的思想》而被辞退。其主要功绩是在唯心主义统治德国哲学界数十年后,恢复了唯物主义的权威。主要著作有《基督教的本质》、《未来哲学原理》等。

生活的基础也就是道德的基础。如果由于饥饿,由于贫穷,你腹内空空,那么无论在你的头脑中,在你的心中或是在你的感觉中,都不会有道德的基础和资料。

人的第一个责任是使自己幸福。

一个能使自己幸福的人,也就能使别人幸福;幸福的人也希望在自己周围看到幸福的人。

因为生活的基础也是道德的基础,所以在野蛮时代不被认为不道德的事情,在文明时代就会被认为是不道德的。

我们每个人良心的呼声不是独立的呼声,它不是由蔚蓝色的天空响彻下来的呼声或以某种自然发生的神奇方式由自身发出来的呼声;它只是受损害者的苦痛叫喊的回声,也是一个由于侮辱别人而同时侮辱了自己的人的有罪判决的回声。

因此,我们使自己幸福的愿望应同别人追求幸福的愿望取得协调一致。而不应在使自己获得幸福的同时使别人遭受了不幸。

我的权利就是法律所承认的我追求幸福的愿望。

我的义务就是我不得不承认别人追求幸福的愿望。

天下最多的是人,最少的也是人。
——[日]黑田孝高

人生是一场化装舞会

○ [德] 叔本华

叔本华(1788～1860)　德国哲学家,唯意志论者。认为艺术应该是摒弃一切欲望或实用利益的"冥想"或"无意志的直觉"。主要著作有《作为表象和意志的世界》、《论处于自然界中的意志》和《伦理学的两个基本问题》等。

尽管人与人之间的差别多得难以胜数,但是在清楚看到一个人实际上是怎样的,一定会令许多人毛骨悚然、惊恐不已。啊,一些道德的恶魔,不仅为他们的亲信构筑起一座座护耻遮羞的高墙深垒,而且还高高举起一道道帷幕来掩藏他们的虚假、欺诈、伪善、佞妄、愚蠢和诡计,真是恶欲横流、世风日下!世上的真诚真是微乎其微,甚至到处都可以目睹到,在一切道德的虚假掩饰的背后,即在私下里最为隐秘的幽暗处,往往是邪恶大行其道,耀武扬威!正是由于这个缘故,如此之多的好人往往只有四只脚的朋友,因为你可以料想到,倘若没有狗类——唯有它们那最为诚实的面孔才会使你不生任何猜疑之心,你又如何能从人类那难以禁绝的虚伪、谎言和邪恶中得到丝毫的依赖呢?

我们所谓的文明世界又何尝不是一个大的假面舞会呢?你在哪里都会遇见骑士、神父、士兵、律师、牧师、博学之人或哲学家们,可是我根本就不知道他们是些什么东西!他们从来就不是他们所自称的,作为一种角色,他们仅仅是面具,在面具的背后,你只会发现一副唯利是图的商人嘴脸。我认为,一个人选择戴上法律的面具,用它来假扮成一个律师,其真正的目的只是为了向另一个人狠狠地敲上一记竹杠;为了同样的目的,第二个人选择了爱国主义的面具,打着公众福利的幌子而到处招摇撞骗,而第三个人则戴上了虔诚的宗教学说信仰者的假面具。为了各种各样的目的,还有一些人经常戴上睿智,甚至博爱的假面具,除此以外,我就不知道还有什么其他面具更能吸引这些人了。这就如同女人总有一样小小的嗜好,作为一种通例,人们也总是精心把自己装扮成高尚、朴实、爱家和谦恭的样子。这样一来，只剩下一些司空见惯的面孔，他们毫无个性，就像一堆一推俱倒的多米诺骨牌一样。这类人处处可见，所谓的正直、礼貌、富有同情心、亲密无间的友谊，只不过是他们赖以遮羞的假面具。正如我言，所有这些假面具纯粹是作为一种通例，以便掩饰其工业、商业或投机业的真实目的。在这个方面，唯独只有单纯的商人才构成一个最为诚实的阶层，他们是什么人，就老老实实承认自己是什么人。由于他们工作之时根本就不需要戴任何假面具，结果，人们就称他们是卑贱的阶层。

非常必要的是，一个人应当尽早地被告知生活的真谛，即人生只是一场化装舞会，通过它，人才能发现自我。否则的话，生活中发生的许多事情，你既不能理解它们，但又不得不容忍它们，甚至你会对它们完全迷惑不解。诚如朱文诺尔所言，巨人泰坦的心脏只不过是用稍好一点的黏土做成的。这就如同从卑鄙无耻中可以获取教益一样，而漠视了这一真谛，纵使最罕见、最伟大的天才，也要被那些鸡鸣狗盗的同行们玩弄于股掌之上。仇视真理和伟大的力量，学者们对自己专业领域的一无所知，如此等等。这就导致了如下的事实，真品往往遭到冷遇，华而不实、徒有其表的假货则总是大受欢迎。因而，应当及早地让那些年幼无知的青年人懂得，在这场人生的化装舞会上，红艳艳的苹果是蜡制的，水灵灵的鲜花是丝织的，活蹦乱跳的鱼是纸糊的，所有的东西——对，所有的东西——只是可怜的玩偶和无聊的琐事。剩下来只有两个人，看上去好像是在真诚地献身于事业，一个人正在兜售假货，另一个人正在支付给他假币。

就我们本性中漫无节制的利己主义而言，在每个人的胸膛里或多或少地总是积淀着一些仇视、愤恨、嫉妒、怨仇、恶意的因素，它们累积起来如同毒蛇牙齿中的毒液，时刻等待喷射自身的机会，一旦机会来临就会像脱去缧绁的恶魔一样闹得昏天黑地、电闪雷鸣。如果一个人缺乏较大的机会将这些东西宣泄出来，那么他就会借助于自己的想象，最终将这些极为微小的毒瘤，幻想膨胀为硕大无比的怪物。因为，不论机会是多么的微小，它足以唤醒他心中的愤懑。由此，他将会尽其所能、为所欲为地将这种愤懑宣泄出来。正如我们在日常生活中见到的那样，即众所周知，这样一种爆发往往是在"以某事为契机而宣泄自己胸中的怨恨"的名义下进行的。在日常生活中还可以观察到另外一种情形，即假如这种宣泄丝毫没有遇到阻滞，那么宣泄的主体在今后的日子里感觉就好多了。甚至亚里士多德也曾说过这样的名言："愤懑并非不带有某种快感。"亚里士多德还引证了荷马的一段话，即荷马宣称，愤懑比蜜还甜。由此看来，不仅是愤懑，仇恨也是如此，因为仇恨支撑着愤懑，这就如同一个患有严重疾病的慢性病人，纵情沉溺于一种巨大的欢悦之中：

　　　　　　　　　　　人是造物主唯一的错误。

　　　　　　　　　　　　　　　　——[英]吉柏特

现在,仇恨更是一种绵绵无绝的愉悦之情,

人们往往钟情于匆忙,而憎恶悠闲。

　　戈比涅在其作品《论人类》中把人称做"格外凶恶的动物"。人们对此深感不安,因为他们觉得击中了自己的要害。但是,戈比涅无疑是正确的,人的确只是一种动物,它只会给他人带来痛苦,并仅仅是为制造痛苦而制造痛苦,根本没有其他的目的。而其他动物则不是这样,除非是为了填饱自己的肚子或处于争斗厮杀之中,否则不这样做。或许人们会反驳说,老虎杀死的动物多于它吃下的,但它咬死它的捕获物只是为了满足口腹之欲,倘若它吃不下它的捕获物,那么唯一的解释就只能是诚如一句法国成语所说,"眼大肚皮小"。没有一种动物为了取乐的单纯目的而折磨另一种动物,但人却是如此,正是这一点构成了人的品性中极为残忍的特色,而人的品性的此种恶劣程度远胜于纯粹的野兽。

　　这说明每个人的心中都隐藏着一头野兽,这头野兽时时伺机去狂吠乱咬,本能上它有着折磨虐杀其他动物的冲动,如果其他动物挡它的道,它就会冲上去杀死它们,也正是这一原因构成了一切争斗和战争的内在渊薮。要想驯服这头野兽,或在一定程度上把它拴在心中,也只有知识,即这头野兽的看护者,才能胜任这一工作。倘若高兴,人们可以称它为人性的根本恶,这一名词至少有助于作出一种解释。然而,我却把它称为生存意志,正是由于生存的永无止境的煎熬,使得它愈来愈倍感痛苦,于是,它为减缓自己的痛苦就寻求给其他人制造痛苦。正是通过这种途径,人逐步培育出自己内心中真正的残忍和恶毒。按照康德的观点,我们还可以进一步观察到,事物唯有通过扩张与收缩两种力量的对抗才能存在,所以,人类对社会唯有借助于仇恨(或愤懑)与恐惧的对抗性才能生存下去。在我们每个人的生活中都有这样一个时刻,即根植于我们心灵中的凶残本性几乎会使我们成为杀人凶手,只是由于我们心灵中伴随掺杂着某种程度的恐惧心理,而将人的凶残本性限制在一定范围内罢了。也正是由于这种恐惧心理,才使得一个人在成为其他人戏弄逗乐的笑料时,倘若他尚未达到义愤填膺、怒火中烧的程度,那么就只能忍气吞声、冷眼静观。

　　我们早已目睹到人的堕落,人的堕落的景象在我们的心头已经布满了恐怖的阴影。但是,现在还是让我们来看一眼人的存在的悲哀,当我们做到这一点后,我们同样也会感到毛骨悚然,然后我们再去回顾人的堕落。这样,我们将会发现,在人的堕落与悲哀之间总是保持着某种平衡。我们将会领悟到天地万物的永恒公正。因而,我们将会认识到世界本身存在着最终审判,并且,我们开始意识到,为什么世上生存的万事万物总要为其存在而遭受到某种惩罚,从生到死,莫不如此。所以你犯下多大的罪过,就会遭受多大的报应。出于同样的观点,我们还将看到,人类的绝大多数是无知无能的,他们在日常生活中的表现是如此的令我们作呕,以至于我们已经变得毫无愤慨之心。正如佛教徒所认为的那样,在这种永恒的"轮回"中,人的悲哀,人的堕落,还有人的愚蠢,它们之间完全保持着一种均衡,并且,它们是等量等值的。然而,基于某些特殊的动因,当我们将目光凝聚于它们其中的一种并仔细加以考察的话,那么它看起来好像超过了其他两种。其实,这只是一种幻觉,完全是由于它们不同的间距所造成的结果。

天地之间的万物,莫不表明了这种永恒的"轮回"。进一步讲,人类社会更是如此。在人类社会中,从道德的观点看,充满着邪恶与卑鄙,从理智的观点看,无能与愚蠢的弥漫盛行已经达到了令人恐怖的程度。然而,在人类社会中也会间歇性地出现一种"轮回",它总是会给人带来一种意外而新鲜的惊喜。例如,或是表现为诚实,或是表现为善良,甚至还会表现为高贵,进而也会表现为伟大的理智和极富天才的思想。它们不会立即消失殆尽,而是像一道曙光,划破万籁俱寂的漫漫长夜,直接照亮我们阴暗的心灵。我们必须把它们作为一种保证全盘接纳下来,即,正是这种永恒的"轮回"蕴涵着一种善的救赎的原则;这一原则有力量冲破阻碍,慰藉我们的心灵,并去解放整个世界。

活出你自己

○ [美] 爱默生　译/林　铮

爱默生(1803～1882)　美国散文作家、思想家、诗人。一八三七年他的演讲词《论美国学者》,抨击了美国社会的拜金主义,强调人的价值,被誉为美国思想文化领域的"独立宣言"。文学批评家伦斯·布尔在《爱默生传》里说,爱默生与他的学说,是美国最重要的世俗宗教。

前些日子我读了一位著名画家的诗作,这是些独特而且不落俗套的作品。

人字两撇捺,原与禽字异。潇洒不沾泥,便与天无二。

——[清]王夫之

在这种诗作中,不论其主题是什么,心灵总能听到某种告诫。诗句中所注入的感情比它们所包含的思想内容更可贵,相信你自己的思想,相信凡是对你心灵来说是真实的,对所有其他人也是真实的——这就是天才。披露蛰伏在你内心的信念,它便具有普遍的意义,因为最内在的终将成为最外在的——我们最初的想法终将在上帝最后审判日的喇叭声中得到回应。尽管心灵的声音对每一个人来说都是熟悉的,但是我们认为,摩西、柏拉图和弥尔顿最了不起的功绩是他们蔑视书本和传统,他们论及的不是人们想到的,而是他们自己的思想。人应当学会的是捕捉、观察发自内心的闪光,而不是诗人和伟人们的圣光。但是,人们却不假思索地抛弃自己的思想,就因为那是自己的思想。在每一部天才的作品中,我们都可以找到我们自己抛弃了的那些思想,它们带着某种陌生的尊严回到我们这儿来。伟大的艺术作品给我们最深刻的教诲就是,要以最平和而又最执著的态度遵从内心自然而然产生的念头,即使与其相应的看法正甚嚣尘上。否则,明天某个人便将俨然以一位权威的口吻高谈那些同我们曾经想到、感受到的一模一样的想法,而我们却只好惭愧地从他人手中接受我们自己的想法。

每个人在受教育过程中,总有一天会认识到:嫉妒是无知,模仿是自杀。不论好歹,每个人都必须接受属于他的那一份,广袤的世界里虽然充满了珍馐美味,但是只有从给予他去耕耘的那一片土地里,通过辛勤劳动收获的谷物才富有营养。寓于他体内的力量,实质上是新生的力量。只有他自己才知道他能干什么,而且他也只有在尝试之后才能知晓。一张面孔、一个人物、一桩事情在他心中留下了印象,而其他的则不然。这并不是无缘无故的,这记忆中的塑像并非全无先验的和谐。眼睛被置于某束光线将射到的地方,这样它才可能感知到那束光线,大胆让他直抒自己的全部信念吧。我们对自己总是遮遮掩掩,对我们每个人所代表的神圣意念感到羞愧。我们完全可以视这意念为与我们相称、而又有益的意念,所以,应当忠实地宣扬它。不过,上帝是不会向懦夫揭示他的杰作的,只有神圣的人,才能展示神圣的事物。当一个人将身心倾注到工作中,并且竭尽了全力的时候,他就得到了解脱和欢乐。否则,他将为自己的言行忐忑不安,得到的是没有解脱的解脱。在其间,他为自己的天赋所抛弃,没有灵感与他为友,没有发明,也没有希望。

相信你自己吧!每颗心都随着那弦跳动,接受上苍为你找到的位置——同代人组成的社会和世网。伟大的人物总是像孩子似的将自己托付给时代的精神,披露他们所感知到的上帝正在他们内心引起骚动,正借助他们之手在运作,并驾驭着他们整个身心。我们是人,必须在我们最高尚的心灵中接受同样先验的命运。我们不能畏缩在墙旮旯里，不能像懦夫一样在革命关头逃脱；我们必须是赎罪者和捐助者，是虔诚的有志者，是全能上帝所造之物，让我们向着混沌乱世，向着黑暗冲锋吧……

这些话语当我们独处时可以听到，可是当我们迈进这世界时，话音就减弱了、听不到了。社会到处都是防患各社会成员成熟起来的阴谋。社会是一个股份公司，在这公司里，成员们为了让各个股东更好地保住自己的那份面包，同意放弃吃面包者的自由和文化。它最需要的美德是随众随俗，它厌恶的是自力更生，它钟爱的不是现实和创造者，而是名分和习俗。

任何名副其实的真正的人，都必须是不落俗套的人。任何采集圣地棕榈叶的人，都不应当拘泥于名义上的善，而应当发掘善之本身。除了我们心灵的真诚之外，其他的一切归根结底都不是神圣的。解脱自己，皈依自我，也就必然得到世人的认可。记得，当我还很小的时候，有位颇受人尊重的师长。他习惯不厌其烦地向我灌输宗教的古老教条。有一回，我禁不住回了他一句。听到我说，如果我完全靠内心的指点来生活，那么我拿那些神圣的传统做什么呢？我的这位朋友提出说："可是，内心的冲动可能是低下的，而不是高尚的。"我回答说："在我看来，却不是如此。不过，倘若我是魔鬼的孩子，那么我就要照魔鬼的指点来生活。"除了天性的法则之外，在我看来，没有任何法则是神圣的。好与坏，只不过是个名声而已，不费吹灰之力，便可以将它从这人身上移到那人身上。唯一正确的，是顺从自身结构的事物；唯一错误的，是逆自身结构的事物。一个人面对反对意见，其举措应当像除了他自己之外，其他的一切都是有名无实的过眼烟云。使我惭愧的是，我们如此易于成为招牌、名分的俘虏，成为庞大的社团和毫无生气的习俗的俘虏。任何一个正派、谈吐优雅之士都比一位无懈可击的人更能影响我，左右我。我应当正直坦诚，生气勃勃，以各种方式直抒未加粉饰的真理……

我必须做的是一切与我有关的事，而不是别人想要我做的事。这条法则，在现实生活和精神生活中都是同样艰巨困难的，它是伟大与低贱的整个区别。它将变得更加艰巨，如果你总是碰到一些自以为比你自己更懂得什么是你的责任的人。按照世人的观念在这世界上生活是件容易的事，按照你自己的观念，离群索居也不难，但若置身在世人之间，却能尽善尽美地怡然保持着个人独立性，却只有伟人才能办得到。

抵制在你看来已是毫无生气的习俗，是因为这些习俗耗尽你的精力。它消耗你的时光，荫翳你的性格。如果你上毫无生气的教堂，为毫无生气的圣经会捐款，投大党的票拥护或反对政府，摆餐桌同粗俗的管家没什么两样——那么

做大事人，要三资具备：曰识，曰才，曰力。

——[清]魏 禧

在所有这些屏障下,我就很难准确看出你究竟是什么样的人。当然,这样做也将从你生活本身中耗去相应的精力。然而,如果你所做的是你所要做的事,那么我就能看出你到底是什么样的人。做你自己的事,你也就从中增强了自身。一个人必须要想到,随众随俗无异于蒙住你的眼睛。假如我知道你属于哪个教派,我就能预见到你会使用的论据。我曾经听一位传教士宣称,他的讲稿和主题都取材自他的教会的某一规定。难道我不是早就知道他根本不可能即兴说一句话吗?算了,大部分人都用这样或那样的手帕蒙住自己的眼睛,使自己依附于某个社团观点。保持这种一致性,迫使他们不仅仅在一些细节上弄虚作假,说一些假话,而是在所有的细节上都弄虚作假。他们所有的真理都不太真。他们的二并不是真正的二,他们的四也不是真正的四。他们说的每一个字都使我们失望,而我们又不知道该从哪儿下手去纠正它。同时,自然却麻利地在我们身上套上我们所效忠的政党的囚犯号衣。我们都板着同样的面孔,摆着同样的架势,逐渐习得最有绅士风度而又愚蠢得像驴一样的表达方式。尤其值得一提的是一种丢人的,并且也在历史上留下了自己印记的经历。我指的是"傻乎乎的恭维"——我们浑身不自在地同一些人相处时,脸上便堆起这种假笑,我们就毫无兴趣的话题搭腔时,脸上便堆起这种微笑。其面部肌肉不是自然地运作,而是为一种低下的、处心积虑的抽搐所牵引,肌肉在面庞外围绷得紧紧的,给人一种最不愉快的感觉,一种受责备和警告的感觉。这种感觉,任何勇敢的年轻人都绝不会愿意体验第二次。

世人用不快来鞭挞不落俗套的人……对于一位坚强的深谙世事的人来说,容忍有教养的绅士们的愤怒不是件难事。他们的愤怒是正派得体、谨慎稳重的。因为他们本身就非常容易招来责难,所以他们胆小怕事。但是,若引起他们那女性特有的愤怒,其愤慨便有所升级;倘若无知和贫穷的人们被唆使,倘若处于社会底层的非理性的野蛮力量被怂恿狂吼发难,那就需要养成宽宏大量和宗教的习惯,像神一样把它当做无关紧要的琐事。

另一个使我们不敢自信的恐惧是我们想要随众随俗。这是我们对自己过去的所作所为的敬畏之情,因为在别人眼里,能够借以评判我们行为轨迹的依据,除了我们的所作所为之外别无他物,而我们又不愿意使他们失望。

但是,你为什么要往回看呢?为什么你老要抱着回忆的僵尸,唯恐说出与你曾经在这个或那个公开场合说的话有点儿矛盾的话来呢?倘若你说了些自相矛盾的话,那又怎么样呢?……

愚蠢地坚持随众随俗是心胸狭小的幽灵的表现,是低级的政客、哲学家和神学家们崇拜的对象。伟大的人物根本就不会随众随俗。他也许倒更关心自己落在墙上的影子。嘿！把好你的那张嘴！用包装线把双唇缝起来！否则，你若要做一个真正的人的话，今天你想说什么就说什么，像放连珠炮一样；明天你想说什么，照样斩钉截铁地说什么，哪怕跟你今天说的一切都是相互矛盾的。哈哈！老妇人，你就嚷嚷去吧！你肯定会被人误解的！误解，恰恰是个傻瓜的字眼。被人误解就那么不好吗？毕达哥拉斯被人误解，苏格拉底、耶稣、路德、哥白尼、伽利略和牛顿，每一位纯粹而又聪明，曾经生活过的人都曾被人误解过。要做个伟人，就一定会被人误解……

长 征 感 言①

○ 朱　德

朱德(1886～1976)　字玉阶。四川仪陇人。马克思列宁主义者，中国无产阶级革命家、政治家、军事家，中国共产党和中华人民共和国的主要领导人，中国人民解放军的主要创建人和领导人。建国后曾任中央人民政府副主席，中央军委副主席，中国人民解放军总司令等职。一九五五年被授予中华人民共和国元帅军衔。主要著作编为《朱德选集》。

在长征中间，身体很强健，路上就没有病过，多半是夜间走路，白天睡觉。有事马上就办。我只有一个担子，一个人一匹马，一个马夫，四个特务员，每天差不多走一半路，骑一半马，人还是觉得很爽快，不感觉如何愁闷。

我的脑筋也是与身体相同。问题就从来没有放松过。处处想得到，也想得远。就是怎样困难，也解决得开。从来就没有认为什么是没有办法，相当地有点乐观主义。

当过草地的时候——大家都认为是极困难的了，我还认为是很好玩的。有草、有花，红的花、黄的花，都很好看。几十里地都是，还有大的森林与树木。草

---

① 节选自《朱德自传》手抄稿本，题目为本书编者所加。

人多是"生命之川"之中的一滴，承着过去，向着未来。

——鲁 迅

又是青青的,河流在草地上弯弯曲曲的,斜斜的一条带子一样往极远处拐了去……牛羊群在草地里无拘束地自由上下,也是极有趣的。也许因为自己带着乐观性吧。

逢到极困难的事情,旁人看起来极复杂很难解决了,但是我们好像没有那么回事一样。他也变得好些,不那么慌张了。作为一个领导者,愈是困难,愈要镇定。……所谓履险如夷,也还是平平常常就过去了。愈危险,愈需要冷静、平淡,就容易把问题处置得很恰当。

此刻活着,也就永恒

○ [奥地利] 维特根斯坦

维特根斯坦(1889～1951) 现代哲学家、逻辑学家,分析哲学的创始人之一。二十世纪最伟大、最有影响的西方哲学家之一。生于奥地利维也纳,后入英国籍。主要著作有《逻辑哲学论》、《哲学探讨》和《关于数学基础的言论》等。

死不是生活里的一件事情:人是没有经历过死的。

如果我们不把永恒性理解为时间的无限延续,而是理解为无时间性,那么此刻活着的人,也就永恒地活着。

人生之为无穷,正如视域之为无限。

不仅人的灵魂在时间上的不灭,或者说它在死后的永存,是没有保证的;而且在任何情形下,这个假定都达不到人们所不断追求的目的。难道由于我的永生就能把一些谜解开吗?这种永恒的人生难道不像我们此刻的人生一样也是一个谜吗?时空之中的人生之谜的解答,在于时空之外。

(所要解答的肯定不是自然科学的问题。)

我们觉得,即使一切可能的科学问题都已得到解答,也还完全没有触及到人生问题。当然那时不再有问题留下来,而这也就正是解答。

人生问题的解答在于这个问题的消除。

（有些人在长期怀疑之后发现他们明白了人生的意义，但是又不能说出来这意义究竟是什么，不就是这个道理吗？）

解决人们在生活中遇到的问题的途径，是以促使疑难问题消失的方式去生活。

生活难以应付这个事实说明，你的生活方式不适合生活的模式，所以你必须改变你的生活方式。一旦你的生活方式适应生活的模式，疑难问题就随之消失。

如果有人认为他解决了生命问题并自以为是地感到万事简单时，一旦他回忆过去未曾发现"答案"的时期，他就会明白自己错了。况且当时人们也可以生存。现在的答案似乎与当时的事物有偶然的联系。逻辑研究也是如此，假若存在解决逻辑（哲学）问题的答案。我们就需要提醒自己曾经有过问题得不到解决的时期。那时，人们一定已经懂得如何生存和思考了。

生活好似山脊上的一条路，路的左右两边都很滑。你若不能使自己停下来，就会朝一个方向或别的方向滑下去。我常常看到人们这样滑下去，并说"一个人在这种情况下怎么能自救哟！"随之而来的就是"否定自由意志"。这就是这一信仰所表达的看法。但是，这一信仰不是"科学的"信仰，与科学的信仰毫无共同之处。

可是，难道我们没有感觉到，看不到生活中的问题的人对于重要事情，甚至对最重要的事情都视而不见吗？能否说这种人只是毫无目的地生活呢——盲目地，如鼹鼠一样？如果他看得见，他会看到问题吗？

我不应该这样说吗：正确地生活的人遇到问题时不感到遗憾，所以对于他来说，问题不是问题，而是欢乐。换句话说，问题对于他来说是环绕他的生活的一道明亮的晕圈，不是含混暧昧的背景。

某人死后，我们会看到他那具有抚慰之光的生活。他的生活向我们展现出一种由迷蒙变得柔和的轮廓。虽然对他来说没有什么柔和可言，但他的生活是曲折的和不完善的。因为对他来说没有任何和谐，他的生活是无掩饰的和不幸的。

如果在生命中我们是被死亡所包围的话，那么我们的健康的理智则是被疯狂所包围。

"人"之可贵在于能创造性地思维。
——华罗庚

建立新人生观

○ 罗家伦

罗家伦(1897～1969) 字志希,笔名毅,浙江绍兴人。蔡元培的学生。曾出版《新潮》月刊。五四运动中,在《每周评论》上第一次提出"五四运动"这个名词。主要著作有《新民族观》、《新人生观》、《文化教育与青年》、《科学与玄学》和《逝者如斯集》等。

建立新人生观,就是建立新的人生哲学。人生哲学在英文叫做 Philosophy of Life,在德文则为 Lebensanschauung,正是人生观的意义。它是对于生命的一种透视,也可说是对于整个人生的一种灼见。人生的意义是什么?我们应该做怎样一种人?这些问题,我们今天想不到,明天说不定会想到;一个月之内不想到一次,一年之内说不定会想到一次。想到而不能解答,便是人生的大危机。若是永远想不到的人,这真是醉生梦死、虚度一生的糊涂虫了。想到而要求适当的解决,那就非研究人生哲学不可。我们本是先有人生而后有人生哲学,正如先有饮食而后才有医学里的营养学。但是既有人生哲学以后,人生就免不了受它的影响。也只有了解人生哲学的人,对于人生才觉得更有意义,更有把握,更有前途。不但学社会科学的人应当了解,学自然科学的人也应当了解。广义地说,凡是做人的人都应该了解。普通种田的农夫,尚且根据传下来的经验,有所谓拇指律,为一生做人的准则,何况知识与理性都已发展到高度的青年?

在现时代,人生哲学更有它重要的意义和使命。因为在这个时代,旧的道德标准都已动摇,而新的道德标准尚未确立,一般青年都觉得彷徨,都觉得迷惑,往往进退失据而陷于烦闷与苦恼的深渊。在中国有此情形,在外国也是一样。外国从前靠宗教信仰维系人心。现在宗教信仰已经动摇。而新的信仰中心也未树立,在青黄不接的时代,更显出许多迷路的羔羊。读李勃曼①《道德序言》一书,深知中外均有同感。因此在这个时代更有应重新估定生命的价值表,以建立新的人生哲学之必要,否则长久在烦闷苦恼之中,情绪日渐萎缩,意志日渐颓废,生活自然也日渐低落。茅盾所著三部曲,一曰《动摇》,二曰《追求》,三曰《幻灭》。这三个名词,很足以形容这时代青年心理的动向和惨态。现在旧的已经动摇了,大家拼命去追求新的,如果追求不到,其结果必归幻灭。幻灭是何等凄惨的事! 有思想责任的人,对于这种为"生民立命"的工作,能够袖手旁观吗?

要建立新的人生哲学,首先要明白它与旧的人生哲学,在态度上至少有三种不同。有了不同的态度,才能对于新的生命价值表加以估定。

首先,要认定的是新的人生哲学不是专讲"应该",而是要讲"不行"。旧的人生哲学常以为一切道德的标准,都是先天的范畴,人生只应该填塞进去。新的人生哲学则不持先天范畴之说,而只认为这是事实的需要,经验的结晶。应该不应该的问题较空;成不成,要得要不得的问题更切。譬如拿文法的定律来说,本不是先有文法而后有文字,文法只是从文字归纳出来的。文法的定律并不要逼人去遵守它,但是你如果不遵守它,你就不能表白意思,使人了解。你自己用文字来达意表情的目的,竟由你自己打消。所以这是不成的,就是要不得的,也就是所谓"不行"的。

其次,新的人生哲学不专恃权威或传统,乃要以理智来审察现实的要求和生存的条件。权威和传统并不是都要不得,只是不必盲目地全部接受。我们要以理智和经验去审察它,看它合于现代生命的愿望、目的,以及求生的动态与否。这不是抹杀旧的,而是要重新审定旧的,解释旧的。旧的是历史,历史是潜伏在每个人的生命细胞之内,不但不能抹杀,而且想丢也是丢不掉的。但是生命之流前进了,每个时间的阶段都有它的特质。熔铸过去,使它成为活动的过去,为新生命中的一部分,才能适合并提高现实生存的要求。

还有一层,新的人生哲学不专讲良心良知,而讲整个人生及其性格风度的养成,并从经历和习惯中树立其理想的生活。它不和旧的一样,专从良心良知中去求判别是非的标准,以"明心见性"去达到佛家所谓"身是菩提树,心如明镜台"的地步。它更不是建筑在个人的幻想、冲动或欲望上面。它要从民族、人类的历史中,寻出人与人的关系,以决定个人所应该养成的性格和风度。它是要从个人高尚生命的实现中,去增进整个的社会生活与人类幸福。觉得如此,方不落空。

---

① 今译李普曼 (1889~1974),美国专栏作家。

作为一个人,要是不经过人世上的悲欢离合,不跟生活打过交手仗,就不可能真正懂得人生的意义。

——杨　朔

新的人生哲学根据这三种的态度以重定生命的价值表，以建立新的人生观。它并不否认旧的一切价值，乃是加以必要的改变而已。它把旧的价值，重新估计以后，成为新的价值标准，以求人生的实现，更丰富和美满地实现。这才是真正"价值的转格"。

　　我们不只是要求人生更丰富更美满地实现，我们还要把人生提高。平庸的生活，是不值得活的。我们要运用我们的生力，朝着我们的理想，不但使我们的生命格外的崇高伟大，庄严壮丽。而且要以我们的生命来领导，带起一般的人，使他们的生命也格外的崇高伟大，庄严壮丽，所以我们要根据新的人生哲学态度，建立三种新的人生观：

　　第一是动的人生观。宇宙是动的，是生生不息的。人生是宇宙的一部分，所以也是动的，生生不息的。希腊哲学家赫拉克里特斯[1]说："你不能两次站在同一个河里。"孔子在川上说："逝者如斯夫，不舍昼夜。"都是这个道理。何况近代物理学家更告诉我们电子无时无刻不在震荡的道理。人生在宇宙中间，还能够停止，不运用自己的生力去适应宇宙的动吗？不能如此，便是"贼天之性"。何况人群的竞争，异常剧烈，你不动，他人动，你就落伍。落伍是生命的悲剧。中国受宋儒"主静主敬"学说的流毒太深了。这种学说里面，本来含着一部分印度佛教的成分，是与"孔墨"力行的宗旨违背的。我们要把静的人生观摔得粉碎，重新建立动的人生观。

　　第二是创造的人生观。我所谓动，不是盲动，是有目的的动，有意识的动；是前进的动，不是后退的动。这就是我们创造性的发挥。我们不只是凭自力创造，而且要运用自力，以发动和征服自然的能力来创造。譬如宇宙间无穷的电力，我们以智慧来驱使它发光发热，供一切人生的需要，这个就叫创造的智慧。人类之有今日，是历代先哲创造的智慧所积成的。我们不能发挥创造的智慧，不但对不起自己的人生，而且对不起先哲心血积成的遗留。保守成功吗？保守就是消耗、衰落、停滞、腐烂与毁灭。又如前代的美术创造品，是有伟大的、特殊的。设如你不把他吸收孕育到自己的创造的智慧里去，再来努力创造，而专门保藏旧的，那不但旧的不能成为新人生的一部分（我们至多不过享受而已），而且新的伟大的美术作品永远不会出来。保守的方法无论如何好，旧的因为时间的剥蚀，总有销毁的一天。纵不销毁，那伟大的创作，终究是前人的创作，前时代的创作，有限的创作，而不是本人的创作，现时代的创作，无限的创作。我们不但要"继往"，更加要"开来"！

------

①今译赫拉克利特 (约前 540~约前 480 与 470 之间)，古希腊哲学家。

第三是大我的人生观。我们不要看得人生太小了,太窄了。太小太窄的人生是发挥不出来的。他一定像没有雨露的花苞,不但开不出来,而且一定萎落,一定僵死。我们所以有现在,是多少人的汗血、心血培成的。就物质而言,则我们吃的、穿的、走的、住的,哪一件不是农夫、工人、商人、工程师、发明家这一般广大的人群所贡献。就精神的粮食而言,哪一项伟大崇高的哲学思想,美丽谐和的音乐美术,心动神移的文学作品,透辟忠诚的历史记载,凡是涵煦覆育着我们心灵生活的,无不是哲人杰士的遗留。我们负于大社会的债务太多了。只有借他们方能充实形成小我。反过来也只有极力发挥小我,扩充小我,才能实现大我。为小我而生存,这生存太无光辉,太无兴趣,太无意识。必须小我与大我合而为一,才能领会到生存的意义。必须将小我来提高大我,推进大我,人群才能向上,不然小我也不过是洪流巨浸中的一个小小水泡,还有什么价值? 这就是大我人生观的真义!

给抱怨生活者的信

○ 徐志摩

徐志摩 (1896~1931)　名章垿(xù),笔名南湖、云中鹤等。浙江海宁人。现代著名诗人、散文家。著有诗集《志摩的诗》、《翡冷翠的一夜》、《猛虎集》,散文集《落叶》、《巴黎的鳞爪》,小说散文集《轮盘》,日记《爱眉小札》、《志摩日记》等。

得到你的信,像是掘到了地下的珍藏,一样的稀罕,一样的宝贵。

看你的信,像是看古代的残碑,表面是模糊的,意致却是深微的。

又像是在尼罗河旁边幕夜,在月亮正照着金字塔的时候,梦见一个穿黄金袍服的帝王,对着我作谜语,我知道他的意思,他说:"我无非是一个体面的木乃伊。"

又像是我在这重山脚下半夜梦醒时, 听见松林里夜莺的 Soprano 可怜的遭人厌毁的鸟，他虽则没有子规那样天赋的妙舌，但我却懂得他的怨愤，他的理想，他的急调是他的嘲讽与诅咒；我知道他怎样地鄙蔑一切，鄙蔑光明，鄙蔑烦嚣的燕雀，也鄙弃自喜的画眉。

又像是我在普陀山发现的一个奇景：外面看是一大块岩石，但里面却早被海水蚀空，只剩罗汉头似的一个脑壳，每次海涛向这岛身搂抱时，发出极奥妙的音响，像是情话，像是诅咒，像是祈祷，在雕空的石笋、钟乳间呜咽，像大和琴的谐音在皋雪格的古寺的花椽、石楹间回荡——但除非你有耐心与勇气，攀下几重的石岩，俯身下去凝神地察看与倾听，你也许永远不会想象，不必说发现这样的秘密。

又像是……但是我知道，朋友，你已经听够了我的比喻，也许你愿意听我自然的嗓音与不做作的语调，不愿意收受用幻想的亮箔包裹着的话，虽则，我不能不补一句，你自己就是最喜欢从一个弯曲的白银喇叭里，吹弄你的古怪的调子。

你说："风大土大，生活干燥。"这话仿佛是一阵奇怪的凉风，使我感觉一个恐怖的战栗；像一团飘零的秋叶，使我的灵魂里掉下一滴悲悯的清泪。

我的记忆里，我似乎自信，并不是没有葡萄酒的颜色与香味，并不是没有妩媚的微笑的痕迹，我想我总可以抵抗你那句灰色的语调的影响——是的，昨天下午我在田里散步的时候，我不是分明看见两块凶恶的黑云消灭在太阳猛烈的光焰里，五只小山羊，兔子一样的白净，听着它们妈的吩咐在路旁寻草吃，三个割草的小孩在一个稻屯前抛掷镰刀；自然的活泼给我不少的鼓舞，我对着白云里矗着的宝塔喊说我知道生命是有意趣的。

今天太阳不曾出来。一捆捆的云在空中紧紧地挨着，你的那句话碰巧又添上了几重云雾，我又疑惑我昨天的宣言了。

我又觉得奇怪，朋友，何以你那句话在我的心里，竟像白垩涂在玻璃上，这半透明的沉闷是一种很巧妙的刑罚，我差不多要喊痛了。

我向我的窗外望，暗沉沉的一片，也没有月亮，也没有星光，日光更不必想，他早已离别了，那边黑黝黝的是林子，树上，我知道，是夜鹊的寓处；树下累累的在初夜的微茫中排列着，我也知道，是坟墓，僵的白骨埋在硬的泥里，磷火也不见一星，这样的静，这样的惨，黑夜的胜利是完全的了。

我闭着眼向我的灵府里问讯，呀，我竟寻不到一个与干燥脱离的生活的意象，干燥像一个影子，永远跟着生活的脚后，又像是葱头的葱管，永远附着在生活的头顶，这是一件奇事。

朋友，我抱歉，我不能答复你的话，虽则我很想，我不是爽恺的西风，吹不散天上的云罗,我手里只有一把粗拙的泥锹,和如其有美丽的理想或是希望要埋葬,我的工作倒是现成的——我也有过我的经验。

朋友,我并且恐怕,说到最后,我只得收受你的影响,因为你那句话已经凶狠地咬入我的心里,像一个有毒的蝎子,已经沉沉地压在我的心上,像一块盘陀石,我只能忍耐,我只能忍耐……

守住人生的底线

○ 王 蒙

王蒙 一九三四年生于北京,原籍河北。当代著名作家。曾任国家文化部部长。出版小说集、评论集等多本,其中《最宝贵的》、《悠悠寸草心》、《春之声》和《蝴蝶》先后获全国优秀短、中篇小说奖,长篇小说有《活动变人形》、《季节四部曲》等。近期著作有《我的人生哲学》、《王蒙自传》等。

老子讲的"无为"实在是深刻极了,美妙极了。那是因为人的各种各样的轻举妄为、胡作非为、无效劳动、搬起石头砸自己的脚的自讨苦吃的行为太多太多了。也许我们不能要求每个人都有大贡献、大创造、大德行、大智慧,但是我们至少可以尽量少做那种连常识都违背了的坏事与蠢事。

第一,不要反科学、反常识、违反客观规律、一厢情愿地为,即蛮干的"为"。如企图用群众运动来破百米短跑的世界纪录。

第二,不要为了表白自身的需要而乱为。我写过一篇微型小说,说是一个老人病了,他的几个孩子纷纷为了表达孝心而找一些江湖术士给老爷子治病,结果把老爷子吓跑了,即此意。

第三,不要过度地为。为办成一件事也许你需要找十五个人帮忙,但如果你找了一千五百人呢?只能引起大反感、大麻烦,反而办不成了。

第四,不要斤斤计较地为,不要得不偿失地为。你为了一点蝇头小利而大动干戈,徒贻笑大方,至于造成的后遗症更是不堪设想。

第五,不要为那些丢人现眼的事,如钻营、吹嘘、卖弄、装疯卖傻……

第六,不要张张扬扬、咋咋呼呼地为。如一般写作人都是愿意自己的东西发在大报大刊上,更愿意发在头版头条上。但我对自己的探索性的东西,都特意寻找小报小刊上发表,并特别关照不得发头条。我对于获得三等奖或不获奖也特别心安理得,无他,有利于平衡,有利于你过别人也要好好过也。

第七,可以树立远大目标,以求自己有所作为,但也可以调整与修改目标,不"为"那种已经被多次证明"为"也"为"不成的事。如发明永动机之类。

其他属于"无为"范畴里的注意事项还多着呢,如不投机取巧,不感情用事,不忽冷忽热,不滥发脾气,不标榜自己,不整人害人,不算计得过于精明,不预报自己即将取得惊人成就。总之,也许我们无法为众人设计规定出谁谁应该为什么做什么的蓝图,因为各种人条件、处境、志趣、价值选择是太不同了,正常情况下应该允许这种不同,这种多样性。我们不可能建议人人成为炸碉堡的烈士,就像不能建议人人成为赚大钱的企业家;我们无法建议人人都去搞发明创造,就像无法建议人人都去当一辈子老黄牛。但是我们至少可以建议他们不要去做什么,不要去做蠢事坏事,不要去做愚而诈的事,不要去做逞一己之私愤而置后果于不顾的不负责任的事等等。

人生苦短,百年一瞬。我们无法要求大家都有一样的成就,却可以希望人都不把生命和精力,把有限的时间放在最不应该有的行为上。没有这些本应该没有的行为,没有这些劣迹和笑柄,没有这些罪过和低级下作,即使你的成就极有限,起码你还是正直地、正确地、正常地从而是心安理得地度过了一生。你回忆起自己的一切的时候至少不必那样惭愧、那样羞耻、那样懊悔。一个人的一生,应该从正面要求自己达到这个,做到那个,得到那个,感到那个等等。同时,也许更重要的是树立反面的界限,即不可这样,不得那样,摆脱这样,脱离那样。如此这般,也许你的人生反而更清晰、更明朗了,你将得到更多的光明与智慧,离开黑暗与愚蠢的苦海。那有多么好!

解开人生的悖论

○ [美] 亚历山大·辛德勒

既要抓得紧,又要放得开。当你领悟了这个自相矛盾的悖论,你也就举足可登智慧殿堂之门。

人生的艺术,只在于进退适时,取舍得当。因为生活本身即是一种悖论:一方面,它让我们依恋生活的馈赠;另一方面,又注定了我们对这些礼物最终的弃绝。正如先师们所说:"人生一世,紧握双拳而来,平摊两手而去。"

人生是如此的神奇,这神奇的土地,分分寸寸都浸润于美之中,我们当然要紧紧地抓住它。这,我们是知道的,然而这一点,又常常只是在回顾往昔的时候才被人觉察,可是一旦觉察,那样美好的时光已是一去不复返了。

凋谢了的美,逝去了的爱,铭记在我们的心中。尤为令人痛苦的是,回想起那种美闪烁其华之际,我们却熟视无睹;当那种爱正娓娓倾诉之时,我们却不曾报以慰藉。

最近的一件事情又启发了我,使我顿悟了一个真理。其时,我由于严重的心脏病发作而住了院,受到特别精细的照料——虽然医院总不是个好去处。

一天早上,我得去接受几个辅助检查,而检测器械放置的房子在病区的对面,因此,我只好坐轮椅穿过一个院落。

一出病房,迎面的阳光震撼了我的整个身心,我所有的感受只有太阳的光辉! 多么美好的阳光啊——那样温煦,那样明亮,那样辉煌!

我留神看了看,是否还有人欣然沉醉于这金光灿烂之中。没有,人人都来去匆匆,大都目不斜视,只盯着地面。我想到了自己也确实常常如此,总是沉湎于琐细乃至令人厌恶的事情之中, 而对于大自然中出现的胜景则全然无动于衷。

这一经历所导致的顿悟,其实与这经历本身一样,是极普通的。生活的馈赠是珍贵的,只是我们对此留心甚少。

人,只要有一种信念,有所追求,什么艰苦都能忍受,什么环境也都能适应。

——丁 玲

由此可知，人生真谛的要旨之一是告诫我们不要只是忙忙碌碌，以至错失掉生活的可叹、可敬之处。虔诚地恭候每一个黎明吧！拥抱每一个小时，抓住宝贵的每一分钟！

执著地对待生活，紧紧地把握生活，但又不能抓得过死，松不开手。人生这枚硬币，其反面正是那悖论的另一要旨：我们必须接受"失去"，学会怎样松开手。

这种教诲的确是不易领受的。尤其当我们正年轻的时候，总以为这个世界将会听从我们的使唤，总以为我们用全身心的投入所追求的事业都一定会成功。而生活的现实仍是按部就班地走到我们的面前——于是，这第二条真理虽是缓慢的，但也是确凿无疑地显现出来。

我们在经受"失去"中逐渐成长，经过人生的每一个阶段，我们只是在失去娘胎的保护才来到这个世界上，开始独立的生活；而后又要进行一系列的学校学习，离开父母和充满童年回忆的家庭；结了婚，有了孩子，等孩子长大了，又只能看着他们远走高飞。我们要面临双亲的谢世和配偶的亡故；面对自己精力逐渐地衰退；最后，我们必须面对不可避免的自身死亡——我们过去的一切生活，生活中的一切梦都将化为乌有！

但是，我们为何要臣服于生活的这种自相矛盾的要求呢？明明知道不能将美永葆持久，可我们为何还要去造就美好的事物？我们知道自己所爱的人早已不可企及，可为何还要使自己的心充满爱恋？

要解开这个悖论，必须寻求一种更为宽广的视野，透过通往永恒的窗口来审度我们的人生。一旦如此，我们即可醒悟：尽管生命有限，而我们在世界上的"作为"却为之描绘了永恒的图景。

人生绝不仅仅是一种作为生物的存活，它是一些莫测的变幻，也是一股不息的奔流。我们的父母通过我们而生存下来，我们也通过自己的孩子而生存下去。我们建造的东西将会留存久远，我们自身也将通过它们得以久远的生存。我们所选的就是美，并不会随我们的湮没而泯灭。我们的双手会枯萎，我们的肉体会消亡，然而我们所创造的真、善、美则将与时俱在，永存而不朽。

不要枉费了你的生命，要少追求物质，多追求理想。因为只有理想才赋予人生以意义，只有理想才使生活具有永恒的价值。

人生享乐的寓言

○ [英] 弗兰西斯·培根

弗兰西斯·培根 (1561~1626)　英国哲学家,第一个提出"知识就是力量"的人,被尊称为哲学史和科学史上划时代的人物。马克思称他是"英国唯物主义和整个现代实验科学的真正始祖"。主要著作有《论科学的价值和发展》、《新工具》等。

关于海上女妖塞壬的寓言用于指享乐的邪恶诱惑最合适不过了,不过,这种解释太过简单庸俗。我发现,古人的智慧如同遭到践踏的葡萄,虽然挤出了一些东西,但其中的精华却原封不动地被忽略了。

据说,塞壬们是河神阿克罗斯和缪斯女神特耳西科瑞的女儿。她们本来长有翅膀,但后来贸然挑战缪斯们,遭到失败,缪斯拔掉了她们的翅膀,为自己编织冠戴。从此,除了塞壬的母亲特耳西科瑞以外,其他缪斯头上都扎着翅膀。这些塞壬住在几个风景宜人的岛屿上,时刻监视着过往的船只。看到有船驶近,她们就开始歌唱。水手先是停下来听,后来慢慢地靠近,最后上岸。这时,她们会抓住水手,把他们杀掉。塞壬的歌曲并不总是一个调子,她们会根据听者的禀性变换曲调,用最合水手胃口的歌曲把他们俘获。塞壬们造成了巨大灾难,在她们居住的岛屿四周,很远就可以看到处处是未经掩埋的尸体的白骨。有两种不同的方法可以对付这种灾难,分别是尤利西斯和俄耳甫斯的方法。尤利西斯曾让水手用蜡封住耳朵。他希望尝试一下歌声,又不想招致危险,就把自己绑到桅杆上,同时禁止任何人冒险给他松绑,即使有他本人的恳求也不行。俄耳甫斯不让绑起来,而是放声歌唱,用琴声赞美众神,压住了塞壬们的歌声,所以也安然无恙地通过了。

这是个关于道德的寓言,其寓意简单明了,恰到好处。享乐产生于富足和兴奋的心灵之间的结合。起初,人们一见到它们的美貌,马上觉得飘飘然,仿佛

没有信仰的人是空虚的废物,没有原则的人是无用的小人。

——[俄]列　宾

插上了翅膀。然而,教育的成功使心灵即使不完全拒绝享乐,也会停下来考虑一下后果,这就等于拨去了享乐的翅膀。这件事极大地增加了缪斯的荣耀,因为哲学如能通过典范让人鄙视享乐,他马上会被认为是崇高的东西,能提升人的灵魂,使人的沉思飞向太空。只有塞壬的母亲没有翅膀,需要步行。毫无疑问,她用于表示轻松的学术,其创作和应用的目的仅仅是提供娱乐。佩特罗尼乌斯① 就推崇这类作品。得到死刑判决的他临死前仍然在寻找自娱的东西。据塔西佗讲,佩特罗尼乌斯从书中寻求慰藉时,读的不是关于如何培养坚毅的诗歌,而是打油诗。如卡图卢斯的诗就是这样:

> 行乐需及时;
> 絮絮老人言,
> 抛之脑后边。②

还有奥维德的诗:

> 让老人去空谈对错吧,让他们
> 用精确的法律天平小心翼翼地把握
> 行动的尺度。③

　　诸如此类的教导似乎旨在把翅膀从缪斯的冠戴上摘下来,还给塞壬。塞壬们据说住在岛屿上,因为享乐常常发生在远离众人的隐蔽地点。至于塞壬的歌声具有致命的特点和变化的技巧,很多人都讲过了,因此勿需赘述。但远远望去堆积如山的白骨有着较深刻的寓意,它表示,前人的灾难虽然显而易见,但并不能阻止后人受到享乐的腐蚀。
　　最后需要提及的是对付灾难的办法,其寓意崇高,极具启发性,但并不费解。寓言中共有三种方法对付这样一个诡计多端残暴十足的灾难:两个来自于哲学,另一个来自于宗教。第一种逃脱的方法是从开始就努力避免接触所有可能引诱心灵的场合,也就是用蜡封住耳朵。对于诸如尤利西斯的船员之类的普通人,这是唯一逃避灾难的办法。但是,崇高的心灵如果具备坚强的决心,可以进入享乐中间。不但如此,他们还会乐意让自己的美德经受更加严峻的考验。

---

①佩特罗尼乌斯(? ~66),古罗马喜剧作家。
②卡图卢斯,《挽歌》第五首。
③奥维德,《变形记》卷九,五百五十行。

由于是旁观者而不是信徒，他们还能够洞悉享乐的愚蠢和疯狂。所罗门曾列举了他周围大量的享乐现象，最后，他谈到自己时也提到了这一点："但我仍然保持了我的智慧。"因此，此类的英雄人物在无与伦比的诱惑面前也会稳如泰山，在险峻的享乐路上也会克制住自己，但前提是他们要以尤利西斯为榜样，不要听从他们追随者有害的建议和奉承，后者最能动摇和扰乱心灵。但在三种方法中，俄耳甫斯的方法从各个方面讲都是最佳的。俄耳甫斯歌颂诸神，扰乱了塞壬的歌声，使心灵不受到她们的干扰，这是因为沉思神性事物要比感官享受更有力更甜美。

人生的乐趣何在

○ 范旭东

范旭东 (1883～1945)　　原名源让，字明俊。湖南湘阴人。中国化工业企业家。日本东京帝国大学毕业。一九一四年起先后开办久大盐业公司、永利制碱公司和黄海化学工业研究社。曾任中国化学学会会长、国民参政会参政员。

我辈是个为着衣食忙的人，每天睁开眼睛就是这样那样的忙，忙到吃饭的时候吃饭，忙到睡觉的时候睡觉。当那枪炮打得烟雾尘天的时候，我辈一边掩着耳朵避着它，一边还是低着头，忍着气地干。天下太平了吧，也是它太平它的，好歹轮不到我辈的头上来；所以还是照老法子尽气力卖。一年三百六十五天，十年三千六百五十天，老是没有变过花样。人生！人生！！乐趣！乐趣！！不谈起，倒不理会，谈起来，也真是令人百感交集啊！

我辈相信自有人类以来，无论人种的颜色是黄是白，或是黑是棕，时代是今是古，必有许许多多自命为圣贤为英豪的人们，对于人生下了无穷的解说或主张。我辈略识之无，是绝对没有直接研究这种解说或主张的智慧。他解说得好不好或主张得对不对，也完全无从揣测。有时无意中虽得到些残篇断简，报

一个能思想的人，才真是一个力量无边的人。

——[法]巴尔扎克

纸杂志也无系统的记载，究竟不敢就据这微乎其微的见闻，去妄加评判一句。勉勉强强麻着胆子说起来，我辈总觉得从前所谓古圣先贤对于人生所下的解说或主张，多少都不免带些他自身所处环境的色彩和反应。实在的例我辈本来也举不出多少，举出来也很没趣，所以我辈觉得与其在古坟里面或是洋货铺里去寻我辈自己的人生观，不如自己向自己求的来得切实，来得自然啊。

　　既然如此，我就想到我辈对于人生应该持如何一种态度呢？这真是一个问题，要答复出来却很不容易。但是每个人在那黄土一天没有铺上身来，就得匀出一小小的功夫，回顾回顾，也是很有趣的。最难的，第一，我辈自己没有学识，寻不出好路径。第二，我辈又不甘心对于古往今来的解说或主张不怀疑。第三，现在我辈的环境又真是凌乱，真是叫人无人生之乐；如果勉强解说或主张出来，恐怕不出"诉苦"两字的范围，那又有什么意思呢？现在的我辈，好像黑夜里坐着一只（艘）破船，在狂风巨浪中漂荡似的。前途既没有灯塔指导，水底下又有无数的暗礁，处处使我辈受危险的胁迫；不过既上了船，只好任它去漂，想要决定一种态度，也实在是不容易。

　　我辈今日既然还能够做事吃饭睡觉，不管这船是整是破，好歹还是活着；既然活着，我想最要紧的就是愉快地活，对于前途抱无限的"希望"。解脱环境不惬意的压迫。我辈对于人生觉得无可乐观，也毋庸悲观。受社会的贡献，同时还贡献给社会。各尽各的能，各逐各的生，把希望当做勇气的来源，排除万难的武器；所以一年三百六十五天地干，精神上倒是很安闲，人生乐趣，或者就在这里啊。

永恒的人生箴言

你们要通过那条窄门，因为通向地狱之门是宽的，路是平坦的，众多的人走的都是这条路。但是，那生命之门却是狭窄的，道路也是艰难坎坷的，只有少数人才能找到这条路。

论 人 生

○ [古希腊] 伊壁鸠鲁

伊壁鸠鲁(前341～前270) 古希腊哲学家。继承、修正和发展了德谟克里特的哲学。他在自己的花园里办学,由此被称为花园学派。其著作多达三百多卷,重要的有《论自然》、《准则学》、《论生活》和《论目的》等,但多已亡佚,现存的只有三封书信和一些残篇。

1.幸福和不朽的存在者自己不多事,也不给别人带去操劳,因此他不会感到愤怒和偏爱,所有这些情绪都是软弱者才有的。①

2.死与我们无关。因为身体消解为原子后就不再有感觉,而不再有感觉的东西与我们毫无关系。

3.快乐增长的上限是所有的痛苦的除去。当快乐存在时,身体就没有痛苦,心灵,也没有悲伤,或者二者都不会有。

4.持续的痛苦在身体中不会存在很久,相反,极度的痛苦只会短暂地存在。那种几乎压倒快乐感觉的剧烈身体疼痛不会持续许多天,久病的人甚至有可能感到远远超过痛苦的身体快乐。

5.快乐的生活离不开理智、美好和正义的生活;理智、美好和正义的生活也离不开快乐。如果缺乏了其中的一样,比如缺乏了理智,那么虽然一个人还过着美好和正义的生活,他已经不可能过上快乐的生活。

6.任何能够帮助达到获得免除他人威胁的安全感的目的的手段,都被看做是自然的好(以及最源初的、首要的好)。

7.有些人追求名望,认为这可以带来免除他人威胁的安全感。如果这些人的生活当真是安全的,那么他们就获得了自然的好;但是,如果他们并不感到

---

① 伊壁鸠鲁在其他地方还说:神只有靠理性才能认识:诸神有的可以分开,有的是由于同样的影像的连续不断地朝着一个地方流射,结果在哪儿聚集出人形。——第欧根尼·拉尔修注。

人为什么活着——全球 139 位大师的答案

安全,那么他们就没有获得自然本性推动他们去追求的目的。

8.没有任何快乐本身是坏的,但是某些享乐的事会带来比快乐大许多倍的烦恼。

9.如果所有的快乐都可以累积起来,那么在重复了一段时间之后,整个人体或至少其主要部位就感受不出各种快乐之间的差别了。

10.如果带来放荡快乐的东西真的能够解除内心对于天象的、死亡的和痛苦的恐惧,如果它们能够教导人明白欲望的界限,那么我们也就看不出有什么指责他们的必要了,因为他们沉醉在一片快乐中,一点也不感到身体的痛苦和心灵的悲伤(这些就是恶)。

11.如果天空中的怪异景象不会使我们惊恐,死亡不令我们烦恼,而且我们能够认识到痛苦和欲望是有界限的,我们就根本不需要自然科学了。

12.如果不清楚地认识整个自然,一个人就不能在最关键的事情上消除恐惧,就会生活在神话造成的惧怕中。所以,如果没有自然科学的话,就不能获得纯净的快乐。

13.如果我们害怕天上和地下的事情,或一般来说无限宇宙中的任何事情,那么我们即使获得了免除他人威胁的安全感,又有何益?

14.一个人如果获得了免除他人威胁的安全感,那么,在充分的支持和优裕财富的基础上,他可以获得远离人群而宁静独处的真正安全感。

15.自然的财富是有限度的和容易获得的,虚幻的意见所看重的财富却永无止境,永远无法把握。

16.厄运很少能击垮贤人,因为理性的过去、现在和将来都一直指导他追求生活中真正重大的目标。

17.正义的人是心灵最为宁静的人;不正义的人心里充满了惊恐。

18.当身体由于匮乏而产生的痛苦全都被消除了以后,身体的快乐就再也不会增长了,只能在种类上变换花样。至于心灵快乐的界限,乃是通过反思那些引起心灵极大恐惧的东西和类似的东西而达到的。

19.无限的时间与有限的时间所具有的快乐是一样的,如果一个人知道用理性来量度快乐的界限的话。

20.肉身以为快乐的界限是无限,并且认为快乐需要无限的时间。可是心灵用理性的思考来确定肉身的目的和界限,去掉人对于未来的恐惧,使人获得圆满的生活,因此再也不需要无穷的时间。不过,这样的人也不回避快乐。即使在外部环境把他带到死亡面前时,他也不缺乏对最好的生活的享受。

21.知道好的生活的限度的人,也知道由于匮乏而来的身体痛苦是容易消

清贫、洁白朴素的生活,正是我们革命者能够战胜许多困难的地方!

——方志敏

除的,完满的生活是容易达到的,所以他不需要那些必须通过苦苦争斗才能获得的东西。

22.我们应当仔细考虑那些实在的目的和清楚明白的事实,所有的意见都应当用它们来检验。否则的话,一切都会混乱难断,充满了纷扰。

23.如果一个人反对所有的感觉,那他就没有任何可以据以判定错误的标准了,他甚至无法说哪些判断是错误。

24.如果一个人排斥所有的感觉,如果他不区分有待证明的意见和已经被感觉、感受以及心灵的直观所把握了的呈现,那就会由于愚蠢的意见而把其他感觉也都混起来,结果丢掉了一切标准。另一方面,如果一个人仓促接受思想中那些尚待证实的东西和没有被证实的东西,那么他还是无法避开错误;因为那样的话,他在分辨对错时就会模棱两可、无法评判。

25.如果一个人不是在一切行为中都依据自然的目的,而是在追求或规避中偏离到其他方向上去了,那么,这个人的行为就与他的信念不一致。

26.那些没有满足也不会导致痛苦的欲望,就不是必要的。那样的欲求是容易去掉的。而且这类欲望的满足很难或是满足后会带来伤害。

27.在智慧给整个一生的幸福带来的各种帮助中,最大的是获得友谊。

28.使我们坚信可怕的事情不会永远持续,甚至不会持续很久的同一个信念,也让我们相信,在我们的有限的生活中,友谊最有助于增强安全感。

29.在所有的欲望中,有的是自然的和必要的,有的是自然的但不是必要的;有的既不是自然的也不是必要的,而是由于虚幻的意见产生的。①

30.在那些自然的欲望中,有的是即使满足不了也不会导致痛苦的。尽管这种欲望的对象被人热切地追求,也不过是由虚幻的意见所产生。如果它们很难消除掉,这不是因为它们自身的本性,而是因为人类的空洞意见。

31.自然正义是人们就行为后果所作的一种相互承诺——不伤害别人,也不受别人的伤害。

32.对那些无法就彼此互不伤害而相互订立契约的动物来说,无所谓正义与不正义。同样,对于那些不能或不愿就彼此互不伤害订立契约的民族来说,情况也是如此。

33.没有自在的正义(绝对的正义),有的只是在人们的相互交往中在某个地方、某个时候就互不侵犯而订立的协议。

---

①伊壁鸠鲁认为,自然的和必然的欲望是去除痛苦的,比如渴的时候想要喝水;自然的但不是必然的欲望只不过是种类变化的快乐,而不是为了去除痛苦的,比如奢侈的宴饮。那些既不是自然的也不是必然的欲望的例子是:戴上王冠,被竖立雕像。——第欧根尼·拉尔修注。

34.不正义并非本身就是恶(自在的恶),它的恶在于焦虑地害怕被奉命惩罚不正义的官员所抓住。

35. 任何人都不能在隐秘地破坏了互不伤害的社会契约之后确信自己能够躲避惩罚,尽管他已经逃避了一千次。因为他直到临终时都不能确定是否不会被人发觉。

36.一般地说,正义对于所有的人都是一样的,都是指在交往中给彼此带来益处。然而就其在某地某时的具体应用而言,同一件事情是否正义,就因人而异了。

37.一个法律如果被证明有益于人们的相互间交往,就是正义的法律,它具有正义的品格,无论它是否对于所有的人一样。相反,如果立了一个法,却不能证明有益于人们的相互交往,那就不能说它具有正义的本性。如果法律带来的益处后来发生变化了,如果它只在一段时间里与正义概念相和谐,那么这个法律在当时还是正义的,只要我们在看待这些事情时不被空洞的名词所困惑,直面事情本身。

38.在环境没有变化时,如果现行法律从其运作后果上看与正义概念不一致了,那么这个法律就是不正义的。如果环境变了,同样的法律不再能产生同样的正义后果了,那么,当它还有益于公民的相互交往时,它还是正义的;但是当它后来不再有利时,就不是正义的了。

39.那些知道如何最佳地防范外在威胁的人,能够尽量待人如己;如果他实在无法把有些人视为一体,至少也可以不视为异己:如果连这也做不到,他可以不和他们交往。只要方便,他就与他们保持距离。

40.那些最能够获得免除邻人威胁的安全的人,也是那些满怀信任与别人融洽相处的人。不过,尽管他们享受着充分的亲密友谊,当朋友中有人早逝时,他们也不会为之悲哭,好像这是什么值得悲痛的事情似的。

理想的人物不仅要在物质需要的满足上,还要在精神旨趣的满足上得到表现。

——[德]黑格尔

智慧人生隽语

○ [西班牙] 巴尔塔沙·葛拉西安

巴尔塔沙·葛拉西安 (1601～1658) 西班牙人,中世纪一个满怀入世热忱的耶稣会教士。著有《智慧书》、《政治家》、《诗之才艺》等,其中《智慧书》被许多欧洲学者誉为"具有永恒价值的三大处世智慧奇书之一"。

明智的人量度其生命,既求一时,也寄千秋。没有休息的人生,就像整日旅途劳顿,而不得休息……自然很细心,使人的生活配合太阳同行,将人生四段岁月比喻成一年四季。

春天始于童年,处处芳菲柔条,带着使人迷幻的小小希望。

然后是灼烈的青春之夏,热血奔腾,壮怀激烈,险象环生。

春华所期,是成熟的秋天,带来判断力、人生经验与成功的果实。

直至老年之冬,处处冰寒,一切结束。英勇的叶子逐一凋坠,华发似雪,血管众流封冻,齿毛失落,生命面临死亡而颤抖。这就是季节与人生的结合。

十六世纪西班牙瓦伦西亚的伟大诗人法尔科曾这样解释:人生有三十年是属于自己的,可以自求其乐;三十年借自骡子,用以工作;二十年向狗借来,用以吼叫;另外二十年借自猴子,圆滑而无功。这真是一个充满真理的上好寓言。

人生就像一出三幕戏剧。第一幕,与死者说话;第二幕,与生者交流;第三幕,与自己谈心。

我们来试解此谜。

他将人生三分之一专用于阅读书籍,这样的事情可比操劳快乐得多。百业上品,莫如学问。他吞书噬籍,这是灵魂的滋养,精神的嬉戏。在各种知识学问上与古今精华人物相游,是何等幸福!值得高贵心灵学习的,他无一不学,与那些为工作所役的人大异其趣。

他不惜苦功，精研语言，拉丁文与西班牙文这两种通行天下的语言，在今天(十六世纪)是打开世界之门的钥匙；兼及希腊文、意大利文、法文、英文与德文，他乐享其中许多不朽之作。

其次，他用心于伟大的生命之母、悟识的配偶、经验的女儿、寓教于乐的艺术、历史。他与一般人相反，始于古人，终于今史，本国史与外国史并治，圣俗兼综，细加拣择，评价作者，区辨时代、时期、世纪，纵观王朝、共和国及帝国，研究其盛衰与变迁，以及王侯之数目、品质，探究战争与和平的根源。凡此种种，博阅而强记，他仿佛成为再现古代艺术、历史文化的百科全书。

他漫步于诗国赏心悦目的园地，游之习之。他遍读伟大诗人之作。以其名句提炼机锋，以其智慧充实识鉴。除研读诗歌之外，他还细究其余人文支脉，以丰富学识。

他续及哲学，而由自然哲学入手，探究事物的原因，宇宙的构成，人体的雅美与繁富，动物的特性，药草的妙用，以至宝石的品质。他更乐于研究道德哲学，这是人性不渝者的滋养圣品，能为生命带来智慧，他从贤者与哲人的箴言、警句、寓言中追求智慧。他是柏拉图的热情读者，并且嗜读希腊七圣哲、伊庇克理特斯、普鲁塔克①的著作。此外，他也不菲薄那位有用又可喜的伊索。

他研究宇宙志，兼及其物理与数学层次，量洲陆，测海洋，辨识地方与气候；宇宙的四大部，其中的区域与民族、王国与共和国，有的知之即止，有的深入而能谈论，以免被视同庸俗之列；庸俗的人或因无知，或因怠惰，从来不知自己立足何处。

他依智慧允许的程度，涉猎占星。他辨认天体，留意星体运动，计数恒星与行星，观察其影响与作用。

他笃于实学之外，勤习《圣经》，《圣经》是最有益、最丰富的读物，天下君王中的不死鸟——大阿芳索特喜嗜读，他于日理万机，英雄事业之中，将整部《圣经》读过十四遍。

他因此而博涉多才：道德哲学使他明慎；自然科学使他明智；历史使他谨慎；诗使他富有机趣；修辞使他善于雄辩；人文学科使他明裁识辨；宇宙志使他多知；圣经使他敬天爱人。整个合起来，成为一个圆成之人。这是他人生的第一幕。

第二幕是游历。在富有好奇心与观察力的人之间游走，这也是人生至乐。他遍搜并乐享世上一切美好事物，因为要充分享受事物，必须亲眼见识，不能只凭想象。只见一次，乐趣又大于惯见其物。乐趣往往因多见而丧失：第一天，

---

① 普鲁塔克：希腊诗人。

芸芸众生，孰不爱生？爱生之极，进而爱群。

——秋　瑾

此物令其主人心喜,此后,只会给别人带来惊奇。

他转遍了整个宇宙,信步行走于众多的政治区域:富裕的西班牙,勇敢的波兰,悦目的俄罗斯,以及集以上于一身的意大利。他欣赏它们最著名的集会场所,在各城市寻访古今一切高贵事物:宏伟的寺庙、华丽的建筑、有为的政府、明智的居民、光鲜的贵族、饱学的学者、雅致的行为。

他出入名士王侯的家,观赏绘画、雕刻、织锦、图书、珠宝、徽章、林园及博物馆,各方面天然与人为造就的非凡杰作。

他与世上文、武、艺界一流及精华人物相交,凡有优异之处,莫不鉴赏以明达之心评点、议论、比较,给予确当评价。

人生第三幕——最佳、最伟大一幕——沉思所读所见。从感官之门进入的一切,都必须经过"理解"这道关,在此接受检验。他细思、判断、推理、推敲,抽取事物的本质。他已经吞下全部的所读所见,如今反刍,细析养分,深探真理,以便他的精神灵性进一步获得精纯智慧的滋养。

成熟的年龄,命定适于静观,因为肉体力量渐退之际,是灵魂力量渐长之时。我们下劣部分渐衰之时,是优上部分渐强之际。人到成熟,见事迥别,因为理智与情绪火候正宜,我们经常可以明慎回顾,将青年时代只窥一隙之事,看个充分。

眼见使人多知识,静观使人多智慧。先哲都是先以双目双足探索,然后以心智重新探究,哲人所以难得,正由此理。慎思明辨之极致,是以哲眼观世,如那细心的蜜蜂,从事物之中或者吸取有用的蜜液与精华品味,或者吸取作为醒妄去幻的蜡烛。哲学本身无非是对死亡的沉思:人终归一死,必须常存于心,以善其死。

自然与人生(六则)

○ [日] 德富芦花

德富芦花(1868~1927) 原名健次郎,笔名芦花。日本小说家。做过记者,信奉基督教,向往资产阶级的自由、平等、博爱,受托尔斯泰的影响很深。代表作有长篇小说《不如归》、《黑潮》。还写有评论、随笔等。晚期创作带有神秘主义色彩和绝望情绪。

晨 霜

我爱晨霜。因为它凛然、纯洁,因为它是朗朗晴日的使者。

清美者要首推白霜衬托着的朝阳。

某年十二月末的一个早晨,我路过大船户家附近。这是一个罕见的降霜之晨,田地里,房屋上,到处都好像是下了一层薄雪,连村庄附近的竹丛、常青树等也都是一色银白。

不一会儿,东方的天空透出了金色,呆呆旭日冉冉升起,没有一丝一缕云彩的搅扰。亿万条金线普照着田野人家。晨霜皎洁,仿佛是银河光芒闪烁。人家、树丛、田地及中央堆放的稻草,乃至从地面抬起的只有几寸的草鞋,所有的一切都向着太阳,只有背光的地方呈着紫色。目之所及,无不是白光紫影,在紫影中晨霜逐渐显得朦胧,大地全部变成了紫色的水晶块。

有一位农夫,在晨霜的原野正中烧着稻草。青烟径直而上,继而扩散开去,遮蔽了阳光。青烟所到之处随即变成了白金色,然后又渐渐变浓,最终,那青烟也染上了淡淡的紫色。

从此以后,我爱晨霜之情便与日俱深。

世间的活动,缺点虽多,但仍是美好的。

——[法]罗 丹

檐　沟

雨后。庭院里樱花零落,其状如雪,片片点点,漂浮在檐沟里。

莫道檐沟清浅,却把整个碧空抱在怀里。

莫道檐沟窄小,蓝天映照其中,落花点点漂浮。从这里可以窥见樱树的倒影,可以看到水底泥土的颜色,三只白鸡走来,红冠摇荡,俯啄仰饮。它们的影子也映在水里。嬉戏相欢,怡然共栖。

相形之下,人类自身的世界又是多么褊狭。

春天的悲哀

野外漫步,仰望迷离的天空,闻着花草的清香,倾听流水缓缓歌唱。暖风徐徐,迎面吹来。忽然,心中泛起难堪的怀恋之情。刚想捕捉,旋即消泯。

我的灵魂不能不仰慕那遥远的天国。

自然界的春天宛若慈母。人同自然融合一体,投身在自然的怀抱里,哀怨有限的人生,仰慕无限的永恒。就是说,一旦投入慈母的胸怀,便会产生一种近乎撒娇的悲哀。

花　月　夜

打开窗户,十六的月亮升上了樱树的梢头。空中碧霞淡淡,白云团团。靠近月亮的,银光进射;离开稍远的,轻柔如棉。

春星迷离地点缀着夜空。茫茫的月色,映在花上。浓密的树枝,锁着月光,黑黝黝连成一片。独有疏朗的一枝,直指月亮,光闪闪的,别有一番风情。淡光薄影,落花点点满庭芳,步行于地宛如走在天上。

向海滨一望,沙洲茫茫,一片银白,不知何处,有人在唱小调儿。

苍苍茫茫的夜晚

最沉静的莫过于收割完麦子后的农家的黄昏。

游览了神武寺,及至傍晚,一个人沿田间小路返回。太阳包裹在苍黑的暮云里落山了。云隙里进射出的一抹火红的残照也随之消失了。田野、村庄、山边,升起了烧麦秸的缕缕青烟,慢慢地散开了。山野、村庄,茫茫苍苍。

　　静立远望,暮云晚山,暗影重合,水田邈远,白烟迷离。望着望着,烧稻草的烟雾从一块水田蔓延到另一块水田。田里一片蛙声。

　　夕阳落,雾霭满,万物消融,恍惚如入无我之境。没有人语,没有杂声,没有灯影。

　　唯有苍苍茫茫,茫茫苍苍。

　　多么幽寂的夜晚!

　　独立黄昏,侧耳倾听,只有咯咯吱吱的蛙鸣。

寒　树

　　细雪纷飞,雪霁,日出。冷气逼人。北风刺肤,终日不歇。

　　日暮,天紫。高大的榉树木叶尽脱,树干坚硬,如老将铮铮铁骨。树梢高渺,千万枝条像细丝一般纵横交错,揶揄着紫色的天空。仿佛严寒侵凌着每一根筋骨。头上有苍茫的月。天空像结了冰一般。

人　生　论

○鲁　迅

　　鲁迅(1881～1936)　原名周树人,浙江绍兴人。中国现代伟大的文学家、思想家和革命家,新文学运动的奠基人。一九一八年首次用鲁迅为笔名发表中国现代文学史上第一篇白话小说《狂人日记》,奠定了新文学运动的基石。著有《阿Q正传》、《呐喊》、《坟》、《彷徨》、《野草》、《朝花夕拾》等。编著《中国小说史略》、《汉文学史纲要》等。

　　人生最苦痛的是梦醒了无路可以走。做梦的人是幸福的;倘若没有看出可走的路,最要紧的是不要去惊醒他。你看,唐朝的诗人李贺,不是困顿了一世的么?而他临死的时候,却对他的母亲说:"阿妈,上帝造成了白玉楼,叫我做文章

人只有献身于社会,才能找出那短暂而有风险的生命的意义。

——[美]爱因斯坦

落成去了。"这岂非明明是一个谎，一个梦？然而一个小的和一个老的，一个死的和一个活的，死的高兴地死去，活的放心地活着。说谎和做梦，在这些时候便见得伟大。所以我想，假使寻不出路，我们所要的倒是梦。

但是，万不可做将来的梦。阿尔志跋绥夫曾经借了他所做的小说，质问过梦想将来的黄金世界的理想家，因为要造那世界，先唤起许多人们来受苦。他说："你们将黄金世界预约给他们的子孙了，可是有什么给他们自己呢？"有是有的，就是将来的希望。但代价也太大了，为了这希望，要使人练敏了感觉来更深切地感到自己的苦痛，叫起灵魂来目睹他自己的腐烂的尸骸。唯有说谎和做梦，这些时候便见得伟大。所以我想，假使寻不出路，我们所要的就是梦；但不要将来的梦，只要目前的梦。

天下事尽有小作为比大作为更烦难的。譬如现在似的冬天，我们只有这一件棉袄，然而必须救助一个将要冻死的苦人，否则便需坐在菩提树下冥想普度一切人类的方法去。普度一切人类和救活一人，大小实在相去太远了，然而倘叫我挑选，我就立刻到菩提树下去坐着，因为免得脱下唯一的棉袄来冻杀自己。

人们因为能忘却，所以自己能渐渐地脱离了受过的苦痛，也因为能忘却，所以往往照样地再犯前人的错误。被虐待的儿媳做了婆婆，仍然虐待儿媳；嫌恶学生的官吏，每是先前痛骂官吏的学生；现在压迫子女的，有时也就是十年前的家庭革命者。这也许与年龄和地位都有关系吧，但记性不佳也是一个很大的原因。救济法就是各人去买一本 notebook 来，将自己现在的思想举动都记上，作为将来年龄和地位都改变了之后的参考。假如憎恶孩子要到公园去的时候，取来一翻，看见上面有一条道，"我想到中央公园去"，那就即刻心平气和了。别的事也一样。

无论从哪里来的，只要是食物，壮健者大抵就无需思索，承认是吃的东西。唯有衰病的，却总常想到害胃，伤身，特有许多禁条，许多避忌；还有一大套比较利害而终于不得要领的理由，例如吃固无妨，而不吃尤稳，食之或当有益，然究以不吃为宜云云之类。但这一类人物总要日见其衰弱的，因为他终日战战兢兢，自己先已失了活气了。

"犯而不较"是恕道，"以眼还眼，以牙还牙"是直道。中国最多的却是枉道：不打落水狗，反被狗咬了。但是，这其实是老实人自己讨苦吃。

俗话说："忠厚是无用的别名"，也许太刻薄一点罢，但仔细想来，却也觉得并非唆人作恶之谈，乃是归纳了许多苦楚的经历之后的警句。譬如不打落水狗说，其成因大概有二：一是无力打，二是比例错。前者且勿论，后者的大错就又有二:一是误将塌台人物和落水狗齐观,二是不辨塌台人物又有好有坏。于是视同一律,结果反成为纵恶。

现在的社会,分不清理想与妄想的区别。再过几时,还要分不清"做不到"与"不肯做到"的区别,要将扫除庭院与劈开地球混作一谈。理想家说,这花园有秽气,须得扫除——到那时候,说这宗话的人,也要算在理想党里——他却说道,他们从来在此小便,如何扫除? 万万不能,也断乎不可!

那时候,只要从来如此,便是宝贝。即使无名肿毒,倘若生在中国人身上,也便"红肿之处,艳若桃花;溃烂之时,美如乳酪"。国粹所在,妙不可言。

做了人类想成仙,生在地上要上天,明明是现代人,吸着现在的空气,却偏要勒派朽腐的名教,僵死的语言,侮蔑尽现在,这都是"现在的屠杀者"。杀了"现在",也便杀了"将来"——将来是子孙的时代。

暴君治下的臣民,大抵比暴君更暴;暴君的暴政,时常还不能餍足暴君治下的臣民的欲望。

中国不要提了。在外国举一个例:小事件则如 Gogol 的剧本《按察使》,众人都禁止他,俄皇却准开演;大事件则如巡抚想放耶稣,众人却要求将他钉上十字架。

暴君的臣民,只愿暴政暴在他人的头上,他却看着高兴,拿"残酷"做娱乐,拿"他人的苦"做赏玩,做慰安。

自己的本领只是"幸免"。

从"幸免"里又选出牺牲,供给暴君治下的臣民的渴血的欲望,但谁也不明白。死的说"啊呀",活的高兴着。

人们有泪,比动物进化,但即此有泪,也就是不进化,正如已经只有盲肠,比鸟类进化,而究竟还有盲肠,终不能很算进化一样。凡这些,不但是无用的赘物,还要使其人达到无谓的灭亡。

现今的人们还以眼泪赠答,并且以这为最上的赠品,因为他此外一无所有。无泪的人则以血赠答,但又个个拒绝别人的血。

人大抵不愿意爱人下泪。但临死之际,可能也不愿意爱人为你下泪么? 无泪的人无论何时,都不愿意爱人下泪,并且连血也不要:他拒绝一切为他的哭泣和灭亡。

人被杀于万众聚观之中,比被杀在"人不知鬼不觉"的地方快活,因为他可以妄想,博得观众中的或人的眼泪。但是,无泪的人无论被杀在什么所在,于他并无不同。

杀了无泪的人,一定连血也不见。爱人不觉他被杀之惨,仇人也终于得不

生活就是战斗。
——[俄]柯罗连科

到杀他之乐；这是他的报恩和复仇。

死于敌手的锋刃，不足悲苦；死于不知何来的暗器，却是悲苦。但最悲苦的是死于慈母或爱人误进的毒药，战友乱发的流弹，病菌的并无恶意的侵入，不是我自己制定的死刑。

仰慕往古的，回往古去吧！想出世的，快出世吧！想上天的，快上天吧！灵魂要离开肉体的，赶快离开吧！现在的地上，应该是执著现在，执著地上的人们居住的。

但厌恶现世的人们还住着。这都是现世的仇雠，他们一日存在，现世即一日不能得救。

先前，也曾有些愿意活在现世而不得的人们，沉默过了，呻吟过了，叹息过了，哭泣过了，哀求过了，但仍然愿意活在现世而不得，因为他们忘却了愤怒。

勇者愤怒，抽刃向更强者；怯者愤怒，却抽刃向更弱者。不可救药的民族中，一定有许多英雄，专向孩子们瞪眼。这些屠头们！

孩子们在瞪眼中长大了，又向别的孩子们瞪眼，并且想：他们一生都生活在愤怒中。因为愤怒只是如此，所以他们要愤怒一生，而且还要愤怒二世、三世、四世以至末世。

夏天近了，将有三虫：蚤、蚊、蝇。

假如有谁提出一个问题，问我三者之中，最爱什么，而且非爱一个不可，又不准像"青年必读书"那样的缴白卷的。我便只得回答道：跳蚤。

跳蚤的来吮血，虽然可恶，而一声不响地就是一口，何等直截爽快。蚊子便不然了，一针叮进皮肤，自然还可以算得有点彻底的，但当未叮之前，要哼哼地发一篇大议论，却使人觉得讨厌。如果所哼的是在说明人血应该给它充饥的理由，那可更讨厌了，幸而我不懂。

约翰弥耳说："专制使人们变成冷嘲。"我们却天下太平，连冷嘲也没有。我想：暴君的专制使人们变成冷嘲，愚民的专制使人们变成死相。大家渐渐死下去，而自己反以为卫道有效，这才渐近于正经的活人。

世上如果还有真要活下去的人们，就先该敢说、敢笑、敢哭、敢怒、敢骂、敢打，在这可诅咒的地方击退了可诅咒的时代！

现在，从读书以至"寻异性朋友讲情话"，似乎都为有些有志者所诟病了。但我想，责人太严，也正是"五分热"的一个病源。譬如自己要择定一种口号——例如不买英日货——来履行，与其不饮不食的履行七日或痛哭流涕的履行一月，倒不如也看书也履行至五年，或者也看戏也履行至十年，或者也寻异性朋友也履行至五十年，或者也讲情话也履行至一百年。记得韩非子曾经教人以竞马的要妙,其一是"不耻最后"。即使慢,驰而不息,纵令落后,纵令失败,但一定可以达到他所向往的目标。

预言者,即先觉,每为故国所不容,也每受同时人的迫害,大人物也时常这样。他要得人们的恭维赞叹时,必然死掉,或者沉默,或者不在面前。

总而言之,第一要难于质证。

如果孔丘、释迦、耶稣基督还活着,那些教徒难免要恐慌。对于他们的行为,真不知道教主先生要怎样慨叹。

所以,如果活着,只得迫害他。

待到伟大的人物成为化石,人们都称他伟人时,他已经变成傀儡了。

有一流人之所谓伟大与渺小,是指他可给自己利用的效果的大小而言。

人们的苦痛是不容易相通的。因为不易相通,杀人者便以杀人为唯一要道,甚至于还当做快乐。然而也因为不容易相通,所以杀人者所显示的"死之恐怖",仍然不能够儆戒后来,使人民永远变做牛马。历史上所记的关于改革的事,总是先仆后继者,大部分自然是由于公义,但人们的未经"死之恐怖",即不容易为"死之恐怖"所慑,我以为也是一个很大的原因。

真的猛士,敢于直面惨淡的人生,敢于正视淋漓的鲜血。这是怎样的哀痛者和幸福者? 然而造化又常常为庸人设计,以时间的流逝,来洗涤旧迹,仅使留下淡红的血色和微漠的悲哀。在这淡红的血色和微漠的悲哀中,又给人暂得偷生,维持着这似人非人的世界。

我们总是中国人,我们总要遇见中国事,但我们不是中国式的破坏者,所以我们是过着受破坏了又修补, 修补了又破坏的生活。我们的许多寿命白费了。我们所可以自慰的,想来想去,也还是所谓对于将来的希望。希望是附丽于存在的,有存在,便有希望,有希望,便是光明。如果历史学家的话不是诳话,则世界上的事物可还没有因为黑暗而长存的先例。黑暗只能附丽于渐就灭亡的事物,一灭亡,黑暗也就一同灭亡了,它不永久。然而将来是永远要有的,并且总要光明起来;只要不做黑暗的附着物,为光明而灭亡,则我们一定有悠久的将来,而且一定是光明的将来。

沉沉的黑夜都是白天的前奏。

——郭小川

人 生 箴 言 （节选）

○ [日] 池田大作

池田大作　一九二八年生。日本创价学会名誉会长、国际创价学会会长。被誉为世界著名的佛教思想家、哲学家、教育家、社会活动家、作家、桂冠诗人、摄影家、世界文化名人，国际人道主义者。一九八三年获联合国奖，一九九九年获爱因斯坦和平奖。在中国获得中日文化交流贡献奖等若干奖项。

对于人来说，重要的一点是是否拥有可以回归的大地和原点。人生有苦恼，有困境。正因为如此，人生也有妙味乐趣。总之，在即将丧失自我的时候，重要的是要有一个把自己摆在应有的位置上的坐标轴。

要有战胜自己的勇气。人这种生物，关系到自己的时候，往往是姑息的、软弱的。平常可以说一些坚强的话，可是一旦轮到自己的时候，所说的话往往一半也不能实行。好事作为自己的功劳，坏事归之于他人的过错——恐怕谁都有这样丑恶的一面。能战胜这种软弱的自己、丑恶的自己，才称得上有最大的勇气。

对自己应当做的事，要燃烧起满怀热情。对现在应当做的事不全力以赴的人，没有资格谈论未来。只有切实地站稳脚跟，才会有接着的大飞跃。

我们说没有独自一个人的人，并不是说要经常介意他人的生活方式，而是说对自己要有客观的眼光，对他人要站在他人的立场来考虑问题。这样就会产生同情和关怀，就会培养起广阔的心胸。

"老"的美、老而美——这恐怕是比人生的任何时期的美都要尊贵的美。老年或晚年是人生的秋天。要说它的美，我觉得那是一种霜叶的美。从这一意义来说，青春的美，也许可以比喻为绿叶的闪耀。当然，这种耀眼的美确实是无与伦比的。但也许由于它嫩而显得有点浅，令人担心它一旦失去这种美，就会立即脆弱地枯朽死去——起码是有这种可能性。相比之下，老年的美包含着一种深度。

真正的人的伟大是什么呢?尊贵是什么呢?不是"有名"这两个字,也不是权力或财富。是作为一个人是否有着最完美的人生。我相信这就是人的价值。是生老病死的苦恼的循环,还是能发现在那里生活的力量和尊贵?我觉得这种人性的明暗是与它紧密相连的。

当把目光集中于"人的自我完成"这一点时,显然就会从为外形的差异而忽喜忽忧的浮萍似的人生,转向脚踏实地的牢固的人生。而具有了这种牢实的人生观时,反而会诞生要打破和变革安逸的使人有不平等感的社会通念的坚强的人。我深信,最重要的是每个人都能健壮地成长为这样的人。

什么是人生的完成呢?归根结底是在于自己作为一个人的完成,在于建立今世乃至永恒的幸福。

人生如梦,但生命是永恒的。所以这一瞬间的生命比任何财宝都宝贵,绝不能让这宝贵的每一瞬间无所作为地度过。

对于人来说,再没有比为使命而生更尊贵的了。不知道为什么而生下来、为什么而活下去的人生,恐怕是最浪费的人生。这里没有使命的自觉,如同毫无目标的彷徨的人生——人往往在这里寻求无常的梦。但是,彷徨只不过在别人看来似乎很有自由,其实对于不得不彷徨的本人来说,那是因为没有生的基地,每天都为明天而担忧,为心灵的空虚而苦恼。没有使命的人生就如同是彷徨的人生。

人生一辈子都是建设。没有建设的人生是失败的人生。

人生如同行路。等待在前方的都是未曾经历的未知的世界,苦劳和危险是不可避免的。人觉悟到这是人生的实相时,首先应当克服绝望。

拼死的生活态度——这无疑是使自己意识到生的充实感的发条。

人能把人生中的一些大事,甚至像画似的仔细记住当时的色调。这种情况大多与自己的生活态度及其带来的后果有着紧密的关系。

就人生的范畴来考虑,即使确实是理想的生活态度,但从更广阔的宇宙的角度来考察,它究竟是否能称得上正确的生活态度,那还是一个极难的问题。而所谓的"命运",也许可以说是基于大宇宙的或生命本源的法则而对行为所作的因果回报。

人生的充实感绝不是仅由物质上的充实来决定的。而是在于在人生的终点回顾过去的一生时,能否说自己没有任何后悔,自己真正付出了自己的力量。

真实是最有力的。充满虚饰的生活,不可能有真正的幸福。好大喜功的人,将来有可能沦落。我认为在真实的生活中诚实地生活是最正确的。要想获得真

充满着欢乐与斗争精神的人们,永远带着欢乐,欢迎雷霆与阳光。

——[英]赫胥黎

正的幸福,那就要真正作为一个人来生活。

被岩石阻挡的树苗,不可能笔直地生长。在温室中培育的花草,虽能迅速地成长,但抵抗风雪的力量弱。在自由自在的气氛中和自然的考验中经受锻炼,对于人来说,也许是最幸福的道路。

为了度过健全的一生,最重要的条件是,怀有豁出自己的一生也不后悔的理想,并为其实现而付出全部的热情。我认为,为社会做贡献,关心人类的未来,并从这里发现自己的生活意义和使命,一心精进,这是胜于任何健身方法的、仅赋予人的特权。

确立内在世界,本来完全是为了生活。如果认为日常的状态埋没于外部世界,那就应当从那里暂时脱离出来。不过,以后还必须再次返回到现实的日常性中去。所谓更好的生活,可以说就是这种内在世界与外部世界不断循环运动的过程。

诚然,人生需要有反省。人不反省就不会提高。但反省如变成自我憎恶,那就没有价值了。反省始终是为了明天的提高。另外,反省如果总是拘泥于过去的事情,从那里拔不出来,这是衰老的表现,不是朝气蓬勃的、今后人生有种种发展可能性的生活态度。

现代人最大的不幸,我认为是没有余裕来冷静地凝视自己本身,主动地把人生当做自己将要创造的作品而与其紧密地联系起来。

一个人在任何的状况下都不抛弃争取某种价值的理想,始终怀着对永恒的向往,坚信团结胜利,这是多么开朗、美好的境界啊!即使在非常悲惨、非常污浊的现实社会中,人性总是拼死地与其斗争,争取能战胜它。如果失去对人性的信赖,文学、历史乃至人作为人的价值和进步,都会变得毫无意义了。

人的生命是受到最大公约数的共同基础的支持,在这个基础上才能发挥每个人的才能和天分。失去了人的本质的基础,什么样的才能都会枯竭,甚至连生存的能力也会衰竭。懂得人的生命的这种本质,那就需要充分地发挥个性,使其适得其所。

使精神青春焕发的支柱,我认为是寻求"伟大的道"的真挚的求道心。我希望自己的人生也是一辈子永远在探究人的生命和创造和平世界的无尽的旅途中奔波。

"要作为一个人精力充沛地生活"——如果把焦点集中到这一点上,外表上的差异就成细枝末节的问题。只有去除了这一切的赤裸裸的人,生命的本来面貌,才能成为决定一个人的价值的唯一标准。

事物都有一个要害。要抓住要害去走人生的道路,去过社会生活。不知道要害,即使努力,大多情况下也是以空转而告终。这么说也许会被误解为善于找窍门。这和找窍门不一样。要害只有做过百分之百的努力和态度严肃认真的人才能领会到的。

尽管像一条小虫似的存在,但人的思考可以包容全宇宙;尽管是刹那间的无常的人生,但人的思索能驰骋于无限的过去与未来。所以我们的一生也可以无限的宽广和永恒。思考和探求人为什么而生,对于人来说,可以说是最大限度地发挥自己的权利和义务。

要永远坚持人生的前进,坚持人生的成长。只有这里才有着青春的朝气,有着作为人的尊贵。在这一过程中,既有成功,也会有失败。但这绝不是整个人生的总决算,也不能决定一个人的价值。成功往往会成为下一次失败的原因;反过来通过智慧和努力,任何失败都可能成为下一个巨大成功的原因。

我希望人生到最后的一瞬间都是不断建设的过程。能不能一辈子始终具有这样的决心,将决定一个人的人生价值。——这么说并不是言过其实。

像没有力量、没有福分的人那样一味地追求虚荣、用矫饰包住自己,这是最痛苦、最愚蠢的悲剧——有时是喜剧——的人生。重要的是不急不躁、不倦不怠,真正切实地努力于自我成长。

有人认为,一天二十四小时,不论你使用什么样的交通工具,怎么到处活动,这二十四小时是不会变的。其实,不论你想在什么地方干什么,唯有自我的"存在"是严肃的。如何来充实这种自我,是和如何充实每一天相关联的,而且这将是能否掌握丰富的人生和社会的关键。我认为方便有利的环境本身并不等于是丰富,如何利用这种方便来充实自己的人生的智慧才会形成丰富。

从统计上看,人的平均寿命确实延长了一些。尽管如此,人生还是不太长的。而且不知什么时候还会因突然的事故而结束了生命。如此看来,也许干脆把人生委之于他人更为轻松一些。但是,具有努力建设、磨炼、完成自我的心情,作为一个人来说,恐怕还是不可缺少的基本。

每天每日都是决战。昨天成功了,不一定今天也会成功;昨天不利,绝不等于今天也会不利。重要的是每一瞬间的实相。其差额的实体将会成为幸福和智慧,成为一生的总决算。

这世界是"娑婆世界",即"忍受的世界"。人生也许可以说本来就是不断的苦劳过程。因而只有通过苦劳来开拓快乐。"苦"和"乐"的总和就是人生。所以不能不意识到是"苦"多还是"乐"多将决定最后的人生。

我希望把值得骄傲的人当做同志、当做朋友、当做先辈、当做后辈。

有着终身的导师,可以说是人生最大的幸福。不论怎样有名,取得怎样的

你若要喜爱你自己的价值,你就得给世界创造价值。

——[德]歌　德

成功,没有导师的人生是寂寞的。

大鹏蹬着大地,即将展翅高飞的那一瞬间,是使出了最大的力量的。飞跃成长的过程,也是突破种种苦恼的障碍的过程。克服了痛苦之后,将会展现出一片令人惊异的广阔的战斗的原野。

既然是人,谁都不免有过错,都会有错误的见解。

但是,错误一旦被人指出时,能否坦率地承认错误,大胆地改正错误,将决定他是进步的人还是保守的人,是善意的人还是恶意的人。

悲伤是一年,高兴也是一年,痛苦是一年,快乐也是一年。一年是不会改变的。我希望是取得进一步成长的高兴的一年。

人生的价值(格言节选)

啊,人生,人生!听人说,不尽如人意的事里就有着自慰,我也几乎相信了这话——不过在屋子里,那最明亮的场所就是倚窗向外眺望的地方——至少我是这样想的。

——[英]白朗宁夫人:致罗伯特·白朗宁

人生总是需要有充实的经验,多方面的经验——我而且深深相信,要是一个诗人同他形形色色的外界生活切断了关系,那他的遭遇是多么悲惨、不利。拿你自己来说吧,你能不能把你自己的成就,看做完全与周围的外来的影响无关,竟会毫无顾虑地说,我从这世上一无所得?你并非直接有所获益,那我知道——可是你一定间接通过了反应的方式获得了好处。不论是什么因素,对你起了作用,就化做了你生命的一部分。不论是什么事物,为你爱也好、恨也好,叫你喜悦也好,让你鄙夷也好,对你起了作用,也就化做了你生命的一部分。

——[英]白朗宁夫人:致罗伯特·白朗宁

长夏之后一定是严寒,青春逝去便是老年,幸福后面定有不幸,反过来也如此;一个人不可能一生都健康愉快,他总要遭到打击,他不可能躲避死亡,即使是亚历山大·马其顿也不例外——所以应当对一切都有思想准备,把一切都当做不可避免的事,不论这将会是多么忧伤。

——[俄]契诃夫:致玛·契诃娃

我以为人们在每一个时期都可以过有趣而且有用的生活。我们应该不虚度一生,应该能够说:"我已经做了我能做的事",人们只能要求我们如此,而且只有这样我们才能有一点快乐。

我也是永远忍耐地向一个极好的目标努力,我知道生命很短促而且很脆弱,知道它不能留下什么,知道别人的看法不同,而且不能保证我的努力自有道理,但是我仍旧如此做。我如此做,无疑地是有使我不得不如此做的原因,正如蚕不得不做茧。那可怜的蚕即使它不能把茧做成,它也须开始,并且仍然那样小心地去工作;而若是它不能完成它的任务,它死了就没有变化,没有报酬。

亲爱的涵娜,我们每人都吐丝做自己的茧罢,不必问原因,不必问结果。

——[法]居里夫人:致涵娜·扎拉伊

你的环境造成你的灰色的人生,倘若你能够自杀亦未始不是脱离这灰色人生之一法。然而这如何做得到呢?人是有求生之天性的,自杀绝不是一件易事。我每听见人家说要自杀,我便笑他是拙笨而自欺,我绝不劝人不自杀,然而能够自杀的人始终很少。你若知道你究竟是不会自杀的,那便你应丢弃此等痴想,还是顺着你求生之天性去奋斗,以改造你的环境才是。人在恶劣环境之中,是不能无悲苦之感的,然亦只有坐着不去与恶劣环境奋斗的人才感觉这种悲苦。惊风骇浪中舟子总比坐客镇定,便因舟子要去应付这种风浪的缘故。所以你要不愿居这悲苦之境,不是去幻想那不可能的自杀,是要去设法应付它,去做一个改革社会国家与打倒帝国主义的人。而且我相信你须得交结一些比较勇敢的朋友,与他们结伴前进。你要在黑暗的广漠之境有些恐怖么?你多找几个勇敢的同行的人,而且一路的呼应,便可以壮你胆气。你若能研究得到一种信念,知道国家社会一定是可以改造的,那譬如你在黑暗中间见了灯光,你的胆气自然更要大了。

——恽代英:致淮阴儿

我在人生的历程上所遭的危害,总要比你多些,可是我是乐观的,随处利用各种环境增加我的力量,补充我自己的聪明。就是说,我有勇气和力量杀得

生活只有在平淡无味的人看来才是空虚而平淡无味的。
——[俄]车尔尼雪夫斯基

进，也杀得出，这样，人生的环境所以总也屈服不了我。

——萧军：致萧红

耐不住长期寂寞的人，也抵不住强烈的繁华的诱惑。那么，想把自己囿于一种单纯的环境里，以求自己的满足，其所得的是狭隘。

人不能在顺境里认识人生，必须在痛苦中、在寂寞里认识这繁华的世界，哪是真的？哪是假的？由此而锻炼出一种明净无尘的心境，才能深刻地体验人生。

——彭柏山：致朱微明

在纷繁的人生中，书本往往如热天里的树林一样：那里有树阴、有凉风、有蝉鸣……使你堕入凉静的、安闲的境界，那时，你会想到人生是多么有意义呀！

我不忘怀于现实的残酷，对未来也不绝望。因为诗史是人写成的，当你从漫漫的长夜，走过崇山峻岭，你会感到恐惧和寂寞；但是，一到黎明，你就会明白自己的伟大。那时孩子坐在你的身边，你可以编写生活之歌，给孩子们歌唱，虽然，孩子们是永远也体验不到我们的心境，但我们听着孩子们歌唱，我们也会微笑了。

——彭柏山：致朱微明

经历一次磨难，一定要在思想上提高一步。以后在作风上也要改善一步。这样才不冤枉。一个人吃苦碰钉子都不要紧，只要吸取教训，所谓人生或社会的教育就是这么回事。

——傅雷：致傅聪

少不更事时，常常自问：

"我要一个怎么样的人生？"

答案自然是有的，但是，人生不是物品，不是心里想要，便能随手揽来。人为的努力固然重要，然而，机缘、际遇等不可预测的因素，却也未能忽视。

我曾为我的人生目标尽过很大努力；在奋斗的过程里，我曾绊倒、曾受伤；当然，我也曾哭泣，曾哀叹，但是，经验告诉我："哭泣和哀叹只会使我跌得更多、伤得更重。"于是，我学会了以"跌倒了便咬着牙站起来，流血了便微笑地拭擦掉"的方式来应付磨难、来渡过难关。

——[新加坡]尤今：人生

生死的意义(格言节选)

真理是难能可贵的东西,诉说真理是令人愉快的事。

我觉得生命之乐无穷,只要感觉自己活着便是莫大的快乐。

世界上大多数人脑子里空空如也,他们是如何生活的呢? 世界上有许多的人——你在街上一定注意到他们——他们是如何生活的呢? 他们清早起来,哪儿来的力气穿衣服呢?

如果我读一本书,这本书使我浑身发冷,多大的火也无法使我暖和过来;我知道那就是诗。如果我切身感觉到仿佛我的头盖被掀掉了,我知道那就是诗。我只有这两种方法辨别诗。还有其他方法吗?

——[美]狄金生

大道本无性,视身苦敝屣;但为气所激,缘悟天人理。噩梦十七年,报仇在来世。神游天地间,可以无愧矣!

——[明]夏完淳:致母亲

身体总是时好时坏,没有头绪,而且竟是逐渐坏下去,不见恢复。需要有很大的毅力,才不至于过早的半途而废。有时候也觉得很悲观,好似前途很黑暗,然而,基本上还能控制自己的感情。生活以及为它而作的斗争和建设十分吸引人,因此我不能自杀。我活着就是因为我永远希望着怎样能再做些工作。

——[苏联]奥斯特洛夫斯基:致达维多娃

我并不觉得死有何痛苦,前我而去者已去,后我而来者会来,生活于此时代,便负有此时代的使命。人生的价值,即以其人对于当时代所做的工作为尺度,生命时值之修短是不成问题的,用不着留恋与悲伤。不过像我无大贡献于此历史阶段而就此消逝,我却有些不甘心了。然而,我这段未完成的工程,自有

必须如蜜蜂一样,采过许多花,才能酿出蜜来。

——鲁　迅

别人来完成,太阳不久出来了,黑暗终归消灭,早死又算得了什么。

——徐玮:遗书

我唯一到现在还稍可自慰的,即是我曾经再三地问过你,你曾经很勇敢地答应我,即使我死了,你还是——并且加倍地为我们的工作努力。唯望你能够践言,把儿女之态的死别的痛苦丢开,把全部的精神,全部爱我的精神,灌注在我们的事业上,不要一刻的懈怠、消极……

——刘愿庵:致妻子

一个人不怕短命而死,只怕死得不是时候,不是地方。中国人很重视死,有的重于泰山,有的轻于鸿毛。为了个人升官发财而活,那是苟且偷生的活,也可以叫做虽生犹死,真比鸿毛还轻。一个人能为了最多数中国民众的利益,为了勤劳大众的利益而死,这是虽死犹生,比泰山还重。人只有一生一死,要生得有意义,死得有价值。

——邓中夏:遗书

青 春 小 语

○ （台湾）罗 兰

罗兰 女,本名靳佩芬。一九一九年生于河北宁河,一九四八年去台湾。著名作家。出版作品包括散文、小说、游记、诗歌、诗论等,其中《罗兰小语》曾经是上世纪八九十年代祖国内地青年热衷的"励志书"。

问问自己,你要得到什么? 你最喜欢最向往的东西是什么? 你先在心里为自己找到答案。也许,你喜欢发财,也许你喜欢发了财以后,为自己弄一片果园;也许你打算出国;也许你想参加高考;也许你想成为音乐家、画家或作家。那么,等你确定了你的目标之后,你会发现生活中有许多项目突然变得有意义起来,而另外又有些项目突然变得不重要起来。那时,你就会找到一些可以把自己发动的力量,让自己不再那么毫无目的地懒惰下去了。

在不适合自己志愿的路上奔波,犹如穿上一双不合适的鞋,会令你十分痛苦。

一个人只有在他为自己的兴趣和志愿去追求和努力的时候,他才觉得他的人生是有目的的。奉劝对人生有怀疑的同学们,好好想一想,你喜欢什么?你擅长什么?你想做些什么?放下一切的功利,一切的虚荣,坚决地朝着你所认定的方向去追求,你就不会再觉得苦闷和彷徨了。

果断可以使自己坚定不变,担当可以消除个人患得患失的痛苦。后悔是对自己的一种惩罚,与其后悔不如改过,立刻给自己找一个新的起点,从头做起。

世间事物,你有所取,就必定有所舍。在你取得一件东西的同时,也必定会失去一件东西。取舍之间要有胆量。

你要明白,两条路,你反正只能选择一条。而这两条路的利弊也往往不是绝对的。你有所得,就有所失。只有你衡量过其中一条的利多弊少,你就只好放弃另外那条路上那少量的利益了。

不要挑剔已经选择了的东西,而要去记住你当初选择它的时候,所看到的它的好处。

既然当初是你自己认为有理由这样决定的,那么,那个理由一定不会无缘无故地消失,要坚信自己的决定,已经放弃了的,就随它吧。

人生有两出悲剧:一是万念俱灰;另一是踌躇满志。

——[英]萧伯纳

年年岁岁　岁岁年年

○ （台湾）张晓风

　　张晓风　女，一九四一年生于浙江金华，江苏铜山人，八岁时迁往台湾。台湾著名作家。作品有《初雪》、《她曾教过我》、《绿色的书简》、《爱情篇》、《一个女人的爱情观》、《地毯的那一端》等。

　　渐渐地，就有了一种执意的想要守住什么的神气，半是凶霸，半是温柔，却不肯退让，不肯商量，要把生活里细细的琐琐的东西一一护好。

　　一向以为自己爱的空间是山河、是巷陌、是天涯，是灯光晕染出来的一方暖意，是小小陶钵里的"有容"。

　　然后才发现自己也爱时间，爱与世间人"天涯共此时"。在汉唐相逢的人已成就其汉唐，在晚明相逢的人也谱罢其晚明。而今日，我只能与当世之人在时间的长河里停舟暂相问，只能在时间的流水席上与当代人传杯共盏。否则，两舟一错桨处，觥筹一交递时，年华岁月已成空无。

　　天地悠悠，我却只有一生，只握一个筹码，手起处，转骰已报出点数，属于我的博戏已告结束。盘古一辨清浊，便是三万六千载；李白蜀道杂忘的年华，忽忽竟有四万八千岁；而天文学家动辄抬出亿万年，我小小的想象力无法追想那样地老天荒的亘古，我所能揣摩所能爱悦的无非是应属于常人的百年快板。

　　神仙故事里的樵夫偶一驻足观棋，已经柯烂斧锈，沧桑几度。

　　如果有一天，我因好奇而在山林深处看棋，仁慈的神仙，请尽快告诉我真相。我不要偷来的仙家日月，我不要在一袖手之际误却人间的生老病死，错过半生的悲喜怨怒。人间的紧锣密鼓中，我虽然只有小小的戏份，但我是不肯错过的啊！

　　书上说，有一颗星，叫"岁星"，十二年循环一次。"岁星"使人有强烈的时间观念，所以一年叫"一岁"。这种说法，据说发生在远古的夏朝。

　　"年"是周朝人用的，甲骨文上的年字代表人扛着禾捆，看来简直是一幅温暖的"冬藏图"。

有些字，看久了会令人渴望到心口发疼发紧的程度。当年，想必有一快乐的农人在北风里背着满肩禾捆回家，那景象深深感动了造字人，竟不知不觉用这幅画来作三百六十五天的重点勾勒。

有一次，和一位老太太用闽南话搭讪：

"阿婆，你在这里住多久了？"

"唔——有十几冬啰！"

听到有人用冬来代年，不觉一惊，立刻仿佛有什么东西又隐隐痛了起来。原来一句话里竟有那么丰富饱满的东西。记得她说"冬"的时候，表情里有沧桑也有感恩，而且那样自然地把春耕夏耘秋收冬藏的农业情感都灌注在神态上了。她和土地、时序之间那种血脉相连的真切，使我不知哪里有一个伤口轻痛起来。

朋友要带他新婚的妻子从香港到台湾来过年，长途电话里我大概有点惊奇，他立刻解释说：

"因为她想去台北放鞭炮，在香港不准放鞭炮。"

放下电话，我又想笑又端肃，第一次觉得放炮是件了不起的大事，于是把儿子叫来说："去买一串不长不短的炮，有位阿姨要从香港到台湾来放炮。"

岁除之夜，满城爆裂小小的、微红的、有声的春花，其中一串自我们手中绽放。

我买了一座小小的山屋，只十坪大。屋与大屯山相望，我喜欢大屯山，"大屯"是卦名，那山也真的跟卦象一样神秘幽邃，爻爻都在演化，它应该足以胜任"市山"的。走在处处地热的大屯山系里，每一步都仿佛踩在北方人烧好的土炕上，温暖而又安详。

下决心付小屋的订金，说来是因屋外田埂上的牛以及牛背上的黄头鹭。这理由自己听来也觉得像撒谎，直到有一天听楚戈说某书法家买房子是因为看到烟岚，才觉得气壮一点。

我已经辛苦了一年，我要到山里去过几个冬夜，那里有豪奢的安静和孤绝，我要升一盆火，烤几枚干果，燃一屋松脂的清香。

你问我今年过年要做什么？你问得太奢侈啊！这世间原没有什么东西是我绝对可以拥有的，不过随缘罢了。如果蒙天之惠，我只要许一个小小的愿望，我要在有生之年，年年去买一钵素水仙，养在小小的白石之间。

中国水仙和自盼自顾的希腊孤芳不同，它是温驯的、偎人的，开在中国人一片红灿的年景里。

除了水仙，我还有一个俗之又俗的心愿，我喜欢遵循着老家的旧俗，在年初一的早晨吃一顿素饺子。

素饺子的馅以荠菜为主,我爱荠菜的"野蔬"身份,爱小时候提篮去挑野菜的情趣,爱以素食为一年第一顿餐点的小小善心,爱民谚里"三月三,荠菜花,赛牡丹"的憨狂口气。

荠菜花花瓣小如米粒,粉白,不仔细看根本不容易发现,到了老百姓嘴里居然一口咬定荠菜花赛过牡丹。中国民间向来总有用不完的充沛自信,李凤姐必然艳过后宫佳丽,一碟名叫"红嘴绿鹦哥"的炒菠菜会是皇帝思之不舍的美味。郊原上的荠菜花绝胜宫中肥硕痴笨的各种牡丹。

吃荠菜饺子,淡淡的香气之余,总有颊齿以外嚼之不尽的清香。

如果一个人爱上时间,他是在恋爱了,恋人会永不厌烦地渴望共花之晨、共月之夕,共其年年岁岁,岁岁年年。

如果你爱上的是一个民族,一块土地,也趁着岁月未晚,来与之共其朝朝暮暮吧!

所谓百年,不过是一千二百番的盈月、三万六千五百回的破晓以及八次的岁星周期罢了。

所谓百年,竟是禁不起蹉跎和迟疑的啊,且来共此山河守此岁月吧! 大年夜的孩子,只守一夕华丽的光阴,而我们所要守的却是短如一生又复长如人生的年年岁岁岁岁年年啊!

生 命 意 象

○ 峭 岩

峭岩 一九四一年生,河北唐山人。当代作家。著有诗集《放歌井冈山》、《绿色的情诗》、《浪漫军旅》,传记文学《走向燃烧的土地——魏巍》,散文诗集《士兵的情愫》等。

一

我看到落蒂的树叶了,垂下来,在晚风中摇摇欲坠,斜阳照在那斑驳的扁体上,一闪一闪,已没有许多诗意。

落叶在寻找它的归宿。

啊,是时候了……

是时候了。

眼睛凝视着远天,尽数沧桑岁月,他垂下摘过日月星辰的老手,步履大地,弓背把大地托起。

深情依然。

他仍然留恋那丰收的五谷,留恋家园的炊烟,留恋牛羊的鸣叫……

但他无力将它们留住。

残风吹起,啼号在远处……

二

我知道,我的来路,混沌洪荒,布满泥泽,恶石挡路。真不容易啊,走出那片迷蒙……

是谁牵着我的手臂,走过来,走过去,走入人生。我在土炕上的一堆谷草上落身,赤裸伴着啼哭,一无所有。那个时分断定我的奋斗无疑。

三

我从夏娃的指缝间滑落,于是,我有了梦幻般的世界,这个世界尽情地给了我欢乐。

最初,这个世界交给我一杆锄,从中我认识了五谷的性格;

以后,又交给我一杆枪,学会了警惕和捍卫的意义;

最后,交到我手中的是一枝笔,我划出了很多彩色的河流。

四

赶路时,没有爱情。

眼前,崛起一座座山峰,流淌着河流和湖泊,脚步指示心灵。

大雨浇不灭,雪寒禁不住,将赤脚踏上,宛若舞台上的垫毯,情愿与轻松欢歌。

急促的脚步,碰落一簇簇鲜花,驱赶一群群蜂蝶。和星月对话,孤寂中恪守孤寂。

人的生命,似洪水奔流,不遇着岛屿和暗礁,难以激起美丽的浪花。

——[苏联]奥斯特洛夫斯基

赶路时途中小憩，有一瓢泉水的酬劳，并不能浇灭痴迷的心。留下的背影是苦涩的。

夜里没有梦。

五

我是一粒草籽，生出头和四肢。以后站立行走，没离开大地一步，我的终结故事的主题依然是大地。

直立行走后，使我摆脱了兽群，说起人类语言，遵循人类的文明，从此，我有了区别兽类的骄傲。

于是，我脚踏大地，双臂伸向苍天，长江、黄河是我流动的血液，天山、昆仑山是我的骨骼。我放肆地生活。

我推动历史的轮子，一下子五千年，我缔造了一个个皇帝，写下了永垂千古的历史。

我是不可歧视的。

我也明白，我来自哪里，哪里是我的归宿。

六

生的概念，往往和土地相连，和母亲相连，

啊，母性的土地，无论谁人耕播都会生长青青，都会收获灿灿。

我童稚的大脑，曾埋下一粒大豆，不久，它真的出土、爆蕾了。我也幻想把自己埋进书的沃土里，强身健胃，长成一个诗圣或先哲。也许我成功了。

七

人站起来，将眼睛高高抬起，他要看到远方，看到比脚下更美的东西。大千世界通过眼睛反映到大脑的荧屏上，我渐渐复杂起来，学会了喜怒哀乐，也学会了喜新厌旧。

我在寻觅人间的真善美，用来自有形、有专、有声、有色、有味的客观事物，净化我的灵魂，填充我知识领域的荒野。我将不停地转动我的瞳孔，将它权做我思维的"雷达"，捕捉闪现的火花，扫描世界上美的丑的善的恶的，然后加以排列组合，储藏在我记忆的仓库里。

我将一辈子享用我的美的劳动果实。

八

阳光西斜,阴影投在屋里的桌子上,大师惠特曼的诗句已被阳光遗弃,我赶紧伏案,拿起笔来,捕捉我的灵魂,让诗的种子爆出火花,然后,驱赶太阳的阴影。

我每天以急促的脚步追赶晨阳,追赶夕阳,我把我火烧火燎的心事说给所有关心我的人们,我更用分段分行的文字,排成整齐的礼仪队列式,正步走在诗圣的面前。

九

春,悄然来临我的窗口,于是,我的窗口拥挤了许多心事与不宁。

从窗口,我看到了春的勃勃生机,正从枝杈间,爆出绿色的火星,到顶部,便燃成绿色大火,轰然而磅礴,生命在哈哈大笑。

我听到了生命的笑声。

它讥讽、嘲笑寒冬的那场风雪,肆虐了一阵子,吹断了几根枝条,奈何不了什么。

在生命的笑声中,我迎着日出,走向了生命的旅途。

十

在那条路上,我吃力地走着,从日出到日斜,我仍然未走出崎岖,未走出它的苦难与寂寞。

从世界映入我的眼帘那一天开始,我就举步维艰。当我刚迈开脚步,路上就有许多长尖的石子,绊我的双脚。我一次又一次从危难中逃生,一次又一次在风雪中得到老人的怜爱与施舍。

我在人间的温爱中苟延。

十一

时间啊,似流水,你流过我的大脑,流过记忆的沟沟坎坎。有些记忆淡化了,有些记忆强化了。在时间的撞击中,真与伪、假与恶、美与丑粉碎又组合。

我希望在我大脑的记忆库里,留下美好与善良。让它化做光照耀黑暗的星辰,照耀我生命的峡谷。

因为我正行进在我生命的峡谷之中,愿在它的照耀下,步步接近尽头。我跌跌撞撞,摸索前进,我也知道,尽头等待我的是什么,但我依然扑向它。

清晨,光临我的清晨,我总是满面春风地迎候。也可能就在黄昏我就倒下,我仍将微笑留给清晨。

十二

感谢你,这温馨四溢的二十四支蜡烛。

二十四支蜡烛,就是二十四个节气,在这生日时刻一起来到小小的房间,是说日日夜夜、春夏秋冬、吉祥如意。

之前,蜡烛从来不照耀生日蛋糕的。是那次看海,说起大海的年龄才引发了那颗稚嫩多情的爱心。

为什么老打听我的生日,像孩子追问一个童话的结局,而我实在没有勇气,那个结局会使你失望的。

富裕人家孩子的生日写在爸爸的脑门上,刻在妈妈的手心上,而我的生日被地老鼠咬碎了。

就像一片树叶,悄悄落地了。

就像一棵小草,轻轻拱开地皮。

世界并不注意我的存在。

十三

秋风乍起,我在风中站立,一任风吹透我的每一根筋骨,梳我的每一根头发。

我的心地没有避风的岗亭,我不避风,也不避雨,就这么赤裸裸地晾给世界,让风锻打,让雨浇灌。

我只有赤裸的身躯,火热的肉体,还有什么呢!

这么锻打吧,这么浇灌吧,往日的过错、内疚、遗憾、怨恨,以及大耻大辱、大悲大切、大爱大恨,统统偿还回报。

秋风乍起,我在风中站立,我站成一个"人"字,我喜欢这个字。

人为什么活着——全球139位大师的答案